高等学校"十二五"规划教材

单片机应用技术

DanPianJi YingYong JiShu

(修订版)

曾庆波　林范刚　梁国志　编著
董宇欣　主审

哈爾濱工業大學出版社

内 容 简 介

本书以目前国内外常用的51内核构成的单片机为背景，以目前流行的Proteus软件作为单片机应用系统的设计和仿真平台，通过22个典型工作任务介绍单片机应用技术，主要内容包括：单片机基础、单片机应用系统开发工具、单片机系统信息显示与输入功能的实现、定时计数功能与中断技术、串行口与串行通信技术、单片机系统模拟量输入输出技术、单片机应用系统设计与仿真等。

本书可作为电气控制类、电子信息类、通信技术类、机电类等专业单片机技术课程的教材，也可供参加电子大赛的学生与指导教师、单片机课程设计人员、电子爱好者以及从事单片机应用研发的工程技术人员阅读。

图书在版编目(CIP)数据

单片机应用技术/曾庆波等编著. —2版. —哈尔滨：哈尔滨工业大学出版社，2012.7(2017.6重印)

ISBN 978-7-5603-2830-0

Ⅰ.①单… Ⅱ.①曾… Ⅲ.①单片微型计算机 Ⅳ.①TP368.1

中国版本图书馆CIP数据核字(2012)第157470号

策划编辑 王桂芝 李子江

责任编辑 王桂芝 刘 威

出版发行 哈尔滨工业大学出版社

社 址 哈尔滨市南岗区复华四道街10号 邮编150006

传 真 0451-86414749

网 址 http://hitpress.hit.edu.cn

印 刷 哈尔滨市工大节能印刷厂

开 本 787mm×1092mm 1/16 印张14.75 字数400千字

版 次 2010年8月第1版 2012年7月第2版
2017年6月第6次印刷

书 号 ISBN 978-7-5603-2830-0

定 价 32.00元

◎再版前言

Preface

单片机应用技术的综合性很强，涉及的内容十分广泛。本书采用项目式教学思路编写，根据职业岗位需求进行合理组织内容，以工作任务为导向，通过若干个典型工作任务由浅入深、循序渐进地介绍单片机应用技术。本书具有以下几个方面的特点：

1. 以工作任务为导向，将知识与技能贯穿于完成任务过程中

传统的单片机教材侧重原理的讲述，是按照学科体系来编写的，不符合当前的教育改革要求。本书以工作任务为载体，通过完成工作任务来学习知识，掌握技能，将知识与技能贯穿于完成任务过程中，体现"做中学、学中练"的教学思路，符合当前的教育改革精神。

2. 任务设计贴近职业岗位，具有扩展性

本书共设计了22个典型工作任务，这些任务都是源于工程实际，具有普遍性，贴近职业岗位。每个任务都是一个完整的工作过程，并具有扩展性。读者通过这些任务的训练，能够在较短的时间内掌握单片机知识与技能，使之具备应用单片机解决实际问题的能力。

3. 以C语言为编程工具、Proteus为设计和仿真平台

C语言具有良好的模块化、易于阅读和可移植性等优点。由于模块化，用C语言编写的程序具有很好的可移植性，开发效率高，可极大地缩短开发周期。本书以目前流行的Proteus软件作为单片机应用系统的设计和仿真平台，在完成任务过程中学习单片机，实现了从产品概念到设计完成的全过程训练，克服了传统单片机系统设计中需依赖某一开发系统（实验板/箱）的不足。目前，高校中相关的实验室都很容易配置Proteus、Keil仿真软件，教师和学生可在这个仿真平台上进行学习和训练，有利于"教—学—做"一体化。书中的任务和案例，采用C语言编程，在Proteus上仿真，不仅增添了趣味性，同时拉近了教学与职业岗位需求的距离。

4. 编写形式新颖

本书在每一章前都配有"学习导航"、"知识目标"、"能力目标"，为项目式教学提供指导。本书提供了所有任务和案例的程序源代码、硬件电路图，可供教师和学生参考。

本书通过22个典型工作任务介绍单片机应用技术，参考学时数为90学时，不同的专业可根据实际情况对书中的内容进行选择或补充。

本书由曾庆波、林范刚、梁国志共同撰写。全书分为7章，其中第1、2章由曾庆波撰写，第3、4、5章由林范刚撰写，第6、7章由梁国志撰写。全书由曾庆波策划和统稿，董宇欣主审。

为了更加方便教师的教学工作，本书作者对该书进行了全面的教学设计，并增加了一些经典案例，同时配有全部22个工作任务的仿真电路原理图和源程序代码，如有需要可与作者（zqb_at89c51@126.com）或哈尔滨工业大学出版社（wgz_w@126.com）联系。

由于作者水平有限，书中难免存在疏漏和不妥之处，敬请广大读者和同行批评指正。

作　者

2017年3月

◎目录

Contents

目录 Contents

目录 Contents

第1章

走进单片机世界

学习导航

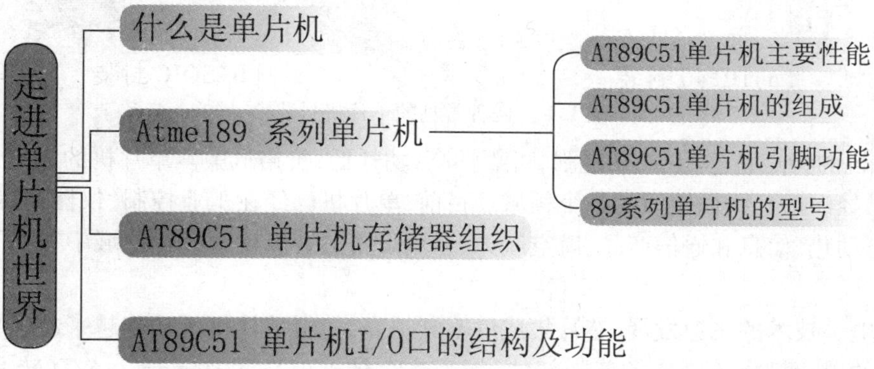

学习目标

知识目标	1. 单片机的概念 2. AT89C51单片机主要性能 3. AT89C51单片机内部功能部件作用 4. AT89C51单片机引脚功能 5. AT89C51单片机I/O端口的结构及功能 6. AT89C51单片机的存储器组织 7. 单片机最小系统
能力目标	单片机最小系统的制作与调试

1.1 什么是单片机

单片机又称微控制器(Micro Controller Unit,MCU),是指将中央处理单元CPU(Central Processing Unit)、存储器(Memory)、定时/计数器和多种I/O接口集成在一片芯片上,形成芯片级的计算机。单片机的实物图如图1.1所示。

(a)DIP40 封装　　(b)SOIC 封装

图1.1　两种常见的单片机封装

单片机的特点是体积小,功能强,可靠性高,功耗低,价格低廉。单片机的应用几乎是无处不在,已经渗透到我们生活的各个领域。目前,单片机已经在工业控制、仪器仪表、家用电器、办公自动化、信息和通信产品、航空航天、专用设备的智能化管理等领域中得到了广泛的应用。

随着电子技术的飞速发展,芯片集成度不断提高,使得单片机的功能越来越强大。目前市场流行的单片机内还增加了若干部件,如闪速存储器(Flash Memory)、A/D转换器、D/A转换器、USB总线接口、"看门狗"电路(WDT)等等,使单片机的应用领域更加广泛。

1.2 AT89系列单片机

MCS-51系列单片机是Intel公司在20世纪80年代初研制出来的产品,其典型代表为51系列单片机8031/8051/8751,很快就在我国得到了广泛的应用。Atmel公司是20世纪80年代中期成立并发展起来的半导体公司,该公司的技术优势在于Flash存储器技术,为了进入单片机市场,该公司在1994年以EEPROM技术和Intel公司的80C31单片机核心技术进行交换,从而取得了80C31核的使用权。Atmel公司将Flash存储器技术和80C31核相结合,从而生产出Flash单片机AT89C51系列。由于它内部含有大容量的Flash存储器,所以在产品开发及生产便携式商品、手提式仪器等方面有着十分广泛的应用,成为目前取代传统的MCS-51系列单片机的主流单片机之一。

AT89系列单片机是Atmel公司的8位Flash单片机。AT89系列单片机有AT89C系列的标准型(AT89C51/52)及低档型(AT89C2051),还有AT89S系列的高档型(AT89S51/52)。AT89S系列单片机是在AT89C系列的基础上增加一些特别的功能部件组成的,所以两者在结构上基本相似,但在个别功能模块和功能上有些区别。

由于AT89系列单片机是以80C31内核构成的，它和8051系列单片机是兼容的，所以当用AT89系列单片机取代MCS－51系列单片机时，只要封装相同就可以直接进行替换。

由于AT89系列单片机的类型较多，其性能也有所不同，本书就以AT89C51为例，介绍其基本组成、主要性能以及应用技术，凡是用AT89C51/52设计的应用系统，完全可以用AT89S51/52取代。

1.2.1　AT89C51单片机主要性能

AT89系列单片机之所以成为目前主流单片机之一，是由它的性能决定的，AT89C51单片机主要性能如下：

◆ 内含4 KB的Flash存储器；
◆ 128×8字节片内RAM；
◆ 32位可编程I/O口线；
◆ 2个16位定时器/计数器；
◆ 5个中断源；
◆ 1个全双工串行口；
◆ 具有低功耗的闲置和掉电模式；
◆ 片内时钟振荡器；
◆ 工作频率0～24 MHz。

1.2.2　AT89C51单片机的组成

在前面，我们对AT89C51单片机有了一些初步的了解，单片机为什么如此神奇、无所不能？它有什么特别之处？下面就让我们走进单片机的内部去看一看究竟。实际上，单片机是一个非常复杂的数字电路集合体，为便于认知单片机、应用单片机，单片机的生产厂家以功能模块的形式给出了单片机的内部结构图，图1.2就是AT89C51单片机内部结构框图。

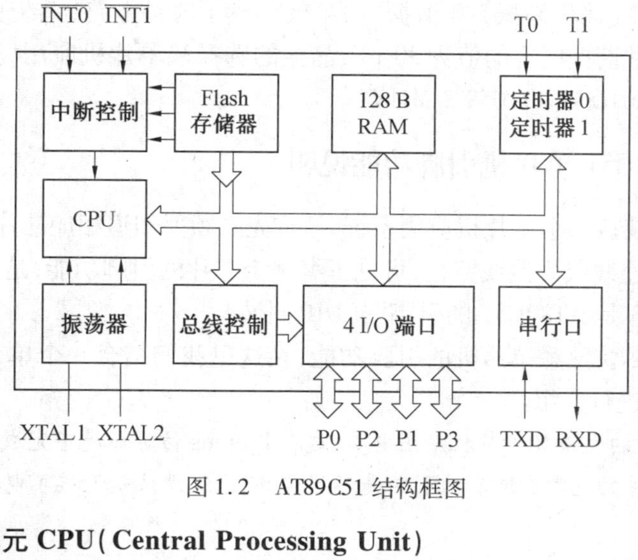

图1.2　AT89C51结构框图

1. 中央处理单元CPU(Central Processing Unit)

CPU又称微处理器，是单片机的核心部件，由运算器和控制器组成，它决定了单片机的主要功能特性,在单片机中起运算和控制作用。

2. 存储器(Memory)

存储器是用来存放程序和数据的功能部件。按使用功能 Memory 可分为随机存取存储器 RAM(Random Access Memory)和只读存储器 ROM(Read Only Memory),通常 ROM 用来存储程序或永久性的数据,称为程序存储器,RAM 则是用来存储临时数据,称为数据存储器。关于单片机的存储器组织,我们在后面予以详细介绍。

3. 定时/计数器

AT89C51 单片机内部有 2 个 16 位(二进制)的定时/计数器,可用来实现定时或计数功能。定时/计数器是单片机内部非常重要的功能部件,在很多场合都需要用定时/计数器来实现精确定时及计数控制,如交通信号灯控制、直流电动机 PWM 调速控制、电子秒表等。对于定时/计数器功能部件及其应用,本书将通过典型案例专门介绍。

4. 中断系统

现代计算机都引入了中断技术,其目的是为提高 CPU 的效率以及当系统出现紧急状况时能够给予及时处理。AT89C51 单片机有 5 个中断源,可提供 5 个中断服务。关于单片机的中断功能及用法、中断函数的编写,本书也会在适当的时机予以详细介绍。

5. 串行口

AT89C51 单片机内部有 1 个全双工异步串行口。通过串行口,既可以实现单片机与单片机之间的远程通信,也可以实现单片机与其他设备之间串行通信,还可以作为移位寄存器使用。可见单片机的这个串行口有多么的奇妙,本书也将开设专栏介绍串行口的应用技术。

6. 时钟电路

从上面的介绍来看,单片机内部有许多功能部件,这些功能部件需要一个统一的时钟脉冲信号作为基准,整个单片机系统才能正常工作。AT89C51 单片机内部有 1 个振荡器,只要单片机外接石英晶体(简称晶振)和谐振电容,就构成了时钟电路,系统也就具备了正常工作的基本条件。通常谐振电容的值为 30 pF,晶振的选择视单片机应用场合而定,一般的典型值为 12 MHz、24 MHz 或 11.059 2 MHz。

1.2.3 AT89C51 单片机引脚功能说明

当你要设计或装接一个单片机应用系统时,首先必须要知道相应芯片的引脚定义(或功能),才能进行正确连线或焊接线路板,可见了解一个芯片的引脚功能,是完成系统设计或装接的第一步。图 1.3 是 AT89C51 的引脚图(DIP 封装)。

为了便于读者尽快熟悉单片机的引脚功能,在这里我们结合一个单片机最小系统电路原理图(图 1.4)来进行介绍。

【说明】本书中的大多数单片机应用电路,是在 Proteus 仿真环境中完成的。在 Proteus 仿真环境中,AT89C51 芯片的电源引脚和地引脚是不显现的,系统默认是连接了电源和地的。

1. 时钟电路

时钟电路部分由晶振 X1 和微调电容 C1、C2 组成。由于单片机内部含有振荡器,只要在

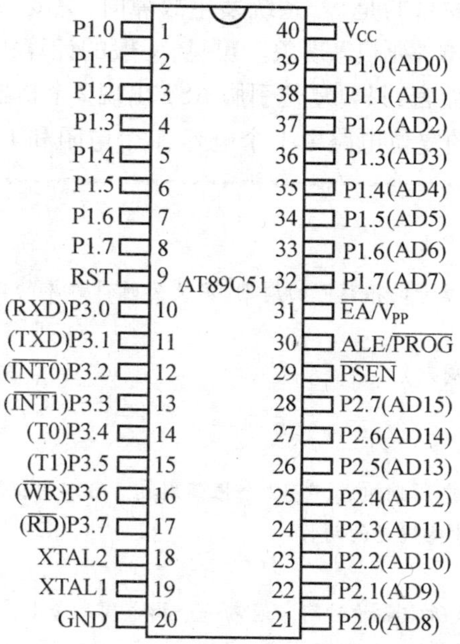

图 1.3　AT89C51 引脚图(DIP 封装)

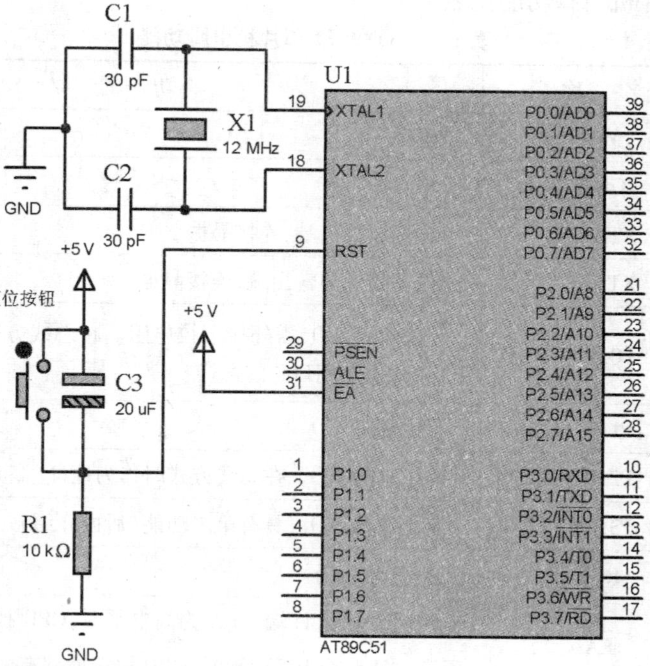

图 1.4　单片机最小系统

单片机的18、19引脚接上晶振和电容,时钟电路就可以产生时钟脉冲信号,连接方法如图1.4所示。

2. 复位电路

复位是使计算机的 CPU 和其他功能部件都恢复到一个确定的初始状态,并从这个状态开始工作。设置复位电路的目的是,若系统发生故障时,只要按下复位按钮,系统就恢复到初始状态开始工作,避免出现“死机”现象。可见,一般的计算机系统都需要复位操作。

对于AT89C51单片机而言,只要复位引脚RST出现2个机器周期以上的高电平,就可以产生复位操作。本案例中的复位电路由1个电容、1个电阻和1个按钮组成,见图1.4。

◈ **关于单片机的时序**

• 振荡周期

是指为单片机提供定时信号的振荡源的周期,定义为时钟频率的倒数,它是单片机中最基本、最小的时间单位。

• 时钟周期(也称状态周期)

它是振荡周期的两倍。

• 机器周期

一个机器周期由6个状态周期组成,即12个振荡周期。可以用机器周期把一条指令划分成若干个阶段,每个机器周期完成某些规定的动作。

• 指令周期

是指CPU执行一条指令所需要的时间。通常一个指令周期含1～4个机器周期。

若外接晶振为12 MHz,单片机机器周期为1 μs。

AT89C51单片机引脚功能见表1.1。

表1.1　AT89C51单片机引脚功能

引脚	名　称	功　能
40	V_{CC}	电源
20	GND	地
18	XTAL2	振荡器输入端,连接晶振
19	XTAL1	振荡器反向输出端,连接晶振
32～39	P0口:P0.7～P0.0	8位双向I/O,需外接上拉电阻。在总线方式时作为地址(低8位)/数据复用口
1～8	P1口:P1.0～P1.7	8位双向I/O
21～28	P2口:P2.0～P2.7	8位双向I/O。在总线方式时作为地址(高8位)
10～17	P3口:P3.0～P3.7	8位双向I/O。具有第二功能(后面介绍)
9	RST	复位输入端
31	$\overline{EA}$	外部访问允许端。$\overline{EA}$为高电平时,CPU执行内部存储器中的程序;当$\overline{EA}$端为低电平时,CPU执行外部存储器中的程序
29	$\overline{PSEN}$	程序存储器访问使能,低电平有效。当$\overline{PSEN}$为低电平时,允许对外部程序存储器进行读操作
30	ALE/$\overline{PROG}$	当访问外部存储器时,ALE(地址锁存允许)的输出用于锁存地址的低位字节

1.2.4　单片机存储器组织

存储器是由若干存储单元组成的。为了区分不同的存储单元,给每个存储单元都赋予一个编号,这个编号称为单元地址,CPU 通过存储单元的地址存取该单元的内容。每个存储单元可存放若干个二进制位,其位数称为存储单元的长度。一个字节等于8个二进制位,若干个字节构成一个字。

单片机的存储器在物理上分为片内程序存储器、片外程序存储器、片内数据存储器、片外数据存储器共4个存储空间;在逻辑上分为片内外统一编址的程序存储器、片内数据存储器及片外数据存储器。

图1.5　片内数据存储器的结构图

1. 片内数据存储器

AT89C51 的内部 RAM 共有256个单元,每个单元为1个字节,这256个字节按功能又分为低128字节和高128字节,其中高128字节离散分布了具有特殊功能的寄存器。片内数据存储器的结构如图1.5所示。

(1) 工作寄存器区

工作寄存器区分布在片内 RAM 的 00H ~ 1FH 区域,共32个单元,分为4组,每组有8个寄存器 R0 ~ R7,见表1.2。需要说明的是,在任一时刻,只能使用其中一组寄存器,并把当前正在使用的那组寄存器称为当前寄存器组。寄存器组的切换可以通过对特殊功能寄存器 PSW 中 RS1 和 RS0 的组合来决定。

表1.2　工作寄存器分布

字节地址	功　能
00H ~ 07H	第0组工作寄存器(R0 ~ R7)
08H ~ 0FH	第1组工作寄存器(R0 ~ R7)
10H ~ 17H	第2组工作寄存器(R0 ~ R7)
18H ~ 1FH	第3组工作寄存器(R0 ~ R7)

用 C51 作为单片机的编程语言时,是不会直接使用这些工作寄存器的,但在编写中断函数时,会涉及工作寄存器组的选择问题。

(2) 位寻址区

内部 RAM 的 20H ~ 2FH 这16个单元称为位寻址区。这16个存储单元的每一位都有一个8位地址,位地址范围为00H ~ 7FH。位寻址区的特点是,该区域的每个存储单元,既可以按位进行操作,也可以按字节进行操作。通常,位寻址区用于设置软件标志,使得编程更具灵活性。

(3) 用户 RAM 区

单元地址为 30H ~ 7FH 的区域,称为用户 RAM 区。该区域一般作为数据缓冲区,存放来自键盘的数据、命令,送往 LED 数码管的数据等等。

(4) 特殊功能寄存器(SFR)

AT89C51 的定时/计数器、P0 ~ P3 口、串行口以及各种控制寄存器都以特殊功能寄存器的形式出现,并离散地分布在片内 RAM 的 80H ~ FFH 区域。在特殊功能寄存器中,凡是地址能被 8 整除的特殊功能寄存器,都可以按位寻址,位地址范围是 80H ~ FFH。AT89C51 的特殊功能寄存器见表 1.3。关于特殊功能寄存器的作用及设置方法本书将在相应的章节介绍。

表 1.3　AT89C51 的特殊功能寄存器

字节地址	位地址/位定义								SFR
F0H	F7	F6	F5	F4	F3	F2	F1	F0	B
E0H	E7	E6	E5	E4	E3	E2	E1	E0	ACC
D0H	D7	D6	D5	D4	D3	D2	D1	D0	PSW
	CY	AC	F0	RS1	RS0	OV		P	
B8H	BF	BE	BD	BC	BB	BA	B9	B8	IP
				PS	PT1	PX1	PT0	PX0	
B0H	B7	B6	B5	B4	B3	B2	B1	B0	P3
	P3.7	P3.6	P3.5	P3.4	P3.3	P3.2	P3.1	P3.0	
A8H	AF	AE	AD	AC	AB	AA	A9	A8	IE
	EA			ES	ET1	EX1	ET0	EX0	
A0H	A7	A6	A5	A4	A3	A2	A1	A0	P2
	P2.7	P2.6	P2.5	P2.4	P2.3	P2.2	P2.1	P2.0	
99H									SBUF
98H	9F	9E	9D	9C	9B	9A	99	98	SCON
	SM0	SM1	SM2	REN	TB8	RB8	TI	RI	
90H	97	96	95	94	93	92	91	90	P1
	P1.7	P1.6	P1.5	P1.4	P1.3	P1.2	P1.1	P1.0	
8DH									TH1
8CH									TH0
8BH									TL1
8AH									TL0
89H	GAT	C/T	M1	M0	GAT	C/T	M1	M0	TMOD
88H	8F	8E	8D	8C	8B	8A	89	88	TCON
	TF1	TR1	TF0	TR0	IE1	IT1	IE0	IT0	
87H	SM0								PCON
83H									DPH
82H									DPL
81H									SP
80H	87	86	85	84	83	82	81	80	P0
	P1.7	P1.6	P1.5	P1.4	P1.3	P1.2	P1.1	P1.0	

2. 片外数据存储器

当单片机应用系统需要处理的数据量较大,内部的 RAM 空间不足以容纳时,可在外部扩充。AT89C51 单片机在其外部可扩充 64 KB 的 RAM。

3. 程序存储器

AT89 系列单片机可寻址的内部和外部程序存储器总空间为64 KB。由于 AT89C51 单片机内部有4 KB的程序存储器，在外部最多可扩充60 KB的程序存储器。当$\overline{EA}$引脚接高电平时，单片机执行内部存储器中的程序；当$\overline{EA}$引脚接低电平时，CPU 执行外部存储器中的程序。

在程序存储器中有一些特殊的存储单元，这些单元的配置情况见表 1.4。

表 1.4　程序存储器特殊单元说明

地　址	用　途　说　明
0000H ～ 0002H	单片机复位后，从 0000H 开始执行程序
0003H ～ 000AH	外部中断 0 中断区
000BH ～ 0012H	定时／计数器 0 中断区
0013H ～ 001CH	外部中断 1 中断区
001BH ～ 0022H	定时／计数器 1 中断区
0023H ～ 002AH	串行口中断区

1.2.5　AT89C51 单片机 I/O 口的结构及功能

单片机的I/O口是连接单片机内外的纽带和桥梁，AT89 系列单片机的4个I/O口一般情况下作为 I/O 口使用，在结构和功能上基本相同，但又各具特点。

由于 AT89C51 单片机内部有 4 KB 的 Flash 存储器，所以在目前的 AT89C51 单片机系统中，大部分是利用I/O口的输入／输出功能，在使用这些功能之前，必须先了解这些I/O口的特性。

1. P0 口

P0 口是一个 8 位漏极开路的双向 I/O 口，当控制信号为低电平时，作为通用的 I/O 端口使用；当控制信号为高电平时，作为数据／地址总线。需要注意的是，当 P0 口作为通用的I/O 端口使用时，漏极处于开路状态，所以需外接上拉电阻，阻值大小需要根据负载的阻抗进行匹配，一般情况下为1 ～ 10 kΩ。P0 口的漏极开路，每个引脚可驱动8 个 LS 型 TTL 负载。P0 口的 1 位结构如图 1.6 所示。

2. P1 口

P1 口为准双向 8 位 I/O 口。P1 口内部具有约 30 kΩ 的上拉电阻，作为输出功能时，不用外接上拉电阻。若 P1 口用作输入时，必须先向端口的锁存器写“1”，使输出场效应管截止，才能读取引脚数据，故称为“准双向 I/O 口”。P1 口的每个引脚可驱动4 个 LS 型 TTL 负载。P1 口的 1 位结构如图 1.7 所示。

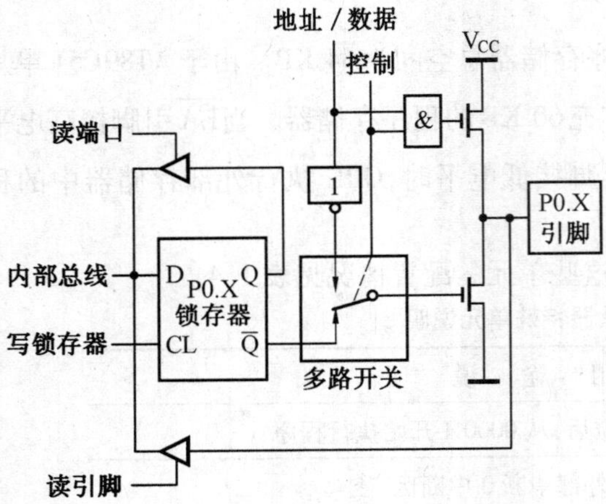

图 1.6　P0 口结构

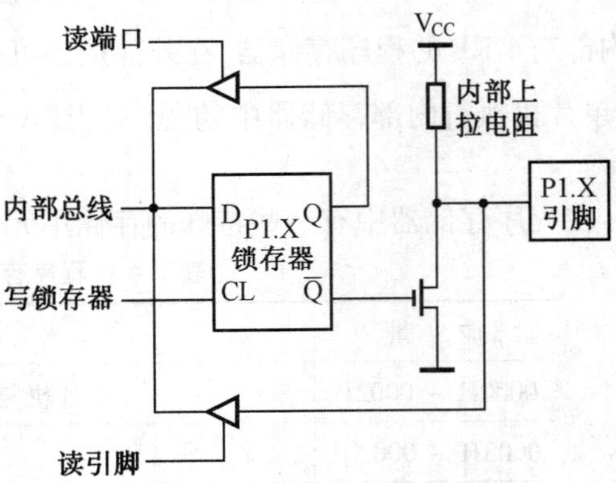

图 1.7　P1 口结构

3. P2 口

P2 口也是一个准双向 8 位 I/O 口。P2 口有两种使用功能：一种是作为通用的 I/O 端口使用，使用方法同 P1 口；另一种是作系统扩展的地址总线口，输出高 8 位的地址 A7 ~ A15。P2 口内部具有约 30 kΩ 的上拉电阻。P2 口作为通用的 I/O 端口使用时，每个引脚可驱动 4 个 LS 型 TTL 负载。P2 口的 1 位结构如图 1.8 所示。

4. P3 口

P3 口是一个多功能准双向 8 位 I/O 口。P3 口有两种使用功能：一种是作为通用的 I/O 端口使用，使用方法同 P1 口；P3 口的第二功能见表 1.5。P3 口内部具有约 30 kΩ 的上拉电阻。P3 口作为通用的 I/O 端口使用时，每个引脚可驱动 4 个 LS 型 TTL 负载。P3 口的 1 位结构如图 1.9 所示。

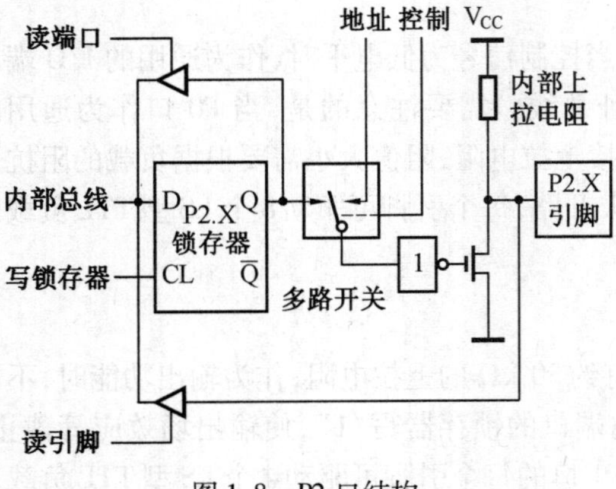

图 1.8　P2 口结构

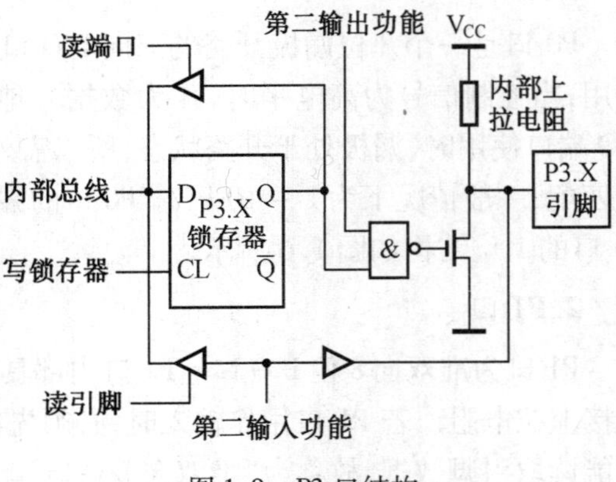

图 1.9　P3 口结构

表1.5　P3口的第二功能

端口引脚	第二功能
P3.0	RXD(串行口输入端)
P3.1	TXD(串行口输出端)
P3.2	$\overline{\text{INT0}}$(外部中断0输入端)
P3.3	$\overline{\text{INT1}}$(外部中断1输入端)
P3.4	T0(定时器0外部输入端)
P3.5	T1(定时器1外部输入端)
P3.6	$\overline{\text{WR}}$(外部RAM写选通)
P3.7	$\overline{\text{RD}}$(外部RAM读选通)

1.2.6　89系列单片机的型号说明

89系列单片机的型号编码由三个部分组成,它们是前缀、型号和后缀。格式如下:

AT89C XXXXXXXX

其中,AT是前缀,89CXXXX是型号,XXXX是后缀。

下面分别对这三个部分进行说明,并且对其中有关参数的表示和意义作相应的解释。

1. 前缀

由字母“AT”组成,表示该器件是ATMEL公司的产品。

2. 型号

由“89CXXXX”或“89LVXXXX”或“89SXXXX”等表示。

“89CXXXX”中,8表示单片和,9表示内部含Flash存储器,C表示CMOS产品。

“89LVXXXX”中,LV表示低压产品,可以在2.5 V下工作,其他的产品在5 V电压下工作。

“89SXXXX”中,S表示含有串行下载Flash存储器。在这个部分的“XXXX”表示器件型号数,如51、52,2051、8252等。

3. 后缀

由“XXXX”4个参数组成,每个参数的表示和意义不同。在型号与后缀部分有“—”号隔开。

后缀中的第一个参数X用于表示速度,它的意义如下:

X = 12,表示速度为12 MHz;

X = 16,表示速度为16 MHz;

X = 20,表示速度为20 MHz;

X = 24,表示速度为24 MHz。

后缀中的第二个参数X用于表示封装,它的意义如下:

X = D,表示陶瓷封装;

X = Q,表示PQFP封装;

X = J,表示 PLCC 封装;

X = A,表示 TQFP 封装;

X = P,表示塑料双列直插 DIP 封装;

X = S,表示 SOIC 封装;

X = W,表示裸芯片。

后缀中第三个参数 X 用于表示温度范围,它的意义如下:

X = C,表示商业用产品,温度范围为 0 ~ + 70 ℃;

X = I,表示工业用产品,温度范围为 - 40 ~ + 85 ℃;

X = A,表示汽车用产品,温度范围为 - 40 ~ + 125 ℃;

X = M,表示军用产品,温度范围为 - 55 ~ + 150 ℃。

后缀中第四个参数 X 用于说明产品的处理情况,它的意义如下:

X 为空,表示处理工艺是标准工艺。

X = /883,表示处理工艺采用 MIL - STD - 883 标准。

例如　有一个单片机型号为"AT89C51 - 12PI",则表示该单片机是 ATMEL 公司的 Flash 单片机,内部是 CMOS 结构,速度为 12 MHz,封装为塑封 DIP,是工业用产品,按标准处理工艺生产。

习　题

1. 简述什么是单片机?
2. 简述 AT89C51 单片机的组成及各功能部件的作用。
3. 简述 AT89C51 单片机的 I/O 端口的功能。
4. 简述 AT89C51 单片机的存储器组织。
5. 简述构成 AT89C51 单片机最小系统的必要组成部分。

第2章

单片机应用系统开发工具

学习导航

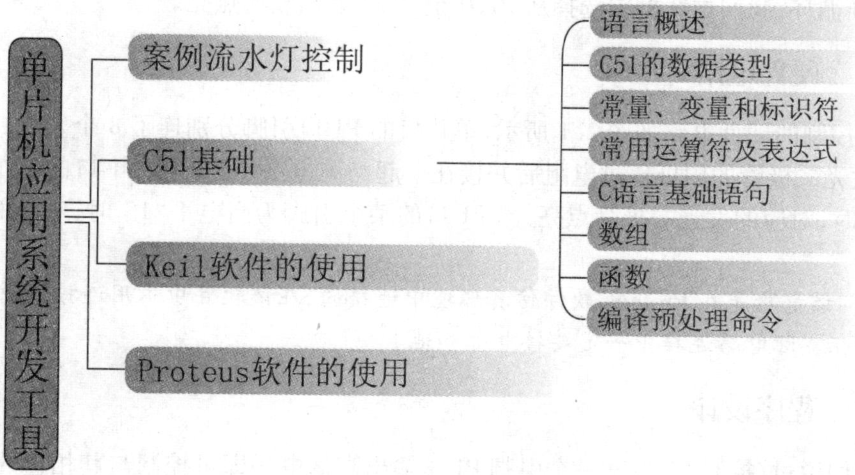

学习目标

知识目标	1. C51的程序结构及特点 2. C语言的基本语句、数据类型、运算符及数组的概念 3. C语言的函数及预处理命令 4. Keil软件的使用界面及操作 5. Proteus软件的使用界面及操作
能力目标	1. 单片机最小系统的制作与调试 2. 流水灯控制电路及程序的设计 3. Keil软件的程序编译过程 4. Proteus原理图设计及仿真过程

本章将以案例1流水灯控制为例,讲解C语言单片机程序设计的特点、数据类型、运算符、基本语句及数组应用等。同时介绍单片机应用系统设计和开发过程中常用的Keil和Proteus软件的基本操作。

2.1 案例1:流水灯控制

2.1.1 案例说明

在单片机的P1口上连接8个LED发光二极管,编程实现8个LED的流水灯的亮点流动,并且将给定的C语言源程序在Keil软件中进行编译,最后下载到Proteus软件仿真电路中的单片机中,实现流水灯的效果。

注 所谓亮点流动是指8个LED每次只有一个亮,其他7个都不亮,并按照一定方向轮流点亮,不断循环,我们本案例中选择从P1.0至P1.7方向轮流点亮。

2.1.2 硬件电路

流水灯控制的硬件电路如图2.1所示,单片机的P1口引脚分别连了8个发光二极管的阴极,8个发光二极管的阳极通过电阻后并接在一起与高电平相连。当P1口的某个引脚为低电平"0"时,对应的发光二极管点亮;当P1口的某个引脚为高电平"1"时,对应的发光二极管熄灭。

【注意】 该电路是在Proteus软件仿真环境中连接的,在该软件中不用连接电源和地,但大家要注意在实际电路连接中一定要接电源和地。

2.1.3 程序设计

前面我们说过,控制P1口某一个引脚P1.x输出高低电平即可控制与其相连的LED发光二极管的灭、亮。在本案例中我们要求的8个LED灯从P1.0逐个亮到P1.7,当P1.0引脚上的LED点亮时,该引脚的输出值为低电平"0",其余的7个LED均不亮,即P1.1 ~ P1.7引脚输出均为高电平"1",此时P1口的值为11111110B = 0xfe;同理当P1.1引脚LED点亮时,该引脚输出低电平"0",其余引脚为高电平,此时P1口的值为11111101B = 0xfd,其余引脚的值也可以依此类推。

注 在C语言中,在数据前加"0x"表示该数为十六进制。

源程序代码:

```
//程序:EX2_1.c 流水灯控制程序
#include < reg51.h >                   //包含头文件reg51.h
void delayms(unsigned int ms);         //延时函数声明
void main( )                           //主函数
  { while(1)
    {  P1 = 0xfe;                      //将P1.0的灯D0点亮
       delayms(200);                   //延时
       P1 = 0xfd;                      //将P1.1的灯D1点亮
```

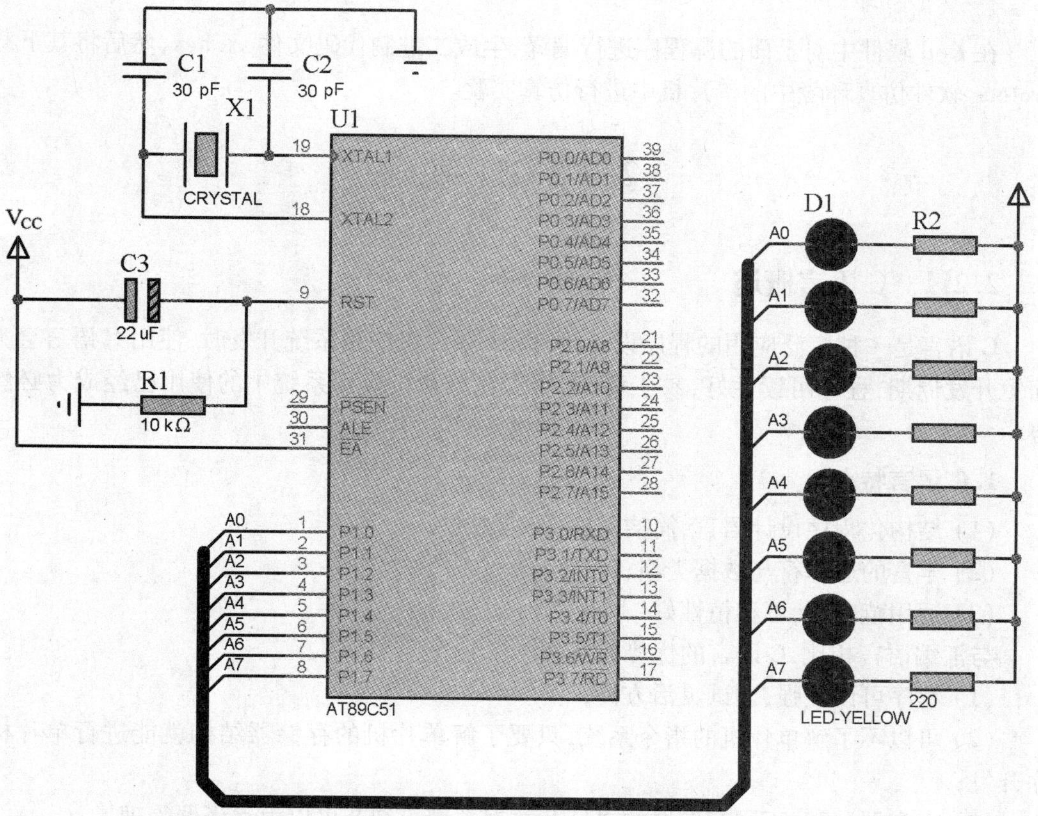

图 2.1　流水灯亮点流动的电路

```
        delayms(200);                  // 延时
        P1 = 0xfb;                     // 将 P1.2 的灯 D2 点亮
        delayms(200);                  // 延时
        P1 = 0xf7;                     // 将 P1.3 的灯 D3 点亮
        delayms(200);                  // 延时
        P1 = 0xef;                     // 将 P1.4 的灯 D4 点亮
        delayms(200);                  // 延时
        P1 = 0xdf;                     // 将 P1.5 的灯 D5 点亮
        delayms(200);                  // 延时
        P1 = 0xbf;                     // 将 P1.6 的灯 D6 点亮
        delayms(200);                  // 延时
        P1 = 0x7f;                     // 将 P1.7 的灯 D7 点亮
        delayms(200);                  // 延时
        }
    }
void  delayms(unsigned int ms)         // 延时函数,无符号整型变量没 ms 为形式参数
    {
        unsigned char j;               // 定义无符号字符型变量 j
        while(ms--)   for(j = 0;j < 255;j++);
```

```
}
```

在 Keil 软件中对上面的源程序进行编译，生成二进制代码文件 xx. hex，然后将其下载到 Proteus 软件仿真环境中的单片机中进行仿真实验。

2.2　C51 基础

2.2.1　C 语言概述

C 语言是一种广泛应用的程序设计语言，51 单片机应用系统开发时，使用 C 语言会大大缩短开发周期，程序可读性好，易于移植，所以在单片机应用系统中的使用已经成为必然趋势。

1. C 语言特点

(1) 结构化程序设计语言，简洁紧凑，灵活方便；

(2) 丰富的运算符与数据类型；

(3) 适用范围大，可移植性好。

与汇编语言相比，C 语言的优势如下：

(1) 程序可读性强，调试灵活方便；

(2) 可以不了解单片机的指令系统，只要了解单片机的存储器结构就能进行单片机程序开发；

(3) 寄存器分配、不同存储器的寻址及数据类型等细节可以由编译器管理；

(4) 开发速度快，生成代码编程效率高；

(5) 函数库丰富，模块化，便于项目管理。

2. C 程序的基本结构

下面我们通过对程序 EX2_1 的分析，来了解一下 C 语言的基本结构和书写格式。

```
/* 程序:EX2_1.c 流水灯控制程序 */
#include < reg51.h >                  // 包含头文件 reg51.h
void delayms(unsigned int ms);        // 延时函数声明
void main( )                          // 主函数
{   while(1)
    {   P1 = 0xfe;                    // 将 P1.0 的灯 D0 点亮
        delayms(200);                 // 延时
        P1 = 0xfd;                    // 将 P1.1 的灯 D1 点亮
        delayms(200);                 // 延时
        P1 = 0xfb;                    // 将 P1.2 的灯 D2 点亮
        delayms(200);                 // 延时
        P1 = 0xf7;                    // 将 P1.3 的灯 D3 点亮
        delayms(200);                 // 延时
        P1 = 0xef;                    // 将 P1.4 的灯 D4 点亮
        delayms(200);                 // 延时
```

```
16          P1 = 0xdf;                         // 将 P1.5 的灯 D5 点亮
17          delayms(200);                      // 延时
18          P1 = 0xbf;                         // 将 P1.6 的灯 D6 点亮
19          delayms(200);                      // 延时
20          P1 = 0x7f;                         // 将 P1.7 的灯 D7 点亮
21          delayms(200);                      // 延时
22      }
23  }
24  void  delayms(unsigned int ms)             // 延时函数,无符号整型变量没 ms 为形式参数
25  {  unsigned char j;                        // 定义无符号字符型变量 j
26          while(ms --)  for(j = 0;j < 255;j ++);
27  }
```

本程序的第1行是对本程序的注释和说明,在C语言中/＊……＊/表示注释,注释的内容可以是汉字,也可以是字符,注释的内容是不参与编译和运行的,它只是给编程和使用程序者提供说明和标注。用/＊……＊/进行注释,注释的内容可以是一行,也可以是多行。C语言还有一种注释符号是“//”,注释符号后面的内容是注释,该注释内容只有一行。

程序中的第2行为预处理命令,通过该命令可以将 reg51.h 头文件包含在自己的程序中,在该文件中对51单片机的特殊功能寄存器sfr进行定义。由于我们程序中用到了单片机的 P1 口,引入该文件后,我们就无需在程序中对 P1 进行单独的定义就可以直接使用。

第3行为延时函数的声明,由于我们在程序中会调用延时函数,而延时函数书写的位置在主函数 main( ) 后,所以在主函数前必须对该延时函数进行声明,如果该延时函数写在主函数前,则无需对此函数进行声明。

本程序的4 ~ 23行为主函数( ),C语言中一定要有一个主函数main( ),程序一定是从这个函数开始运行的。

程序中的24 ~ 27行为延时函数,该函数为用户自定义函数,函数名为 delayms,函数类型为空类型,该函数用于控制 LED 亮点流动的速度。

C语言的基本结构和书写特点如下:

(1)C语言是由函数组成的。每个C语言的源程序,都是有一个或若干个函数组成的,其中有且只有一个主函数 main( ),无论主函数写在程序中的何处,程序总是从主函数开始执行的,并且在主函数中结束。

(2) 函数的基本形式:一个函数由函数首部和函数体两部分组成。

函数首部包括函数名、函数类型、函数属性、函数参数(形参)、参数类型。例如程序 EX2_1 中的第24行为函数首部:

void　delayms(unsigned int ms)

其中 void 为函数类型,说明该函数为空类型,没有返回值;delayms 为函数名;函数名 delayms 后的“( )”内为形参类型与形参名列表,该函数中只有一个形参 ms,该参数的类型为无符号整型。

注　所有函数名后必须跟一对圆括号“( )”,里面可以没有参数,例如主函数 main( ),函数首部后面的大括号{……}及其内部的内容为函数体。第25 ~ 27行为延时函数 delayms 的函数体,第5 ~ 23行为主函数 main 的函数体。

(3)C 语言中“;”为语句的结束符。一行中可以写一条语句,也可以写很多行语句,每个语句结束时以“;”标志结束。

2.2.2 C51 的数据类型

表 2.1 中给出了 keil C51 编译器中所支持的数据类型。C51 的数据类型与 C 语言略有不同,在 C 语言中的基本数据类型为 char、int、short、long、float 和 double,而在 C51 中 int 和 short 相同,float 和 double 相同,并且 bit、sfr、sfr16 和 sbit 是 C51 编译器扩充的数据类型。

1. char 字符型

char 型数据占用一个字节(1 B),分为 unsigned char 无符号字符型和 signed char 有符号字符型,unsigned char 范围为 0 ~ 255,signed char 范围为 -128 ~ 127。

例如 程序 EX2_1.c 中的 25 行 unsigned char j;即为定义了一个无符号变量 j,那么 j 的取值范围即为 0 ~ 255,所以在 26 行中的 for(j = 0;j < 255;j ++);中 j 小于“<”的数值的取值范围也在 0 ~ 255 内。

注 复数使用补码表示,最高位为符号位,“0”为正数,“1”为负数。

表 2.1 C51 的数据类型

数据类型	长度	值 域
unsigned char	1 B	0 ~ 255
signed char	1 B	-128 ~ 127
unsigned int	2 B	0 ~ 65 535
signed int	2 B	-32 768 ~ 32 767
unsigned long	4 B	0 ~ 4 294 967 295
signed long	4 B	-2 147 483 648 ~ 2 147 483 647
float	4 B	±1.175 494E-38 ~ ±3.402 823E+38
*	1 ~ 3 B	对象的地址
bit	1 b	0 或 1
sfr	1 B	0 ~ 255
sfr16	2 B	0 ~ 65 535
sbit	2 b	0 或 1

注:unsigned 的意义为无符号,sign 的意义为有符号。

2. int 整型

int 整型长度为两个字节(2 B)用于存放一个双字节数据,同样也分为无符号整型 unsigned int 和有符号整型 signed int。无符号整型 unsigned int 的数值范围为 0 ~ 65 535,有符号整型 signed int 的数值范围为 -32 768 ~ 32 767。

例如 程序 EX2_1.c 中的第 3 行定义了延时函数 delayms 的形式参数 ms 为无符号整型,它的数值范围为 0 ~ 65 535。

3. long　长整型

long 长整型长度为 4 个字节(4 B),用于存放一个 4 字节数据,也分为无符号长整型 unsigned long 和有符号长整型 signed long。无符号长整型 unsigned long 的数值范围为0 ~ 4 294 967 295,有符号长整型 signed long 的数值范围为 - 2 147 483 648 ~ 2 147 483 647。

4. float　浮点型

float 浮点型数据长度为 4 个字节(4 B),C51 浮点变量数据类型的使用格式符合 IEEE -754 标准的单精度型浮点型数据。

5. 指针型

指针型本身就是一个变量,在这个变量中存放的数据是指向另一个数据的地址,这个指针变量要占据一定的内存单元,在 C51 中它的长度一般为 1 ~ 3 个字节。

6. bit　位类型

位类型 bit 可以定义一个位类型的变量,它的值是一个二进制位,只有一个 0 或者 1。

7. sfr　特殊功能寄存器

sfr 占用一个字节(1 B),利用它能够访问单片机内部的所有 8 位特殊功能寄存器。

例如　在单片机中 P1 口片内寄存器的地址为 90H,我们可以用下面的指令定义 P1 为 P1 口的片内寄存器:

```
sfr   P1 = 0x90;
```

注　我们在程序 EX2_1. c 中用到了 P1 端口,但在程序中并没有出现上面的语句是为什么呢? 因为在程序的开始,使用预处理命令 #include < reg51. h >,包含了头文件 reg51. h,在这个文件中已经对单片机的特殊寄存器进行了定义,所以我们无需再次定义 P1。当然我们也可以自己在程序中用 sfr 对单片机的特殊功能寄存器进行定义。

8. sfr16　16 位特殊功能寄存器

在 C51 中用 sfr16 定义 16 位的特殊功能寄存器,例如 T0、T1。它与 sfr 不一样的地方在于它占用两个字节。

9. sbit　可寻址位

sbit 用来定义单片机 RAM 中或特殊功能寄存器中的可寻址位。

例如　`sbit P1_1 = P1^1;　　// 我们定义用 P1_1 来表示 P1.1 引脚`

2.2.3　常量、变量和标识符

1. 常量

程序运行时,其值不能改变的量为常量,常量包括以下几类。

(1) 整型常量:即整常数,有三种表示形式。

① 十进制数:816、255、0;

② 八进制数:由 0 开头的数是八进制数,例如 012、- 016;

③ 十六进制数:由 0x 开头的数为十六进制数,例如 0x16、0x90、0xffff。

(2) 浮点型常量:浮点型常量有两种表示形式,十进制小数和指数形式。

① 十进制小数形式，例如 2.3、0.465、-32.77 等；

② 指数形式，例如 123e3（代表 123×10^3）。

(3) 字符常量：用单引号括起来的一个字符，例如‘a’、‘A’、‘+’。

注 字符常量的值为由单引号扩起来的字符的 ASCII 的值。

(4) 字符串常量：用双引号括起来的字符序列，例如“HELLO”。

注 ‘a’与“a”是不同的，前者是字符常量，后者为字符串常量，那二者有何区别呢？在 C 语言中规定以“\0”作为字符串的结束标志，系统根据此字符判断字符串是否结束，系统会在字符串结尾处自动加上该字符，也就是说字符串“a”实际包含两个字符，即‘a’和‘\0’。

(5) 位类型：位类型的值是一个二进制数，值为 0 或 1。

(6) 符号常量：即用一个标识符代表一个常量，例：

```
#define   TIME   200      // 用 TIME 表示 200
```

我们用预处理命令 #define 定义，用标识符 TIME 来表示 200，就是说以后在程序中出现 TIME 的地方都代表 200。

2. 变量

在执行过程中值可以改变的量称为变量，变量的定义格式如下：

[存储类型] 数据类型 [存储器类型] 变量名 1[，变量名 2…… 变量名 n]；

注 在 C 语言中要求所有变量必须先定义，后使用。在定义格式中“[ ]”中的内容可以不写。

下面我们来分别解释一下变量定义格式中的各项内容：

(1) 存储类型

变量的存储类型分为静态存储和动态存储两大类。

静态存储：在程序运行期间分配固定的存储空间，一直保持不变。

动态存储：在程序运行时根据需要分配存储空间，使用完毕立即释放。

具体存储类型包括 4 种：

◈ auto（自动变量）：在函数内或复合语句中定义的变量，如果不特别说明均属自动变量，为动态存储方式。

注 auto 变量属于局部变量，只在定义该变量的函数或符合语句范围内有效。例如 EX2_1.c 中，第 25 行

```
void delayms(unsigned int ms);
```

在该命令语句中定义了延时函数 delayms( ) 中的变量 ms，在定义中并未说明存储类型，将 auto 省略了，但该变量仍为自动变量，在程序运行调用该函数时才给 ms 分配存储地址，执行完延时函数后，自动释放 ms 占用的存储单元。

◈ extern（外部变量）：通常外部变量是在所有函数外定义的变量，可以为程序中各个函数所引用。外部变量又称为全局变量，它的作用域为从变量的定义处开始到程序的末尾，但如果将外部变量定义在某个函数内部，则需在定义时用 extern 说明。外部变量属于静态存储。

◈ static（静态变量）：静态变量属于静态存储类型。静态存储类型可分为静态局部变量

和静态全局变量。

注

①静态局部变量与自动变量的区别:在局部变量定义前加入static说明即为静态局部变量。自动变量与静态局部变量,二者均为局部变量,都只在定义它们的函数或复合语句范围内才有效。静态局部变量为静态存储方式,即使程序已经运行到定义该变量的函数外部,该变量仍然保持现有值,直至程序结束为止。而自动变量在程序运行到定义该变量的函数外时,该变量的存储空间即被释放,变量值将不再存在。

②静态全局变量与外部变量的区别:在外部变量定义时在前面用static说明,就构成了静态全局变量。静态全局变量与外部变量二者均属于静态存储方式,但二者作用域不同,外部变量可被在同一程序中的其他源文件使用,而静态全局变量只能在一个源文件内使用。

◈ register(寄存器变量):这种存储在CPU的寄存器中,使用时不需要访问内存,而直接从寄存器中读取的变量,称为寄存器变量。

(2) 数据类型

在前面我们已经对C51的数据类型进行了讲解,在这里就不再过多说明了。

(3) 存储器类型

C51在定义变量时,通过存储器类型将变量定义在不同的存储空间中,即该变量的值存在哪种存储器中。

表2.2　存储器类型对应的存储区域

存储类型	对应的存储区域
data	直接寻址片内RAM(128 B)
bdata	可位寻址的片内RAM(16 B),允许位与字节混合访问
idata	间接寻址片内RAM,可访问全部片内RAM(256 B)
pdata	分页寻址片外RAM(256 B)
xdata	片外RAM(64 KB)
code	程序存储器(64 KB)

如果在变量定义时,没有特别指定存储器类型时,将根据编译系统的存储器模式将变量存储在默认的存储空间,C51编译器支持的存储器模式见表2.3。

表2.3　C51编译器支持的存储器模式

存储器模式	说　明
small	默认存储器为data,最大范围128 B
compact	默认存储器类型为pdata,最大范围256 B
large	默认存储器类型为xdata,最大范围64 KB

(4) 变量名

每个变量都必须有一个字符序列组成的名字,即变量名,变量名遵循标识符命名规则。

3. 标识符

标识符是指用来标识变量、常量、函数、数组等的有效字符序列。在C语言中对标识符

有一定的规定:

(1) 有效字符只能由字符、数字、下划线组成,第一个字符必须为字母或下划线。

(2) 在C语言中,字母大小写是有区别了,同一字母的大小写被认为是两个不同的字符。

(3) C语言的关键字不能用作变量名。

2.2.4 常用运算符及表达式

C语言有非常丰富的运算符,表2.4给出了几种常用的运算符。将运算符和运算对象连接起来的符合C语言规则的式子被称为表达式。

表2.4 C语言常用运算符

运算符名	运算符
算术运算符	+、-、*、/、%、++、--
关系运算符	>、<、==、>=、<=、!=
逻辑运算符	!、&&、‖
位运算符	<<、>>、~、&、|、^
逗号运算符	,
赋值运算符	=

1. 算术运算符、算术表达式

(1) 基本算术运算符

+ 加法运算符

- 减法运算符

* 乘法运算符

/ 除法运算符

% 模运算或求余运算符

注 C语言中两个整数相除,商为整数,小数部分被舍弃;求余运算要求两个操作数均为整数,不能为浮点型数据。

(2) 自增自减运算符

++ 自增运算:使变量自动加1。

-- 自减运算:使变量自动减1。

注 ++i与i++的区别在于前者是使用前先将i+1,后者是使用后再将i+1。例如,如果i的值为3,执行下面的赋值语句后j的值是不同的:

j=++i; (j=4,i=4,i的值先加1变成4后赋值给j)

j=i++; (j=3,i=4,先将i的值赋给j,然后i再加1)

自减运算的规则与自加运算相同,在这里就不再举例了。

(3) 算术表达式

如果表达式中的运算符均为算术运算符称为算术表达式,例如a*4,b+c/d等。

(4) 算术运算符的优先级

如果在一个表达式中存在多个运算符,那么哪一个运算符先执行,哪一个运算符后执行由运算符的优先级决定,优先级高的先执行,优先级低的后执行。

算术运算符中 ++ 与 -- 同优先级为高优先级,其次是 *、/ 和 % 同优先级,优先级比 ++ 与 -- 低, +、- 同优先级,优先级最低。

2. 关系运算符、关系表达式

(1) 关系运算符

>　　大于

<　　小于

==　　等于

>=　　大于等于

<=　　小于等于

!=　　不等于

(2) 关系表达式

由关系运算符连接的表达式为关系表达式,例如 a == b > c,a + b < c + d。

关系表达式的值只有"真"与"假",1 表示真,0 表示假。C 语言中非 0 表示真,0 为假。

(3) 关系运算符的优先级

关系运算符的优先级低于算术运算符,关系运算符中 >、<、>= 和 <= 同优先级, == 与!= 优先级相同,前者优先级高于后者优先级。

3. 逻辑运算符、逻辑表达式

(1) 逻辑运算符

!　　逻辑非(表示相反)

&&　　逻辑与(表示并且)

‖　　逻辑或(表示或者)

逻辑运算的真值表见表 2.5。

表 2.5　逻辑运算的真值表

a	b	!a	!b	a&&b	a‖b
真	真	假	假	真	真
真	假	假	真	假	真
假	真	真	假	假	真
假	假	真	真	假	假

(2) 逻辑表达式

用逻辑运算符将两个表达式连接起来的式子称为逻辑表达式。例如:x > y&&a > b、3 > 5‖4。

同关系表达式一样,逻辑表达式中也以 1 代表真,0 代表假,将非零的数作为真,所以逻辑表达式的值也只能是 1 或者 0。

(3) 逻辑运算的优先级

①！优先级最高，&& 其次，‖ 优先级最低。

② 逻辑运算符的 && 和 ‖ 低于关系运算符，！优先级高于算术运算符，即

！→算术运算符→关系运算符→&&→‖

例如　x > y&&a > b 可写成(x > y)&&(a > b)

4. 位运算符、位运算表达式

在单片机应用系统中，常常需要对单片机的 I/O 端口或内部寄存器进行位操作，这时我们需要用到按位运算的运算符，在 C 语言中提供了 6 种位运算符：

&　　按位与

|　　按位或

^　　按位异或

≪　　左移

≫　　右移

~　　按位取反

下面用一个例子看一下这六种位运算符的使用。

【例 1】　a = 0xfd，b = 0x07，求出 x 的值：

(1)x = a&b；(2)x = a | b；(3)x = a^b；(4)x = a ≪ 1；(5)x = a ≫ 1；(6)x = ~ a

【解】　a 与 b 均为十六进制数，在位运算前先将 a 与 b 转换成二进制数，即

a = 11111011B，b = 00000111B

(1)x = a&b = 11111011B & 00000111B = 00000011B = 0x03

注　① 按位与的运算规则：1&1 = 1，1&0 = 0，0&0 = 0。

② 按位与的作用为"清零"，即将指定的位与"0" 按位与运算。

(2)x = a | b = 11111011B | 00000111B = 11111111B = 0xff

注　① 按位或的运算规则：1 | 1 = 1，1 | 0 = 1，0 | 0 = 0。

② 按位或的作用为"置 1"，即将指定的位与"1" 按位或运算。

(3)x = a^b = 11111011B ^ 00000111B = 11111100B = 0xfc

注　按位异或的运算规则：1 ⊕ 1 = 0，1 ⊕ 0 = 1，0 ⊕ 0 = 1。

(4)x = a ≪ 1 = 11110110B = 0xf6

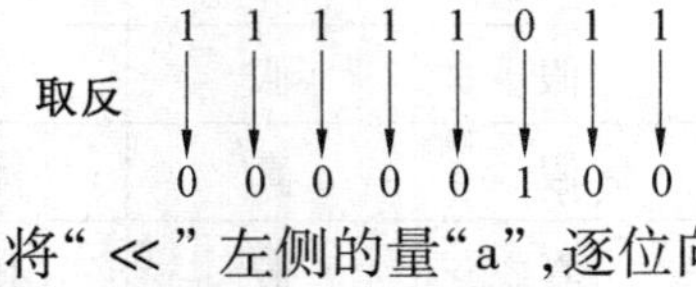

注　左移运算的规则：将"≪"左侧的量"a"，逐位向左移"n" 位，"n" 为"≪"右侧的值，在本例 n = 1，移出的高位舍弃，低位用 0 来补。

(5)x = a ≫ 1 = 01111101B = 0x7b

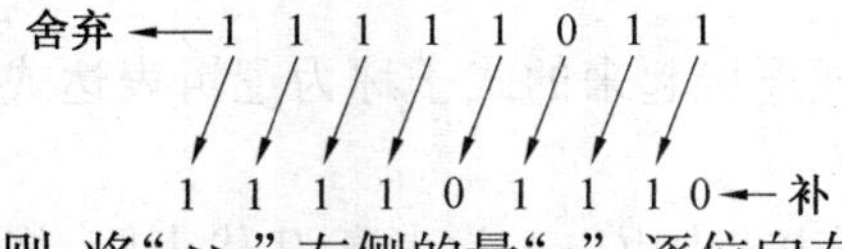

注　右移运算的规则：将"≫"左侧的量"a"，逐位向右移"n" 位，"n" 为"≫"右侧的值，在本例 n = 1，移出的低位舍弃，高位用 0 来补。

(6)x = ~ a = 00000100B = 0x04

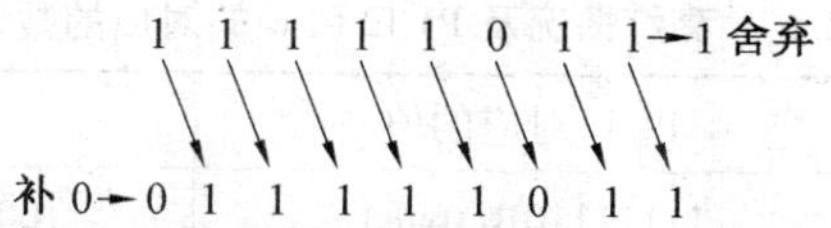

注　取反运算的规则:将“ ~ ”右侧的量逐位取反，~1 = 0，~0 = 1。

5. 逗号运算符、逗号表达式

在 C 语言中有一种特殊的运算符 —— 逗号运算符“,”。

用逗号运算符将若干个表达式连接起来称为逗号表达式,逗号表达式的一般形式为

表达式 1,表达式 2,…,表达式 n

逗号表达式的运算规则:先求解表达式 1,再求解表达式 2…… 最后求解表达式 n,整个逗号表达式的值为最后一个表达式的值。

逗号表达式的优先级为所有运算符中级别最低的。

6. 赋值运算符、赋值表达式

(1) 赋值运算符

赋值运算符“=”的作用是将一个表达式的值赋给某个变量,如“x = 10”,即将常量“10”赋给变量“x”。

(2) 赋值表达式

将一个变量和一个表达式用赋值运算符连接起来的式子称为赋值表达式。被赋值变量的值,就是赋值表达式的值,例如,x = 10 这个表达式,变量 x 的值“10”就是该表达式的值。

注

① 赋值表达式的运算顺序是从右至左,例如:x = y = z = 10,相当于 x = (y = (z = 10))。

② 如果赋值运算符两边的数据类型不相同,系统将自动将赋值号右边的类型转换成左边的类型。

③ 赋值语句中的“=”并不是相等的意思,要表示相等是应该用关系运算符“==”。

(3) 赋值运算符的优先级

赋值运算符的优先级较低,低于算术运算符、关系运算符、逻辑运算符、条件运算符与位运算符,仅高于逗号运算符。

(4) 复合赋值运算符

在赋值运算符“=”前加上其他的运算符,可以构成复合赋值运算符。

例如　a += 3　　等价于　　a = a + 3

　　　　x *= y - 3　　等价于　　x = x * (y - 3)

在 C 语言中有如下几种复合赋值运算符:

+=、-=、*=、/=、%=、<<=、>>=、&=、|=、^=、~=

上面我们简单介绍了 C 语言中一些常用的运算符及表达式,下面我们重新分析一下案例 1 中的流水灯控制问题,将程序重新改写一下。

我们将在程序中定义一个无符号变量 w,用 w 经过某种运算后的值来控制 P1 口的状态,具体对应的亮灯情况以及 P1 口和 w 的值见表 2.6。

表 2.6　亮灯情况及 P1 口和 w 的对应的数值

亮灯的情况	P1 口对应的值	w 的值
D0 亮	11111110B(0xfe)	00000001B(0x01)
D1 亮	11111101B(0xfd)	00000010B(0x02)
D2 亮	11111011B(0xfb)	00000100B(0x04)
D3 亮	11110111B(0xf7)	00001000B(0x08)
D4 亮	11101111B(0xef)	00010000B(0x10)
D5 亮	11011111B(0xdf)	00100000B(0x20)
D6 亮	10111111B(0xbf)	01000000B(0x40)
D7 亮	01111111B(0x7f)	10000000B(0x80)

仔细观察表 2.6，发现 P1 与 w 的值为取反的关系，即 P1 = ~w。当 D0 亮时 w = 00000001B，每当流动到下一个灯亮时，w 的值也左移一位。那么我们可以将程序 EX2_1.c 改写为下面的程序 EX2_2.c。

```
//程序:EX2_2.c 流水灯控制程序
#include < reg51.h >                //包含头文件 reg51.h
void delayms(unsigned int ms);      //延时函数声明
void main()                         //主函数
  {   unsigned char w;              //定义一个无符号字符型变量 w
      while(1)
      {   w = 0x01;                 //给变量 w 赋值 0x01
          P1 = ~w;                  //P1 的值等于 w 的值取反,将灯 D0 点亮
          delayms(200);             //延时
          w = w << 1;               //将 w 的值左移一位
          P1 = ~w;                  //P1 的值等于 w 的值取反,将灯 D1 点亮
          delayms(200);             //延时
          w = w << 1;               //将 w 的值左移一位
          P1 = ~w;                  //P1 的值等于 w 的值取反,将灯 D2 点亮
          delayms(200);             //延时
          w = w << 1;               //将 w 的值左移一位
          P1 = ~w;                  //P1 的值等于 w 的值取反,将灯 D3 点亮
          delayms(200);             //延时
          w = w << 1;               //将 w 的值左移一位
          P1 = ~w;                  //P1 的值等于 w 的值取反,将灯 D4 点亮
          delayms(200);             //延时
          w = w << 1;               //将 w 的值左移一位
          P1 = ~w;                  //P1 的值等于 w 的值取反,将灯 D5 点亮
          delayms(200);             //延时
          w = w << 1;               //将 w 的值左移一位
          P1 = ~w;                  //P1 的值等于 w 的值取反,将灯 D6 点亮
```

```
            delayms(200);            // 延时
            w = w << 1;              // 将 w 的值左移一位
            P1 = ~ w;                //P1 的值等于 w 的值取反,将灯 D7 点亮
            delayms(200);            // 延时
            w = w << 1;              // 将 w 的值左移一位
            }
    }
void  delayms(unsigned int ms)// 延时函数,无符号整型变量,ms 为形式参数
    {
        unsigned char j;// 定义无符号字符型变量 j
        while(ms --)  for(j = 0;j < 255;j ++);
    }
```

2.2.5　C 语言基础语句

C 语言是通过语句来向计算机系统发出操作指令的,C 语言中的语句可以分以下几类:

1. 表达式语句

C 语言中最基本的语句,由"表达式"和";"号构成,一般形式为

表达式;

2. 复合语句

用"{}"把若干个语句括起来实现一定的功能,称为复合语句。在 C 语言中函数体本身即为一个复合语句,例如,EX2_1.c 中第 5 ~ 23 行为主函数 main( )的函数体,也是一个复合语句。在该程序的第 25 ~ 27 行也是一个复合语句,同时为延时函数 delayms( )的函数体。

注

(1) 复合语句内的各条语句必须以";"为结尾;

(2) 复合语句运行时,"{}"内的语句是依次执行的;

(3) 复合语句允许嵌套,例如在 EX2_1.c 中第 5 ~ 23 行为一个复合语句,但在该复合语句内又嵌套了另一个复合语句,为第 6 ~ 22 行;

(4) 复合语句和复合语句之间用"{}"分隔;

(5) 复合语句结尾处的"}"外不用加";"。

3. 空语句

只有一个";"的语句是空语句。执行空语句时只占用一个语句的时间,什么也不做。C51 中常常把空语句作为循环体,用于消耗 CPU 的时间。

4. 函数调用语句

由函数名、实际参数加上";"组成,其一般形式为:

函数名(实际参数表);

例如　EX2_1.c 中

delayms(200);

其中,delayms 是函数名,该函数中只有一个实际参数,为 200。

5. 分支语句

C 语言中对于分支结构提供了 if 语句和 switch 语句，下面对这两种语句进行简单的介绍。

（1）if 语句

C 语言中提供了 3 种形式的 if 语句：

① 简单 if 语句

简单 if 语句的形式为

```
if(表达式)
{
    语句组;
}
```

该语句的功能是：如果表达式的值为真，则执行语句组；否则不执行语句组，执行 if 语句后面的程序。其程序流程图如图 2.2(a) 所示。

②if－else 语句

if－else 语句的形式为

```
if(表达式)
{
    语句组 1;
}
else {
    语句组 2;
}
```

该语句的功能是：如果表达式的值为真，则执行语句组 1，如果表达式的值为假，则执行语句组 2。其程序流程图如图 2.2(b) 所示。

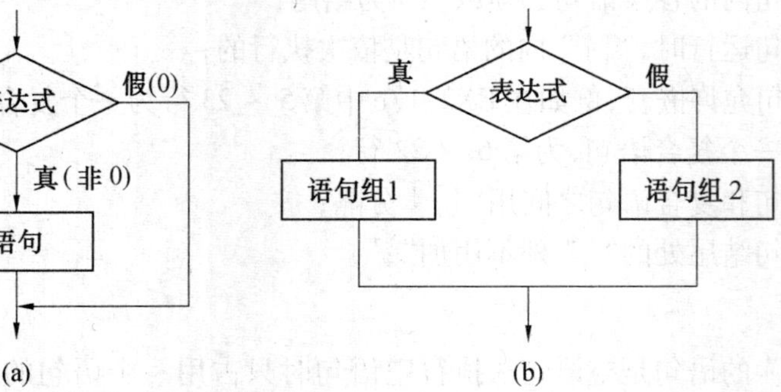

图 2.2　简单 if 语句与 if－else 语句程序流程图

③if－else－if 语句

if－else－if 语句的形式为：

```
if(表达式 1)
{
    语句组 1;
}
```

```
else if( 表达式 2)
    {
      语句组 2;
    }
  else if( 表达式 …)
    {
      语句组 …;
    }
      else if( 表达式 n)
        {
        语句组 n;
        }
          else
        {
        语句组 n + 1;
        }
```

该语句的功能是:依次判断表达式的值,如果为真则执行相应的语句组,跳过剩余的 if 语句,执行全部 if - else - if 语句后的语句,如果所有语句的值均为假则执行语句组 n + 1。其程序流程图如图 2.3 所示。

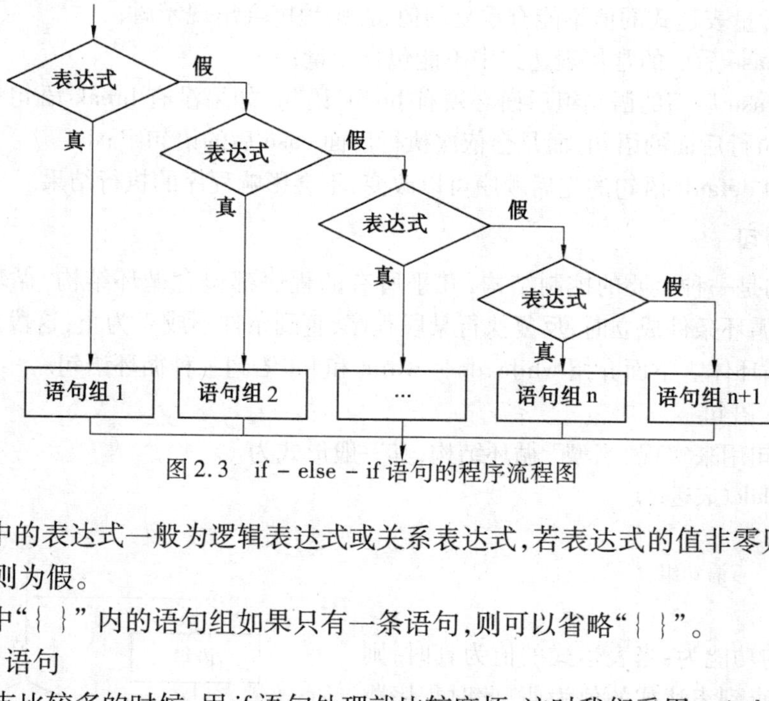

图 2.3　if - else - if 语句的程序流程图

注

a. if 语句中的表达式一般为逻辑表达式或关系表达式,若表达式的值非零则为真,若表达式的值为 0 则为假。

b. if 语句中"{ }"内的语句组如果只有一条语句,则可以省略"{ }"。

(2) switch 语句

当选择分支比较多的时候,用 if 语句处理就比较麻烦,这时我们采用 switch 语句,switch 语句的形式如下:

```
switch(表达式)
  {
    case 常量表达式 1:语句组 1;break;
```

```
    case 常量表达式 2:语句组 2;break;
    ⋮
    case 常量表达式 n:语句组 n;break;
    default:语句组 n + 1;
}
```

switch 语句的功能是：当 switch 后面的表达式的值与某个常量表达式 i 的值相同时，就执行相应 case 后面的语句组 i，再执行 break 语句，然后程序会跳到 switch 外执行后续的语句。如果表达式的值与所有常量表达式的值都不同则执行 default 后的语句组 n + 1，然后跳出 switch 语句执行后续语句。该语句的程序流程图如图 2.4 所示。

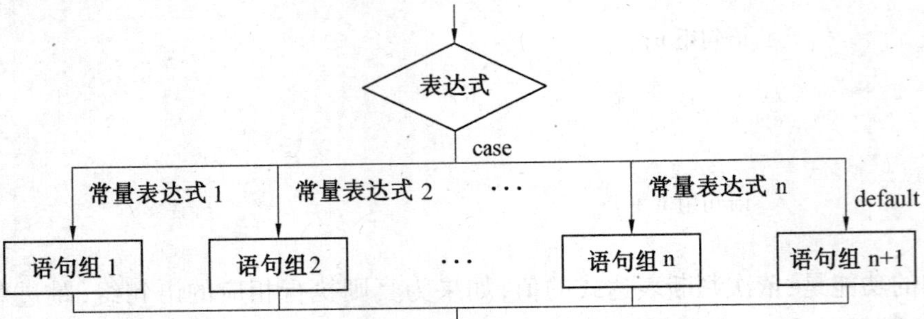

图 2.4　switch 语句的程序流程图

注

① 各个常量表达式的值不能有重复的值，否则程序会出现矛盾；

② 每个 case 后面的常量表达式中不能包含变量；

③ 每个 case 后面的语句组后面必须有 break 语句，如果没有 break 语句程序不会跳出 switch 语句，执行后面的语句，而是会依次执行后面 case 后的语句组；

④case 和 default 语句的先后顺序可以改变，不会影响程序的执行结果。

6. 循环语句

循环结构是一种重要的控制结构，几乎所有的程序都包含循环结构，循环结构的特点是：当给定的循环条件成立时，反复执行某段程序，直到条件不成立为止，这段反复执行的程序我们称为循环体。下面介绍 while、do – while 和 for 语句三种循环语句。

(1) while 语句

while 语句用来实现“当型” 循环结构，其一般形式为

```
while(表达式)
{
    语句组;
}
```

该语句的功能为：当表达式的值为真时，则执行语句组，直到表达式的值为假，此时程序跳出 while 语句，执行后续的语句。while 后的表达式即为循环条件，“{ }” 内的语句组即为该循环反复执行的某段程序，称为循环体，其程序流程图如图 2.5 所示。

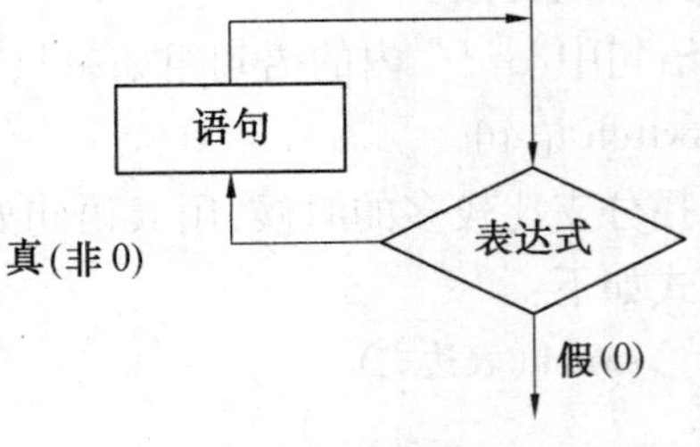

图 2.5　while 语句的程序流程图

例如
```
/* 程序:EX2_1.c 流水灯控制程序 */
2   #include < reg51.h >              // 包含头文件 reg51.h
3   void delayms(unsigned int ms);    // 延时函数声明
4   void main()                       // 主函数
5   {   while(1)
6       {   P1 = 0xfe;                // 将 P1.0 的灯点亮
7           delayms(200);             // 延时
            ..................
            ..................
20          P1 = 0x7f;                // 将 P1.7 的灯点亮
21          delayms(200);             // 延时
22      }
23  }
24  void  delayms(unsigned int ms)    // 延时函数,无符号整型变量,ms 为形参
25  {  unsigned char j;               // 定义无符号字符型变量 j
26         while(ms --)   for(j = 0;j < 255;j ++);
27  }
```

在这个程序中有两个 while 循环,第一个为第5 ~ 22 行,该 while 语句的后的表达式为"1",也是该语句的循环条件,由于该循环条件为"1" 始终不为"0",所以后面"{}" 内的第6 ~ 21 行的语句即为该循环的循环体,会无限循环下去。

第二个while循环为第26行,这个while循环的循环条件为"ms --",即每次执行循环体后,变量 ms 的值将减1,每次循环先判断 ms 的值是否为真,只要 ms 的值不为"0",程序将反复执行后面的循环体。该循环的循环体为"for(j = 0;j < 255;j ++);",由于该循环体只有一条语句,所以我们也省略了"{}",其标准形式应为

```
while(ms --)
{for(j = 0;j < 255;j ++);}
```

(2)do - while 语句

do - while 语句的一般形式为

```
do
{
    语句组;
}while(表达式);
```

该语句的功能为:先执行语句组,即循环体一次,然后判断 while 后面的表达式,如果表达式的值为真,则返回再次执行循环体"语句组",直到表达式的值为假为止,将继续执行 while 后的其他语句。该语句的程序流程图如图2.6 所示。

注　while 语句与 do - while 语句的区别:

①while 语句的特点是"先判断后执行",do - while 语句是"先执行后判断",即如果 while 后表达式的值为0,则 while 语句的循环体一次也不会执行,而 do - while 语句的循环体会先执行一次;

②while 语句中 while 后的"( )"后不能加分号";",而 do - while 中 while 后的"( )"结

尾一定要加分号“;”。

(3)for 语句

在 C 语言中 for 语句的使用最为灵活,它完全可以代替 while 语句与 do - while 语句,它特别适合循环次数已知的情况。其一般形式为

```
for(表达式 1;表达式 2;表达式 3)
{
    语句组;
}
```

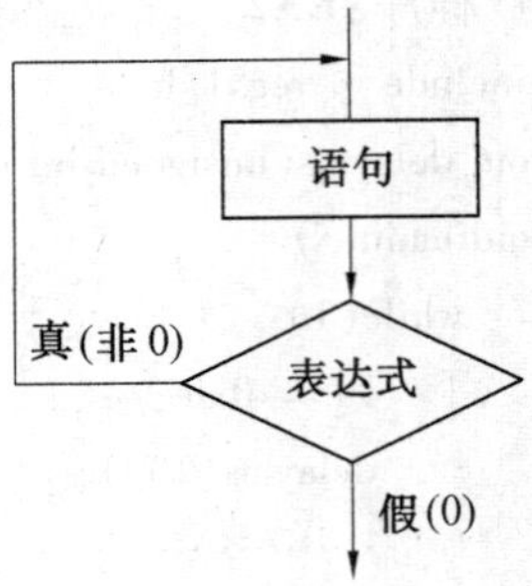

图 2.6　do - while 语句的程序流程图

该语句的功能为:

① 先执行表达式 1,表达式 1 一般为赋值语句,用于为循环变量赋初值;

② 执行表达式 2,表达式 2 一般为关系表达式或逻辑表达式,主要用于循环控制条件的判断,如果表达式 2 的值为真则执行该循环的循环体“语句组”一次,然后执行下一步;若表达式 2 的值为假,则循环结束,执行 for 语句后面的语句;

③ 执行表达式 3,表达式 3 一般用于改变循环变量;

④ 转回第二步继续执行。

图 2.7 为 for 语句的程序流程图。

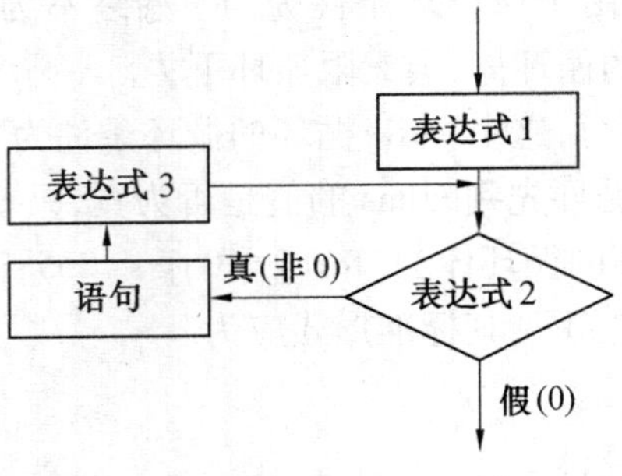

图 2.7　for 语句的程序流程图

例如　在程序 EX2_1. c 中的第 26 行

```
for(j = 0;j < 255;j ++);
```

其中:“j = 0”为循环初值;“j < 255”为循环条件;“j ++”为循环变量的改变;这个循环的循环体为空语句“;”。

该语句执行了 255 次空语句,前面我们说过空语句执行时什么都不做,只占用 CPU 的时间,所以通常我们将空语句作为循环体,起到延时的作用。

下面我们用 for 语句将案例 1 流水灯控制重新编写一下,先分析一下程序 EX2_2. c。在这个程序中,可以看到以下语句重复了 8 次:

```
P1 = ~ w;            //P1 的值等于 w 的值取反,将灯 D0 点亮
delayms(200);        // 延时
w = w << 1;          // 将 w 的值左移一位
```

所以我们考虑采用 for 语句的循环结构,将这三条语句作为 for 循环中的循环体,将程序 EX2_2. c 改写如下:

```
// 程序:EX2_3.c 流水灯控制程序(for 循环)
    #include < reg51.h >                    // 包含头文件 reg51.h
    void delayms(unsigned int ms);          // 延时函数声明
    void main( )                            // 主函数
        { unsigned  char  i,w               // 定义两个无符号字符型变量 i 和 w
          while(1)                          // 循环次数为无限次
          { for(i = 0,w = 0x01;i < 8;i ++)
            // 循环变量为 i,初值为 0,循环次数为 8 次,w 的初值为 0x01
              {P1 = ~ w;                    //P1 口的值为 w 的值按位取反
              delayms(200);                 // 调用延时函数
              w = w << 1;                   // 将 w 的值左移一位
              }
          }
        }
      void  delayms(unsigned int ms)        // 延时函数
          { unsigned char j;/               // 定义无符号字符型变量 j
            while(ms --)
                for(j = 0;j < 255;j ++);
          }
```

7. break 语句和 continue 语句

在 C 语言中提供了 break 语句和 continue 语句,用来结束循环,下面分别对这两个语句进行介绍。

(1)break 语句

在前面已经简单介绍过break语句,它可以使程序跳出 switch,继续执行 switch 下面的语句。同时 break 语句还可以用于循环语句,其作用是从循环体内跳出,提前结束循环,接着执行下面的语句。

(2)continue 语句

continue 语句应用于循环语句中,其作用是跳过该次循环中尚未执行的语句,接着进入下一次循环是否进行的判断。

注

①break 语句和 continue 语句的区别是:break 语句结束整个循环过程,continue 语句只结束本次循环,并不是终止整个循环;

②break 语句和 continue 语句在循环嵌套的情况下,只能跳出最近一层的循环。

2.2.6　数　组

C 语言提供给我们一种构造类型的数据类型 —— 数组。数组是有序数据的集合,数组中各个数据称为数组元素,数组中每个元素都属于同一个数据类型。下面我们只介绍较常用的一维数组和二维数组。

1. 一维数组

(1) 一维数组定义

在C语言中,一维数组的定义形式如下:

类型说明符　数组名[整型常量表达式];

例如　int　a[10];　// 定义一个整型数组a,该数组中有10个元素

注

① 数组名的命名规则与变量名的命名规则相同,数组名与变量名不能相同,即如果已经定义了一个变量"a",那么就不能再定义数组的名字为a;

② 数组定义时"[ ]"中的常量表达式决定了数组元素的个数,可以是常量或符号常量,不能为变量;

③ 定义时数组的类型实际上是数组中元素的取值类型,数组中所有元素的数据类型都是相同的;

(2) 一维数组元素的引用

在C语言中不能一次引用整个数组,只能逐个引用数组元素,引用数组元素的格式为

数组名[下标]

数组下标可以是整型常量、整型变量或整型表达式,例如:tab[2]、a[n]、num[x + y]。

注　数组下标是从0开始的,如一个10个元素的数组,那么它元素的下标就是从0至9。

(3) 一维数组的初始化

数组初始化的一般格式为

类型说明符 数组名[整型常量表达式] = {表达式1,表达式2,…,表达式n};

例如　int　a[10] = {0,1,2,3,4,5,6,7,8,9};

经过初始化后数组a中每个元素分别为:a[0] = 0,a[1] = 1,a[2] = 2,a[3] = 3,a[4] = 4,a[5] = 5,a[6] = 6,a[7] = 7,a[8] = 8,a[9] = 9。

注

① 数组初始化的时候可以只给一部分元素赋值。

例如　int　a[10] = {0,1,2,3,4};

定义中数组a有10个元素,但后面的"{ }"内只有5个值,这表示只给数组a的前5个元素赋值,后5个元素为0。

② 如果对数组的全部元素赋初值,可以不用指定数组长度。

例如　int　a[ ] = {0,1,2,3,4,5,6,7,8,9};

这个数组初始化中,数组名a后的"[ ]"中没有指定数组的长度,这时数组元素的个数就取决于"{ }"内数值的个数,在该例中的数组a有10个元素。

下面我们用数组的方式编程实现案例1流水灯控制的功能。前面分析的过程中已经知道,当LED灯D0 ~ D7亮点流动的时候,P1的值分别为:0xfe,0xfd,0xfb,0xf7,0xef,0xdf,0xbf,0x7f。可以将这8个值定义到一个数组中,将程序EX2_1.c改写如下:

```
// 程序:EX2_4.c 流水灯控制程序(数组方式)
#include < reg51.h >                      // 包含头文件 reg51.h
void delayms(unsigned int ms);            // 延时函数声明
unsigned char tab[8] = {0xfe,0xfd,0xfb,0xf7,0xef,0xdf,0xbf,0x7f};
/* 定义一个一维数组 tab,它的数据类型为无符号字符型,共有 8 个元素,值分别为 0xfe,0xfd,0xfb,
0xf7,0xef,0xdf,0xbf,0x7f */
```

```
void main( )                      // 主函数
    { unsigned char i;            // 定义无符号变量i,作为for语句的循环变量和数组下标
    while(1)
        { for(i = 0;i < 8;i ++)
            { P1 = tab[i];        //P1 等于数组中的第 i 个元素,对应的灯 Di 被点亮
              delayms(200);  // 延时
            }
        }
    }
void delayms(unsigned int ms)     // 延时函数,无符号整型变量,ms 为形式参数
    { unsigned char j;            // 定义无符号字符型变量 j
      while(ms --)  for(j = 0;j < 255;j ++);
    }
```

2. 二维数组

(1) 二维数组的定义

二维数组定义的一般形式为

类型说明符 数组名[常量表达式 1][常量表达式 2]

例如　unsigned char tab[3][4];

上面的语句定义了一个无符号字符型的数组 tab,该数组为 3 行 4 列 ,共 3 × 4 = 12 个元素,即

tab[0][0],tab[0][1],tab[0][2],tab[0][3]
tab[1][0],tab[1][1],tab[1][2],tab[1][3]
tab[2][0],tab[2][1],tab[2][2],tab[2][3]

注

① 二维数组定义时,常量表达式 1 为该数组的行数,常量表达式 2 为该数组的列数;

② 同一维数组一样定义时的常量表达式 1 和常量表达式 2,可以是常量或符号常量,不能为变量。

(2) 二维数组元素的引用

二维数组元素的表示形式如下:

数组名[下标 1][下标 2]

注

① 二维数组元素的下标也与一维数组相同,可以是整型常量、整型变量或者整型表达式。

② 要注意在定义数组时,tab[3][4] 和引用元素时的 tab[3][4] 的区别,前者定义 3 行 4 列的数组,后者是指数组 tab 第 3 行、第 4 列的那个元素。

③ 二维数组元素的行数和列数也是从 0 开始的,例如:一个 3 行的二维数组,行数从 0 开始,分别是 0 行、1 行和 2 行。

(3) 二维数组的初始化

给二维数组赋初值,一般有如下两种形式:

```
unsigned char tab[3][4] = {{0,1,2,3},{4,5,6,7},{8,9,10,11}};
unsigned char tab[3][4] = {0,1,2,3,4,5,6,7,8,9,10,11};
```

这两种赋值语句执行后，结果相同，数组的各元素为：

	第0列	第1列	第2列	第3列
第0行	0	1	2	3
第1行	4	5	6	7
第2行	8	9	10	11

两种赋值方法中，前者比较直观，把第一个“{}”中的数据赋给第0行的元素，把第二个“{}”中的数据赋给第1行元素…… 即按行赋初值，每个“{}”之间用逗号“,”分隔，每个“{}”内的数据也用逗号“,”分隔。后者将所有数据写在一个花括号“{}”内，按数组元素排列的顺序对各元素赋初值。

注

① 二维数组也可以对部分元素赋初值。例如：

```
unsigned char tab[3][4] = {{0},{4},{8}};
```

这个语句中只赋给每行的第一个元素初值，也就是说只给第0列的元素赋初值，其他元素的值均为“0”。

```
unsigned char tab[3][4] = {{0,1},{4,5},{8,9,10}};
```

用这个语句赋初值后，数组的元素如下：

	第0列	第1列	第2列	第3列
第0行	0	1	0	0
第1行	4	5	0	0
第2行	8	9	10	0

```
unsigned char tab[3][4] = {{0,1,2,3},{ },{ }};
```

在数组元素赋初值时，也可以通过上面的语句只对某一行或某几行赋初值，上面的语句只对第0行赋初值，其余行的数值均为“0”。

② 如果对数组的全部元素赋初值，可以省略数组的行数，但列数不能省略。例如：

```
unsigned char tab[ ][4] = {0,1,2,3,4,5,6,7,8,9,10,11};
```

与下面的定义是等价的：

```
unsigned char tab[3][4] = {0,1,2,3,4,5,6,7,8,9,10,11};
```

2.2.7　函　数

前面我们已经介绍过，C语言是由函数组成的，从用户的角度来说，函数有两种类型：标准库函数和用户自定义函数。

1. 标准库函数

标准库函数由C语言系统提供，无须用户定义，也不用在程序中做声明。C51编译器提供了100多个标准库函数,我们在使用这些标准库函数时,只需要在程序前包含有该函数库名的头文件即可。

2. 用户自定义函数

那些由用户自己编写、实现某种需要的程序,称为用户自定义程序。这种程序必须先定义才能被调用。

函数定义的一般形式:

```
函数类型    函数名(形式参数列表)
            {
            函数体
            }
```

其中:

(1) 函数类型说明了自定义函数返回值的类型,如果没有返回值,用void说明该函数没有返回值。例如程序EX2_1.c中的延时函数delayms就是一个用户自定义函数,该函数没有返回值,所以在函数定义时,函数类型的位置即为“void”。

(2) 函数名的命名同变量和数组一样,遵循标识符的规则。

(3) 如果该函数没有形式参数,则形式参数列表可以省略,但“( )”不能省略。

3. 函数调用

函数调用的一般形式:

函数名(实际参数列表);

即使用函数调用语句,我们在前面2.2.5节已经介绍过了,在这里不再重复。

注　如果某个用户函数在程序中的位置在主函数main( )后面,那么在主函数main( )前需要对此函数加以声明,否则编译的时候会出现错误,函数声明的形式为

函数类型　函数名(形式参数列表);

在函数声明中,形参列表后必须要加“;”,在函数定义时后面是没有“;”的。

2.2.8　编译预处理命令

在C语言的源程序中可以加入一些“预处理命令”,以改进程序设计环境,提高编程效率。为了区别一般的C语言语句,预处理命令以符号“#”开头。下面我们就对两种预处理命令“宏定义”和“文件包含”进行简要介绍。

1. 宏定义

宏定义分为不带参数和带参数两种,这里只介绍我们常用的不带参数的宏定义。

不带参数的宏定义的作用:用一个指定的标示符来代表一个字符串,这个标识符被称为宏名,宏定义的一般形式为

#define 标识符 字符串

例如　#difine　TIME　200

它的作用是指定用标示符TIME来代替“200”这个字符串,此后在程序中出现TIME的地方就代表“200”。

注

① 通常宏名用大写字母来表示,变量名用小写来表示;

② 宏定义不是 C 语句,不需要用分号“;”结束;

③ 宏定义可以进行嵌套,例如:

```
#difine  L  2
#difine  W  3
#difine  S  L * W
```

我们可以用宏定义方式来修改程序 EX2_1. c 中的延时参数,程序可以改为

```
#include < reg51. h >
#difine  TIME 200
void delayms( unsigned int ms) ;
void main( )
        {  while(1)
              {  P1 = 0xfe;
                 delayms( TIME) ;// 用 TIME 来代替延时函数的实际参数“200”
                 ……
                 ……
                 P1 = 0x7f;
                 delayms( TIME) ;
                 }
              }
        void  delayms( unsigned int ms)
        ……
```

如果这样修改程序,那么我们在改变延时函数的参数时,就不需要在每一个函数调用的语句中修改,只需要在程序前面的宏定义中改变宏名“TIME” 所代表的字符串即可。

2. 文件包含

文件包含是指,一个 C 语言的源文件可以将另一个文件(通常是. c 或. h 文件) 的全部内容包含进来,即将另外的文件包含到本文本中,其一般形式为

#include“文件名”　或　#include　< 文件名 >

例如我们在前面程序 EX2_1 中用到的

#include　< reg51. h >

也可以改写为

#include“reg51. h”

注

① 一个 include 命令只能包含一个指定的文件,如果要包含 n 个文件,则要用到 n 个 include 命令;

② 文件包含命令也不需要用分号“;”结尾;

③ 常用在文件头部的被包含文件,称为“标题文件” 或“头部文件”,常以. h(head) 作为后缀,简称头文件。在头文件中,除可包含宏定义外,还可包含外部变量定义、结构类型定义

等。

2.3　单片机开发工具软件——Keil μVision3 及基本操作

通过前面的学习，我们已经了解了 C51 编程的基础知识，而且已经完成了关于案例 1 流水灯控制的程序编写。但目前我们是用 C 语言编写的源程序，这种程序单片机是不能够直接使用的，所以我们需要通过 Keil 软件对该程序进行编译，最后生成.hex 文件下载到单片机中，单片机才能直接执行。下面我们就介绍一下 Keil 软件的使用。

Keil 软件是德国 KEIL 公司出品的单片机编译器，其中 μVision3 开发环境工具和 C51 编译器，主要用于典型的 8051 单片机的系统开发。Keil 集成开发环境是一个基于 Windows 的软件开发平台，它支持多个公司生产的 51 芯片，内嵌多种符合当前工业标准的开发工具，可以完成工程建立和管理、编译、链接、目标代码的生成、软件仿真和硬件仿真的开发流程。

2.3.1　Keil μVision3 的工作界面

双击桌面 Keil 软件图标，会出现如图 2.8 所示的启动界面。图 2.9 为 keil 的窗口分配，图中标出了 Keil 工作界面的各个窗口的名称。

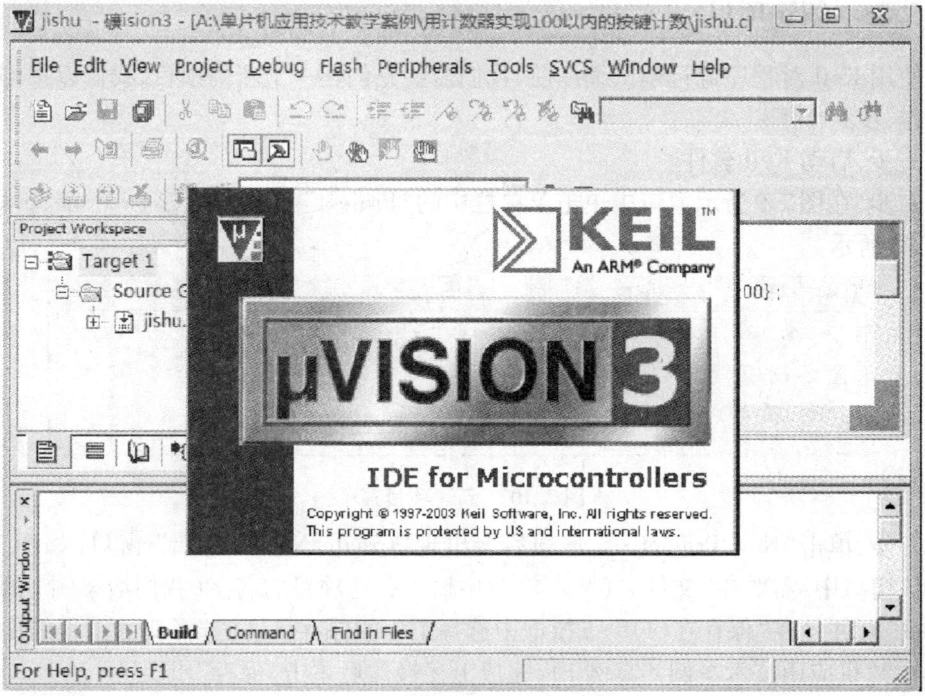

图 2.8　Keil 的启动界面

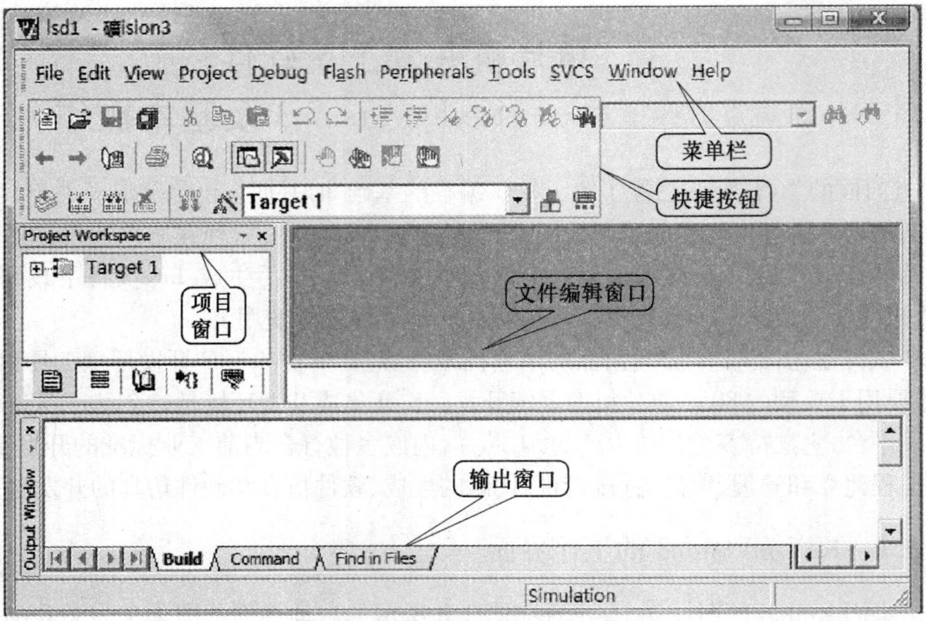

图 2.9　Keil 软件开发环境界面

2.3.2　创建项目

在使用 Keil 对程序进行调试编译前,我们需要先创建一个新的项目,我们以案例 1 为例进行操作,步骤如下:

第一步,启动 Keil 软件。

第二步,在图2.9所示窗口中单击菜单栏中的“Project”菜单中的“New Project…”选项,如图 2.10 所示。

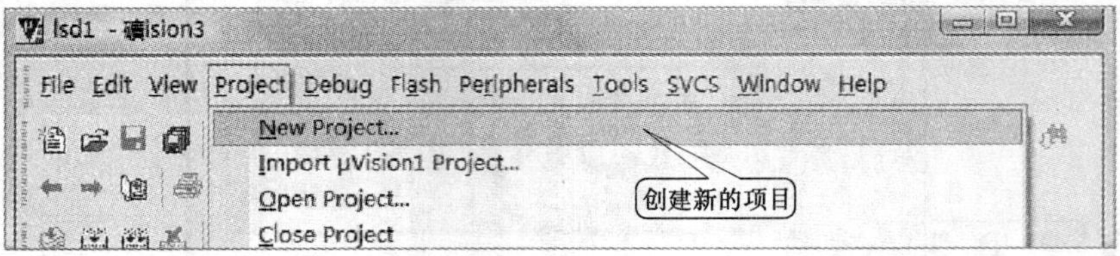

图 2.10　新建项目菜单

第三步,单击“New Project…”选项后会出现“Create New Project”窗口,如图 2.11 所示。在该窗口中,需要在“文件名(N)”窗口中输入新建项目的名字(我们给案例 1 的项目命名为“lsd”),并且在“保存在(I)”下拉框中选择工程的保存目录(选择新的工程的保存路径为 A:/ 单片机应用技术案例 / 案例 1),完成上述操作后单击“保存”即可。

第四步,器件选择。完成第三步后,会弹出如图 2.12“Select Device for ‘Target1’”窗口,按照该界面的提示选择相应的设备,我们这个案例选择“Atmel”目录下的“AT89C51”。

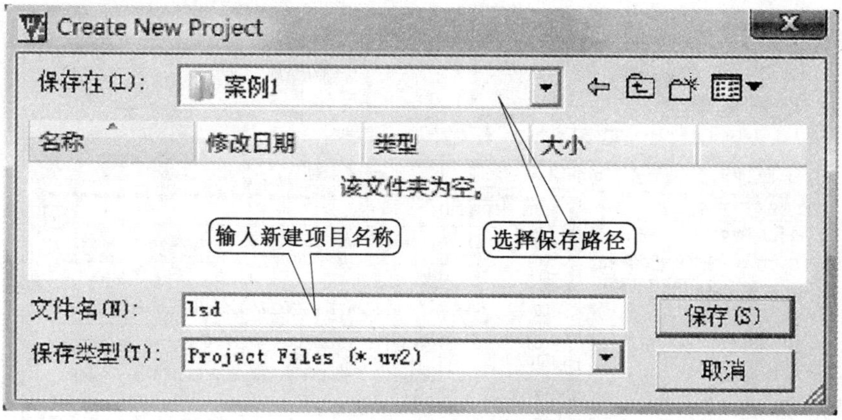

图 2.11　“Create New Project”窗口

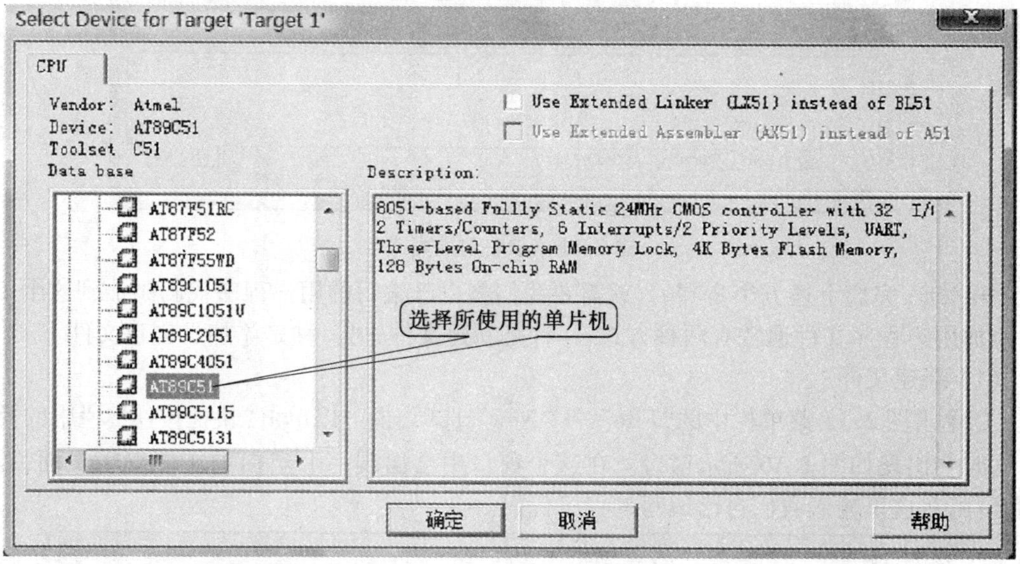

图 2.12　“Select Device for ‘Target1’”窗口

第五步，单击图 2.12 中的“确定”按钮后，会出现如图 2.13 所示对话框。如果需要复制启动代码到新建的工程就单击“是(Y)”，不需要则单击“否(N)”。我们单击“是(Y)”后会出现图 2.14 窗口，这时新的项目已经建立完毕。

图 2.13　是否复制启动代码到工程

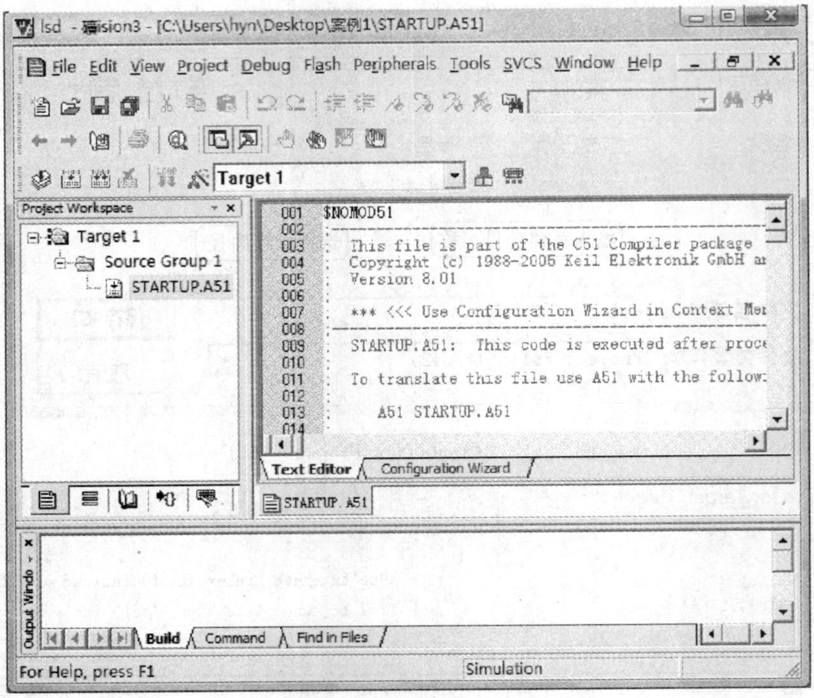

图 2.14　项目建立完成

第六步，完成上述五个步骤后，就需要我们将自己编写的用户程序代码添加到这个工程中，添加用户程序文件通常有两种方式：一种是新建文件，另一种是添加已创建文件。

(1) 新建文件

① 单击图 2.15 菜单栏中的"File"→"New"选项，也可以单击"快捷按钮"栏中的图标，这时会出现如图 2.16 所示窗口。在这个窗口中会出现一个空白的文件编辑页面，以后我们可以在这里输入我们自己编写的程序代码。

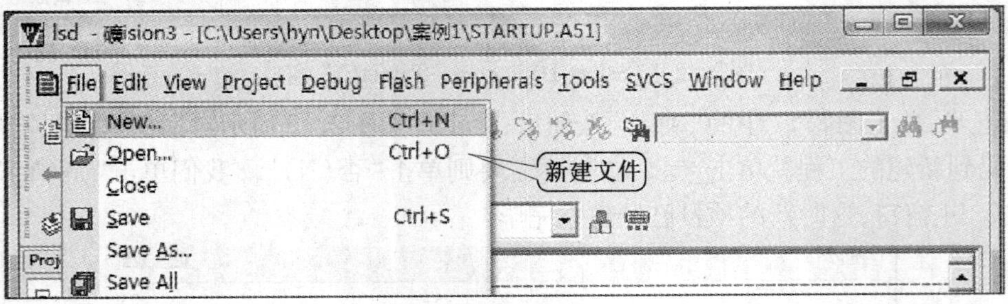

图 2.15　新建文件

② 在图 2.16 中单击"File"→"Save"选项，或单击快捷按钮保存文件，这时会弹出如图 2.17 所示窗口。

③ 在图 2.17"Save As"对话框中，在"保存在(I)"下拉框中选择新文件的保存目录，我们将这个新文件与刚才建立的项目保存在同一个文件夹下。然后在"文件名(N)"窗口中输入新建文件的名字，因为我们是用 C 语言编程，所以文件名的扩展名应为".c"，这里我们新建的文件名为 EX2_1.c，如果用汇编语言编程，那么文件的扩展名应为".asm"。完成上述步骤后单击"保存"即可，这时新文件已经创建完成。如果将这个新文件添加到我们的项目

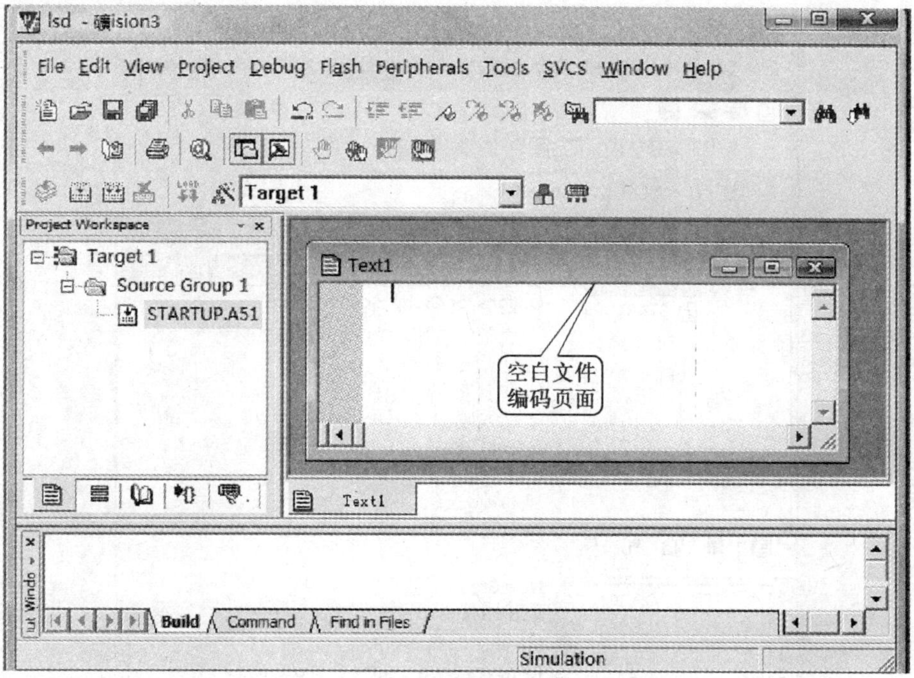

图 2.16　建立新文件

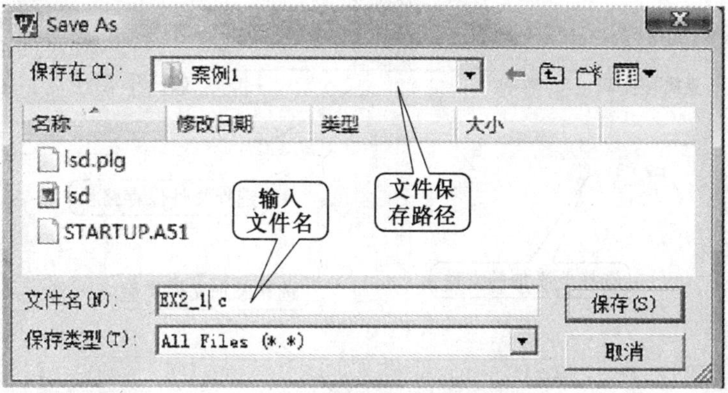

图 2.17　“Save As”对话框

中,那么操作步骤与“添加已创建文件”的步骤相同。

(2) 添加已创建文件

① 在“项目窗口”中,右键单击“Source Group 1”,选择“Add Files to Group‘Source Group1’”选项,如图 2.18 所示。

② 完成上述操作后会出现图 2.19“Add Files to Group‘Source Group1’”所示对话框。在该窗口中选择要添加的文件,我们这里只有刚刚建立的文件“lsd.c”,我们点击这个文件后,单击“Add”按钮,再单击“Close”按钮,文件添加就已经完成了,这时的项目窗口如图 2.20 所示,EX2_1.c 的文件已经出现在“Source Group 1”目录下了。

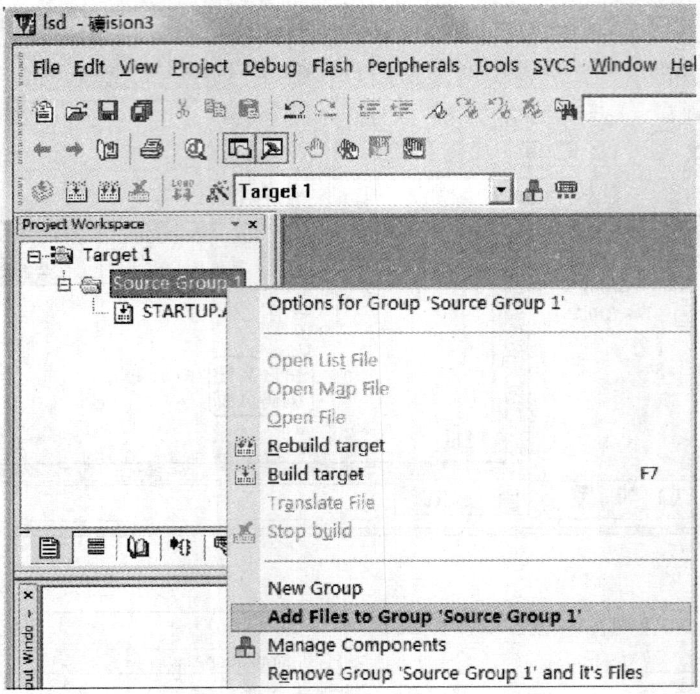

图 2.18　添加文件

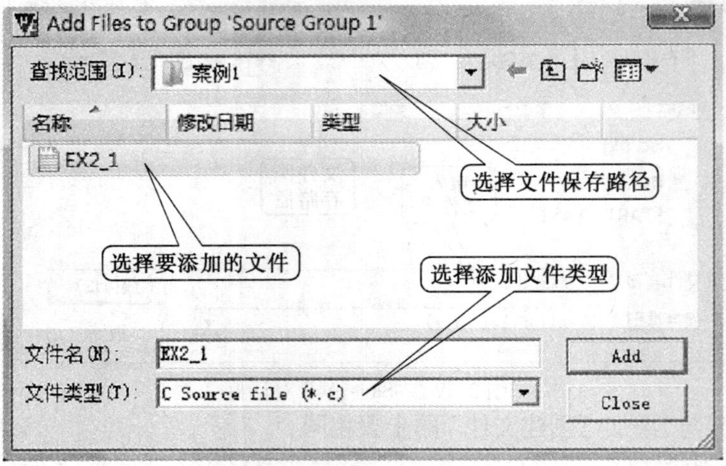

图 2.19　“Add Files to Group‘Source Group1’”对话框

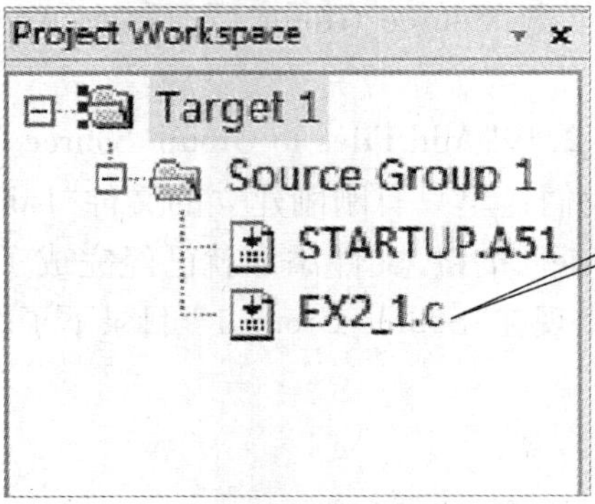

图 2.20　文件已经添加到项目中

2.3.3　调试程序

1. 程序编译

完成了上面工程建立和文件添加的过程后，我们就可以在文件编辑窗口，将程序 EX2_1.c 输入到刚才建立的文件“EX2_1.c”中，即可以对该程序进行调试和编译了。单击快捷按钮中的 (Translate current file) 对当前文件进行编译，在图 2.21 中的输出窗口会出现提示信息。

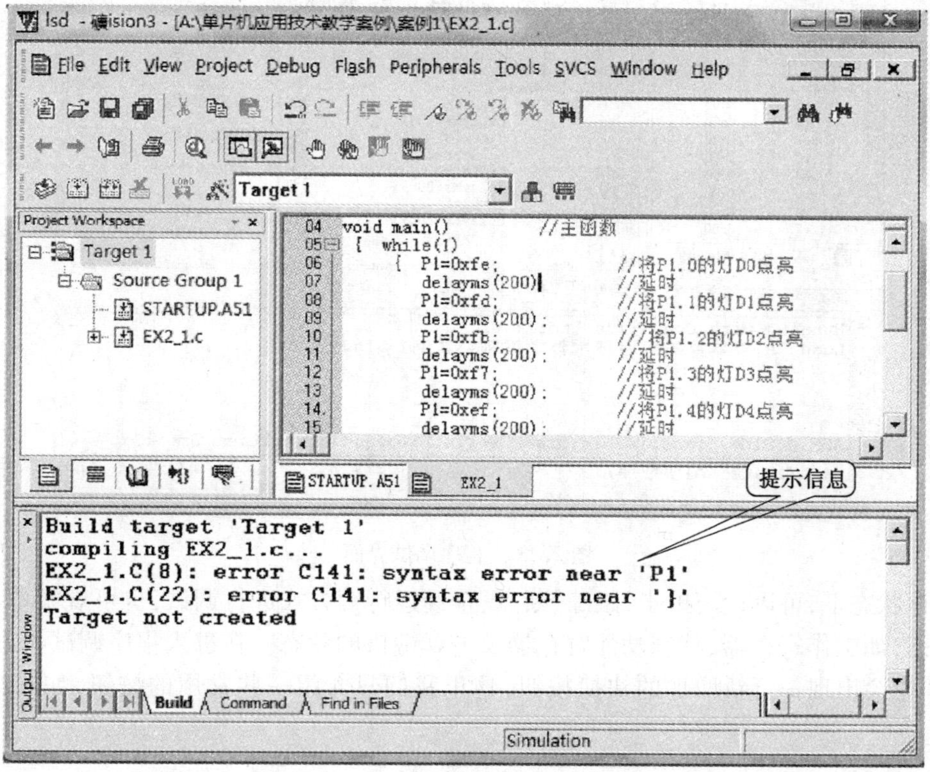

图 2.21　文件编译信息

从提示信息中可以看到，在本程序中有两个错误，分别在 20 行和 22 行附近，认真检查程序找到错误并改正，改正后再次单击 ，直至提示信息显示没有错误，如图 2.22 所示为止。

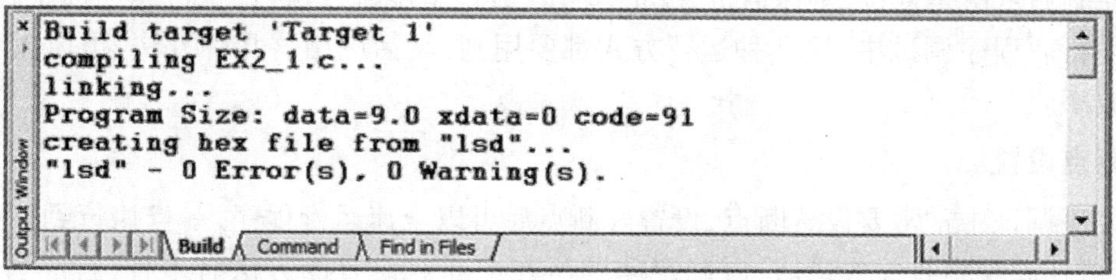

图 2.22　建立目标文件的提示信息

2. 程序调试

程序编译没有错误后，在主界面中单击“Debug”菜单中的“Start/Stop Debug Session”选项，也可以单击快捷按钮图标，进入程序调试状态，如图 2.23 所示。

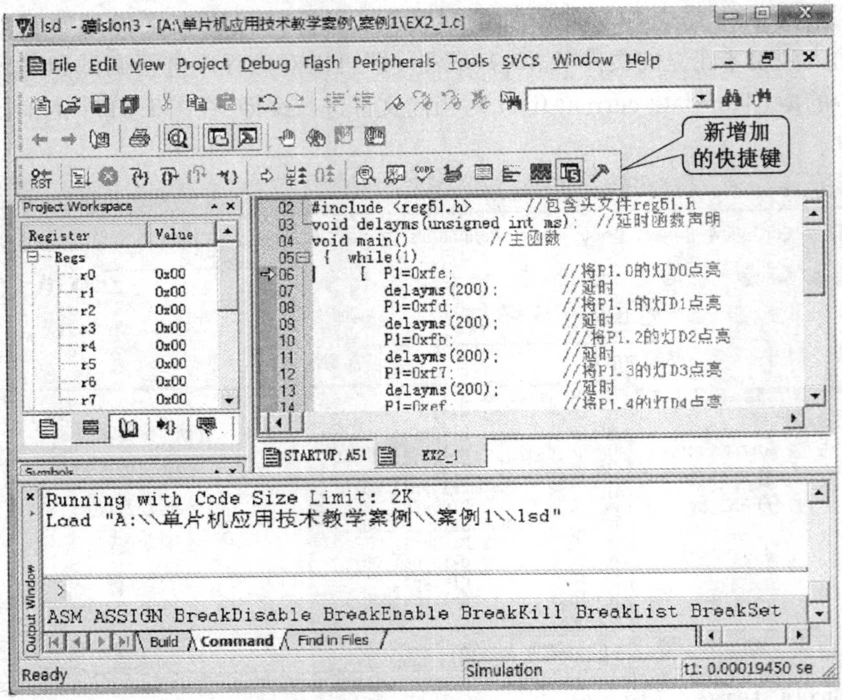

图 2.23　程序调试界面

在该状态下，可以运用单步、跟踪、断点、全速运行等方式进行调试，也可观察单片机的资源状态，如工作寄存器、特殊功能寄存器及 I/O 端口的状态。在进入程序调试状态后，在图 2.23 中会出现一行新增加的快捷按钮，这里我们只介绍一些常用的按钮，如图2.24 所示。

图 2.24　“调试”菜单快捷键

从左到右依次是复位、全速运行、停止、单步执行、单步跳过执行、执行完当前子程序、运行到当前行。程序调试中，这几种运行方式都要用到，灵活应用这几种方法，可以大大提高查错的效率。

3. 断点设置

在程序调试中常常要设置断点，设置好断点后可以全速运行程序，一旦执行到该程序行即停止，可在此观察有关变量值，以确定问题所在。断点设置的方法有多种，程序行设置/移除断点的方法如下：

(1) 插入或清除断点最简单的方法，即将鼠标移至需要插入或清除断点的行首双击鼠标即可；

(2) 将光标定位于需要设置断点的程序行，使用菜单"Debug"→"Insert/Remove Breakpoint"插入/删除断点选项，设置或移除断点。

"Debug"菜单→"Enable/Disable Breakpoint"使能/禁止断点选项，是开启或暂停光标所在行的断点功能；

"Debug"菜单→"Disable All Breakpoint"禁止所有断点菜单，是暂停所有断点；

"Debug"菜单→"Kill All Breakpoint"清除所有断点选项，是用于清除所有的断点设置。

(3) 使用快捷按键

按键的顺序依次为：插入/删除断点，清除所有断点，使能/禁止断点及禁止所有断点。

2.3.4　项目的设置

项目创建好以后，还要对项目进行进一步的设置，以满足要求。右键单击项目窗口的Target 1，选择"Options for Target'Target1'"选项，如图2.25所示，或者单击快捷按钮，即出现对工程设置的对话框图2.26，这个对话框可谓非常复杂，有多个页面，要全部搞清可不容易，绝大部分设置项取默认值就可以了，通常需要设置的就两个。

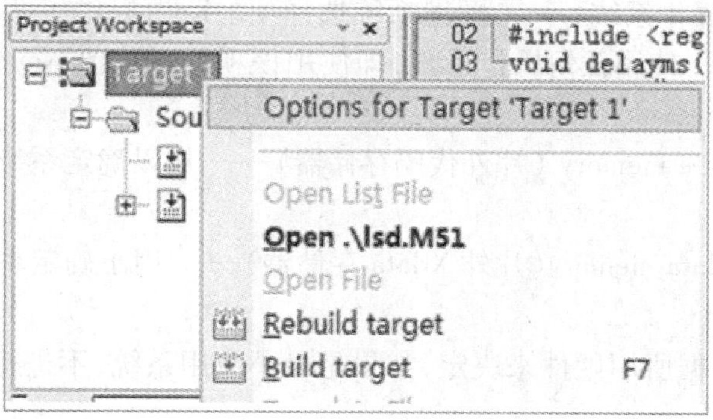

图2.25　选择项目调试

1. Target 页面

(1) Xtal(MHz)—— 晶振频率值，默认值是所选目标CPU的最高可用频率值，根据需要进行设置。该数值与最终产生的目标代码无关，仅用于软件模拟调试时显示程序执行时间。正确设置该数值可使显示时间与实际所用时间一致，一般将其设置成与你的硬件所用晶振频率相同，如果没必要了解程序执行的时间，也可以不设。

(2) Memory(Model 存储器模式)—— 设置RAM模式，有以下三个选项：

Small(小型) 是所有变量都在单片机的内部RAM中；

Compact(紧凑) 是可以使用一页外部扩展RAM；

Large(大型) 则是可以使用全部外部的扩展RAM。

(3) Code Rom Size(代码存储器模式)—— 用于设置ROM空间的使用，也有三个选项：

小型(Small) 只使用低于2 K的程序空间；

紧凑(Compact) 单个函数的代码量不能超过2 K，整个程序可以使用64 K程序空间；

大型(Large) 可使用全部64 K空间。

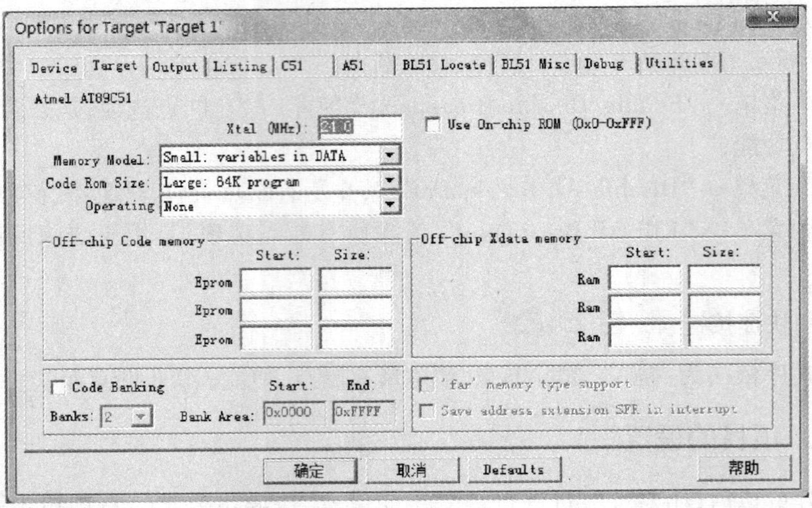

图 2.26　"Options for Target'Target1'"窗口

(4) Use on-chip(ROM 使用片内 ROM)—— 是否仅使用片内 ROM 选择项。

注　选中该项并不会影响最终生成的目标代码量。

(5) Operating(操作系统)—— 操作系统选择项。Keil 提供了两种操作系统:Rtx tiny 和 Rtx full,通常我们不使用任何操作系统,即使用该项的默认值 None(不使用任何操作系统)。

(6) Off-Chip Code memory (片外代码存储器)—— 用以确定系统扩展 ROM 的地址范围。

(7) Off-Chip Xdata memory(片外 Xdata 存储器)—— 用于确定系统扩展 RAM 的地址范围。

这些选项必须根据所用硬件来决定,如果是最小应用系统,不进行任何扩展,均不重新选择,按默认值设置。

2. Output 页面

(1) Select Folder for objects—— 选择最终的目标文件所在的文件夹,默认是与工程文件在同一个文件夹中,一般不需要更改。

(2) Name of Executable—— 用于指定最终生成的目标文件的名字,默认与工程的名字相同,一般不需要更改。

(3) Debug information—— 将会产生调试信息。这些信息用于调试,如果需要对程序进行调试,应当选中该项。

(4) Browse information—— 是产生浏览信息。这里取默认值。

(5) Creat Hex file—— 用于生成可执行代码文件。选择此项后即生成单片机可以运行的二进制文件(hex 格式文件),文件的扩展名为 .hex。

其他选默认即可。

完成上述设置后,我们就可以在程序编译时,单击快捷按钮或,此时会产生如图 2.27 所示提示信息,在该信息中说明该程序占用内 RAM 的大小(9 个字节)、片外 RAM 的大小(0 字节)、占用程序存储器 ROM 大小(91 个字节),最后生成的 .hex 文件名为 lsd. hex,这时整个程序编译过程就结束了。

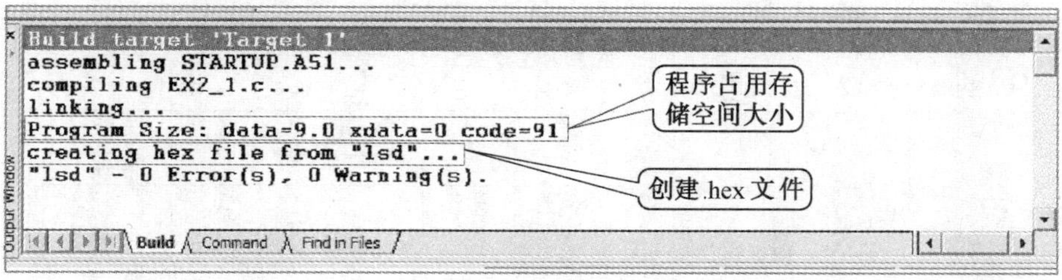

图 2.27　hex 文件生成的提示信息

2.4　单片机应用系统原理图设计及仿真工具软件——Proteus ISIS 及基本操作

Protues 软件是英国 Labcenter Electronics 公司出版的 EDA 工具软件。该软件具有原理图设计、PCB 设计和电路的分析与仿真功能。它可以仿真、分析各种模拟电路与集成电路，提供了大量的模拟与数字元器件、外部设备以及信号发生器，是目前最好的仿真单片机及外围器件的工具。Proteus 由 ISIS(电子系统仿真平台）和 ARES(布线编辑软件）两部分构成。前面已经提到，要求用 Proteus 软件对案例 1 流水灯控制进行仿真，主要使用的是 Proteus ISIS，下面将对 Proteus ISIS 的使用进行介绍。

2.4.1　Proteus ISIS 编辑环境简介

启动 Proteus ISIS 后的操作界面如图 2.28 所示。

1. 菜单栏

菜单栏共 12 项，包括文件(File)、视图(View)、编辑(Edit)、工具(Tools)、设计(Design)、图形(Graph)、源(Source)、调试(Debug)、库(Library)、模板(Template)、系统(System) 和帮助(Help)，如图 2.29 所示。

菜单栏中每一项都有下一级菜单，例如单击菜单“File”，如图 2.30 所示，用户可以根据需要选择该菜单中的选项。

2. 原理图编辑窗口

原理图编辑窗口是用来绘制原理图、设计电路、设计各种符号模型的区域。图 2.28 中，原理图编辑窗口内的方框范围内为可编辑区，元件放置、电路设置都在此框中完成。该窗口没有滚动条，可单击预览窗口来改变此原理图编辑窗口的可视区域。

3. 预览窗口

对象预览窗口可以对选中的对象进行预览，同时可以对原理图编辑窗口进行预览。如果单击某个元件列表中的元件时，预览窗口会显示该元件的符号。当鼠标焦点落在原理图窗口时，预览窗口中会出现蓝色和绿色两个方框，如图 2.31 所示，再通过单击鼠标可以改变预览窗口中方框的位置，从而改变原理图的可视范围。

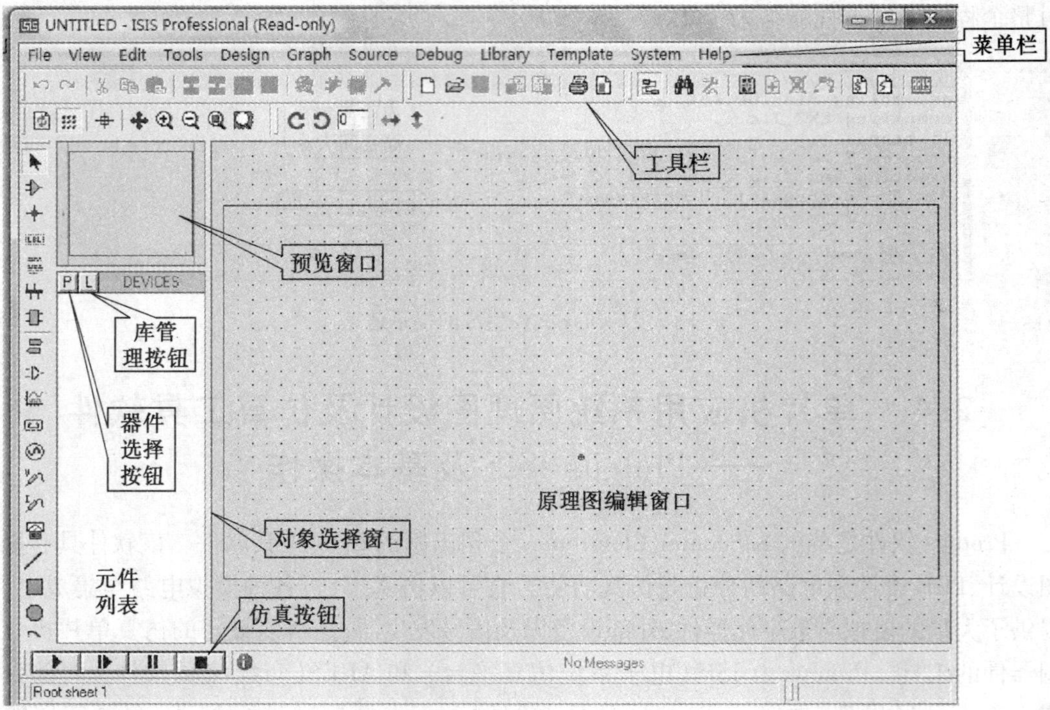

图 2.28 Proteus ISIS 主窗口界面

图 2.29 菜单栏

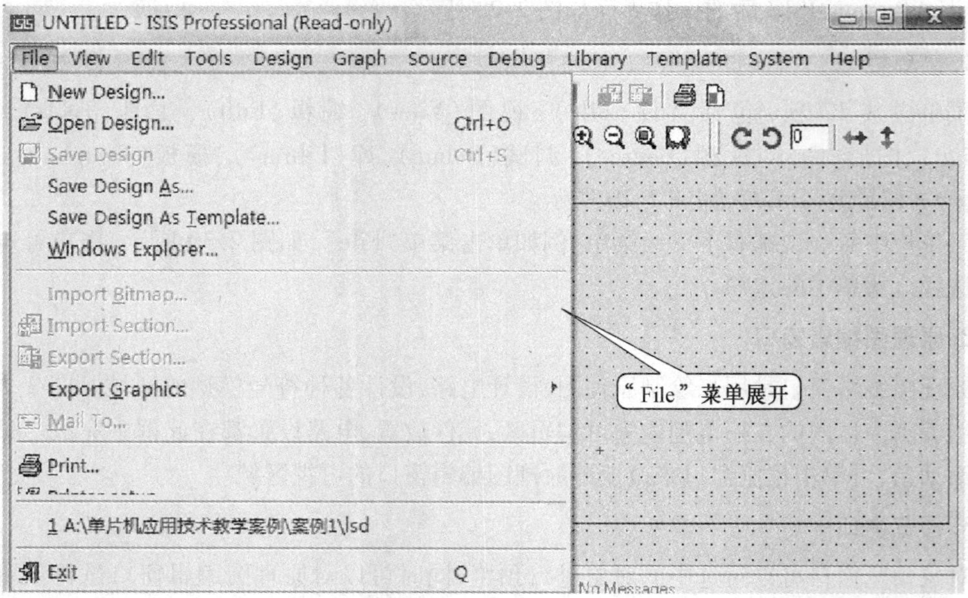

图 2.30 "File"菜单展开内容

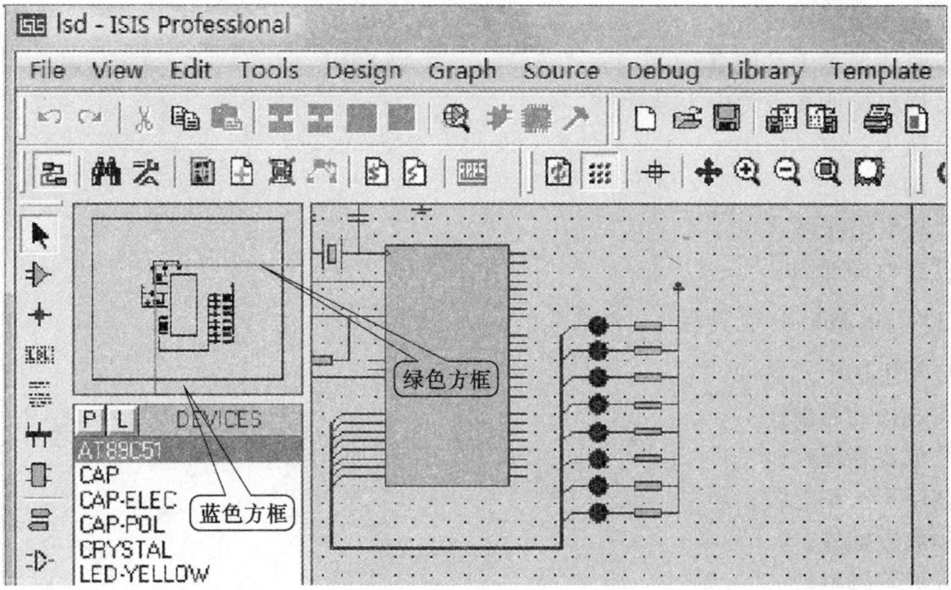

图 2.31　预览窗口调整原理图可视范围

4. 对象选择窗口

对象选择窗口用来选择元器件、终端、仪表等对象。在该窗口中的原件列表区域用来表明当前所处的模式以及其中的对象列表，如图 2.32 所示。在该窗口内还有两个按钮："P" 器件选择按钮和"L" 库管理按钮。在图 2.32 中，可以看到已经选择了 AT89C51 单片机、电容、电阻等元器件。

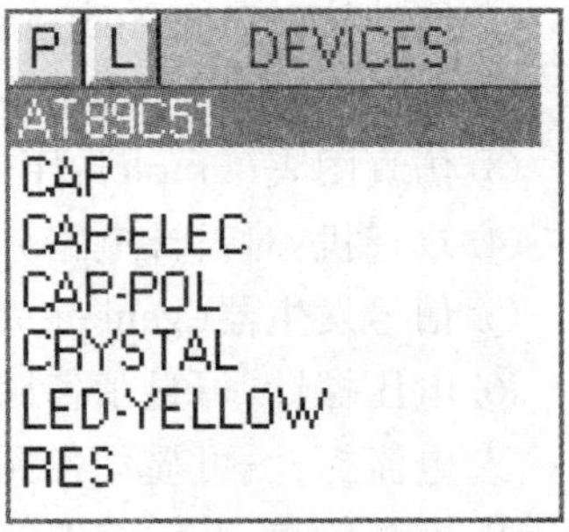

图 2.32　元件列表

5. 工具栏

Proteus ISIS 主要工具栏包括 File 工具栏、View 工具栏、Edit 工具栏、Main Models 工具栏、仿真运行工具栏等，下面我们将介绍一些主要的工具栏。

(1) File 工具栏 

注　下面所有工具栏均按从左至右的顺序依次介绍。

① 新建一个设计文件；

② 打开一个已存在的文件；

③ 保存当前设计；

④ 将一个局部文件导入 ISIS 中；

⑤ 将当前选中的对象导出为一个局部文件；

⑥ 打印当前设计；

⑦ 选择打印的区域。

(2) View 工具栏 

① 刷新；

② 是否显示网格；
③ 是否显示手动原点；
④ 以鼠标所在点为中心显示；
⑤ 放大；
⑥ 缩小；
⑦ 查看整张图；
⑧ 查看局部图。

(3) Main Models 工具栏 

① 用于选中元器件；
② 选择元器件；
③ 放置连接点；
④ 用于绘制总线；
⑤ 放置标签；
⑥ 放置脚本；
⑦ 绘制子电路块。

(4) Gadgets 工具栏 

① 终端接口(terminals)：有 V_{CC}、地、输出、输入等接口；
② 器件引脚：用于绘制各种引脚；
③ 仿真图表(graph)：用于各种分析，如 Noise Analysis；
④ 录音机：对设计电路分割仿真时采用此模式；
⑤ 信号发生器(generators)：对象选择列出各种激励源；
⑥ 电压探针：可显示各探针处的电压值；
⑦ 电流探针：可显示各探针处的电流值；
⑧ 虚拟仪表：有示波器等。

(5) 2D Graphics 工具栏 

① 画各种直线；
② 画各种方框；
③ 画各种圆；
④ 画各种圆弧；
⑤ 画各种多边形；
⑥ 画各种文本；
⑦ 画符号；
⑧ 画原点。

(6) Edit 工具栏 

① 撤销最后一步操作；
② 恢复最后一步操作；
③ 剪切选中对象；

④ 复制选中对象至剪切板；

⑤ 从剪切板粘贴；

⑥ 复制选中的块对象；

⑦ 移动选中的块对象；

⑧ 旋转选中的块对象；

⑨ 删除选中的快对象；

(7) 

① 顺时针旋转 90 度；

② 逆时针旋转 90 度；

③ 旋转的角度，只能是 90 度的整数倍；

④ 水平翻转；

⑤ 垂直翻转。

(8) 仿真工具栏 

① 运行；

② 单步运行；

③ 暂停；

④ 停止。

2.4.2　Proteus ISIS 基本使用

用 Proteus ISIS 软件对单片机系统进行仿真，其基本操作步骤为：新建或打开一个设计文件；选择需要的元件到元件列表；放置元件并连接电路；加载程序文件；仿真。下面以案例 1 流水灯控制的仿真为例，详细说明各步骤操作。

1. 新建或打开一个文件

(1) 建立新文件

我们可以通过菜单栏的“File” → “New Design” 选项或者工具按钮来新建一个文件。如果选择前者新建文件，会弹出如图 2.33 所示“Create New Design” 窗口，在该窗口中提供了多种模板选择，单击要选的模板图标，再单击“OK” 按钮即建立一个该模板的空白文件。若直接单击“OK” 按钮，即选用系统默认的“DEFAULT” 模板。如果用工具按钮新建文件，则不会出现图 2.33 所示窗口，而直接选择系统默认模板。

(2) 保存文件

我们为案例 1 建立了一个新的文件，在第一次保存该文件时，选择菜单栏的“File” → “Save Design As…”，即弹出如图 2.34 所示窗口。单击“OK” 按钮，会弹出“Save ISIS Design File” 窗口，如图 2.35 所示。在该窗口中选择文件的保存路径和文件名后，单击“保存” 则完成了文件的保存。如图 2.35 所示，我们为案例 1 建立了一个文件名为“lsd” 的新文件。

如果不是第一次保存，那么可以选择菜单栏的“File” → “Save Design ” 选项，或直接单击工具栏按钮即可。

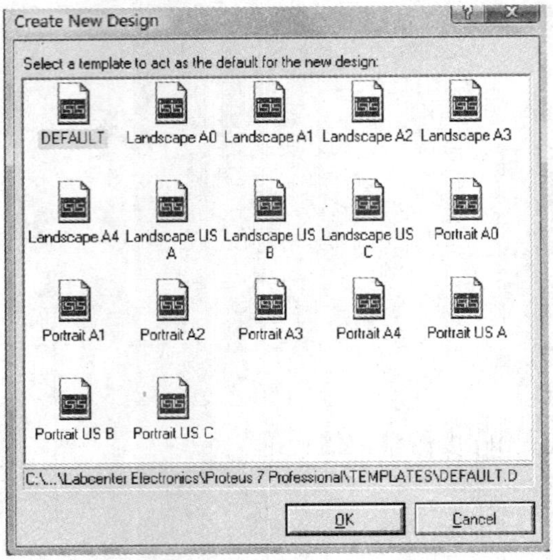

图 2.33　“Create New Design”窗口

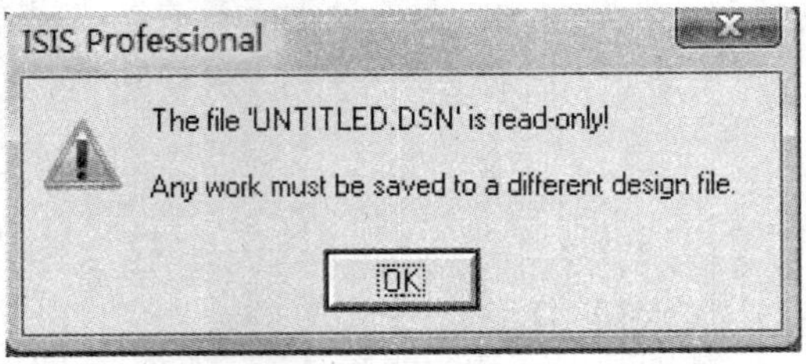

图 2.34　“ISIS Professional”对话框

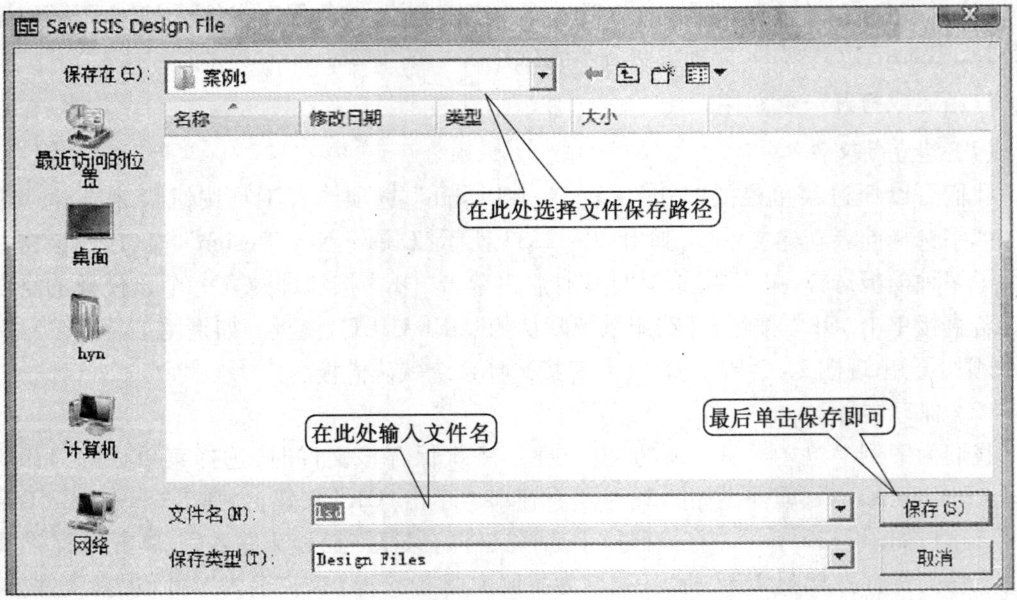

图 2.35　“Save ISIS Design File”窗口

(3) 打开已保存的文件

选择菜单栏的“File”→“Load Design”选项,或单击工具栏按钮,将弹出如图 2.36 所示窗口。单击需要打开的文件名后，再单击“打开”按钮即可。我们现在打开刚刚保存的文件 lsd 。

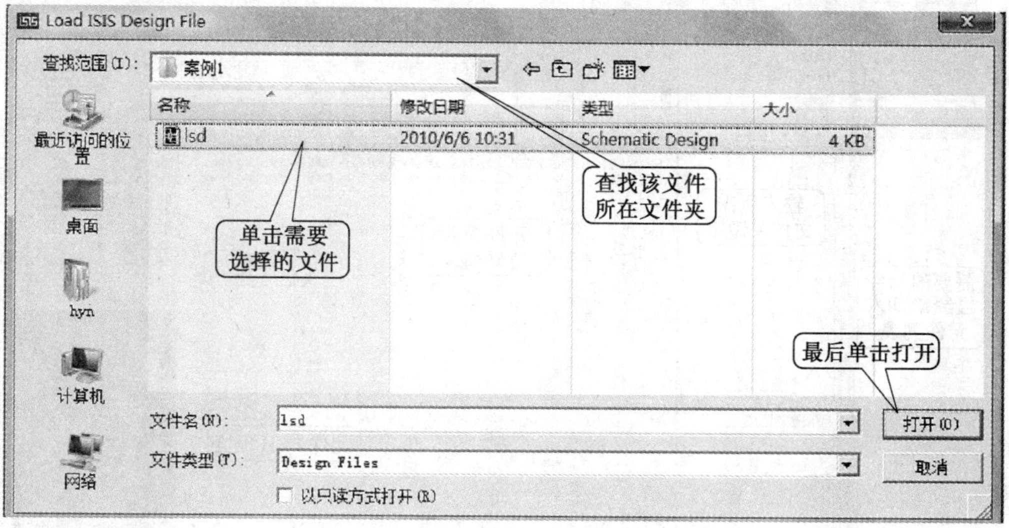

图 2.36　“Load ISIS Design File” 窗口

2. 选择需要的元件到元件列表

在进行流水灯控制的电路设计之前，先回顾一下电路原理图，总结所需元器件，见表 2.7。

表 2.7　流水灯控制元件列表

元件名称	型　号	数　量	Proteus 的关键字
单片机	AT89C51	1 个	AT89C51
晶振	12 MHz	1 个	CRYSTAL
电容	30 pF	2 个	CAP
电解电容	22 μF	1 个	CAP - ELEC
发光二极管	黄色	8 个	LED - YELLOW
电阻	220 Ω;10 kΩ	若干	RES

下面根据表 2.7，选择元件到元件列表。首先观察图 2.28，右侧的元件列表中一个元件都没有，单击左侧工具栏中的▶按钮，选择为“Component Mode” 元件模式；再单击器件选择按钮[P]，会出现“Pick Devices” 窗口，在该窗口的“Keywords” 栏中输入需要选取的元件的关键字，例如先选取单片机，则在“Keywords” 栏中输入 AT89C51，此时在“Results” 栏中出现“元件搜索结果列表”，并在右侧出现“元件预览” 和“元件 PCB 预览”，如图 2.37 所示。在“元件搜索结果列表” 中双击所需要的元件，即发现主窗口界面的元件列表中已添加了该元件。用同样的方法可以将表 2.7 中所需要的其他元件也添加到元件列表中即可，在这里不再重复过程，所有元件选取完毕后单击图 2.37 中的“OK” 即可关闭“Pick Devices” 窗口，回到主界面进行原理图绘制了。此时元件列表如图 2.38 所示。

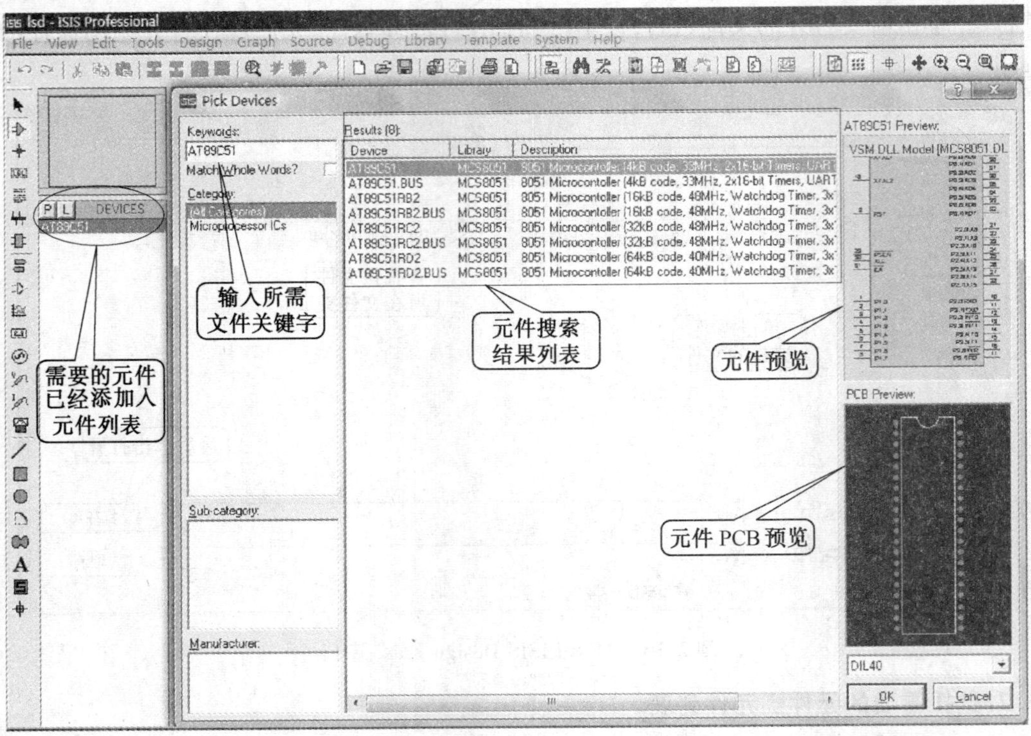

图 2.37　“Pick Devices”窗口

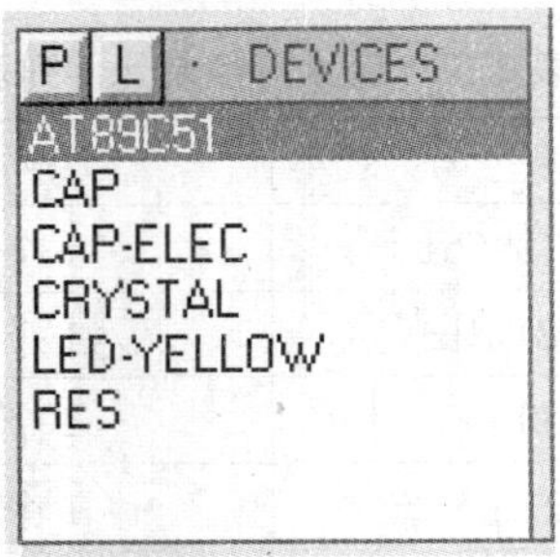

图 2.38　元件已添加到元件列表

3. 放置元件并连接电路

(1) 元件的放置、调整与编辑

① 元件的放置

单击元件列表中所需要放置的元器件，然后将鼠标移至原理图编辑窗口中单击一下，此时就会在鼠标处有一个红色的元器件，移动鼠标选择合适的位置，并单击一下左键，此时该元件就被放置在原理图窗口了，可以单击右键或者 Esc 键就可以取消元件的放置。例如，我们选择放置单片机 AT89C51 到原理图编辑窗口，具体操作步骤见图 2.39。

若要删除已放置的对象，用鼠标左键单击所要删除的对象，然后按 Delete 键删除对象。或直接在要删除的对象上单击右键，在弹出的下拉菜单中，选择 Delete Object 选项。如果有误删除操作，可以按 Ctrl + Z 快捷键取消。

在图 2.1 中，还可以看到，除了表 2.7 中的元件以外，还需要电源和地等终端。单击工具

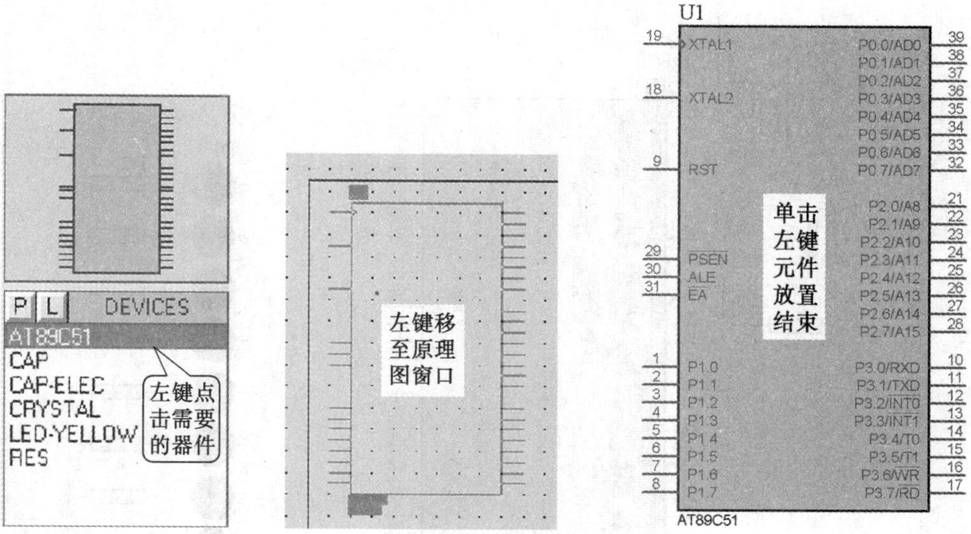

(a)　　(b)　　(c)

图2.39　元件放置的操作步骤

栏中“Terminals Mode”按钮，此时元件列表会变为如图2.40(a)所示，此时可根据需要选择合适的终端放置到原理图编辑窗口中去。放置的方法与元件放置相同。图2.40(b)为图2.40(a)列表中的终端的符号(顺序为从上至下)。当再次单击按钮时，即可切换元件列表回到用户自己选择的元件列表，即图2.38所示的情况。根据上述讲解可将所有元器件放置到原理图编辑窗口中，如图2.41所示。

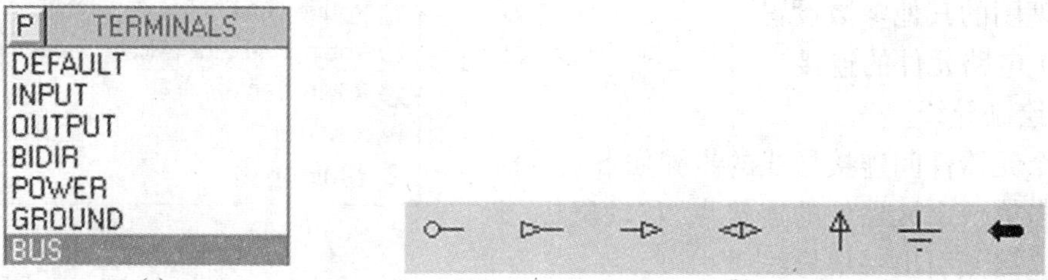

(a)　　(b)

图2.40　终端符号

② 元件的调整

如果需要对已经放置的元件进行调整，可进行如下操作：

a. 改变元件位置，用鼠标左键单击需调整的元件不放，移动鼠标到合适的位置，再释放鼠标即可。

b. 调整元件的角度，可用右键单击需调整的元件，会出现如图2.42所示菜单，选中菜单中的或等选项即可，对该元件进行旋转或翻转等操作。

③ 元件参数设置

用鼠标双击需要设置参数的元件，会出现元件编辑窗口；也可以将鼠标移至该元件的上方，按后按Ctrl+E快捷键也可以打开该窗口；或者用鼠标右键单击该元件，在弹出的菜单中选择“Edit Properties”选项也可以。下面以电容C1为例说明元件参数的设置，用上述任一方法打开C1元件编辑窗口，如图2.43所示，其中的基本信息如下：

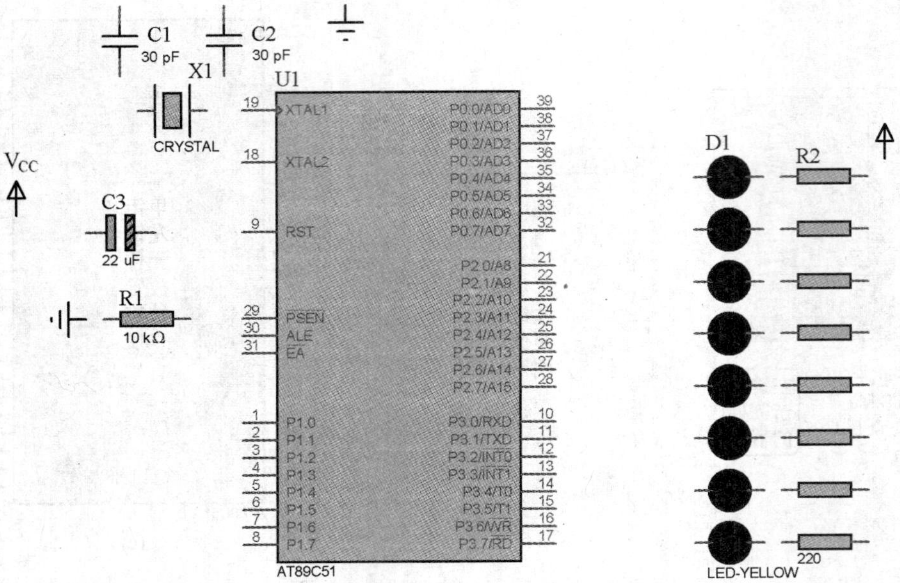

图 2.41　所有元件放置结束

◆ Component Reference：元件参考号；

◆ Hidden：是否隐藏；

◆ Capacitance：电容的电容值。

读者可根据上述内容和图 2.1，自行完成案例 1 原理图的其他参数设置。

(2) 电路元件的连接

① 绘制导线

两个元器件间连接导线的步骤如下：

单击第一个元器件的连接点，移动鼠标，此时会在连接点引出一根导线。

如果想要自动绘出直线路径，只需单击另一个连接点，如果用户想自己决定走线路径，只需在拐点处单击，在走线的过程中按下 Ctrl 键就会改变走线方式。

② 使用连接点连接导线

单击按钮可在电路中添加原点，即可将交叉的导线连接在一起。

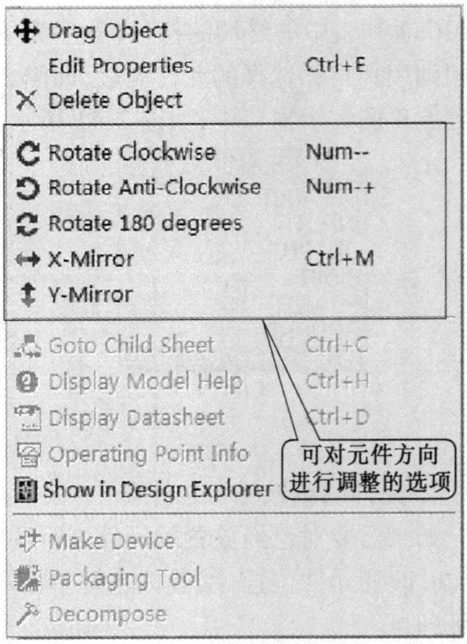

图 2.42　元件右键菜单

③ 调整导线位置

选择按钮，然后将鼠标移至导线上方，单击左键，光标会变成一个双向箭头，然后移动鼠标就可以移动导线。

④ 绘制总线

图 2.44 为完成连线的原理图，在图中可看到一条总线，总线绘制方法如下：单击按

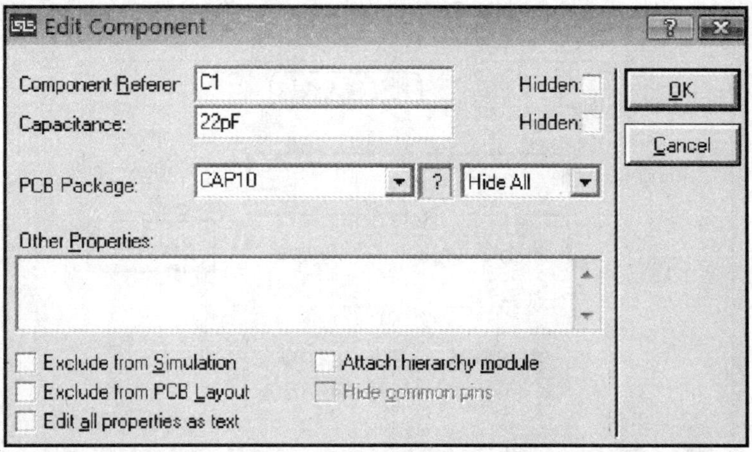

图 2.43　C1 元件编辑窗口

钮，移动鼠标到需要绘制总线的位置，单击左键，移动鼠标，便可以绘制出一条总线，在总线结尾处双击鼠标左键即可。

⑤ 放置线标

在图 2.44 中可看到与总线相连的导线上都有线标，放置线标的方法如下：单击工具栏中的 ，再将鼠标移至需要放置线标的导线上方单击，即会出现如图 2.45"Edit Wire Lable"所示对话框，将线标填入"String"栏，再单击"OK"按钮即可。与总线连接的导线必须要放置线标，这样连接着相同线标的导线才能够导通。

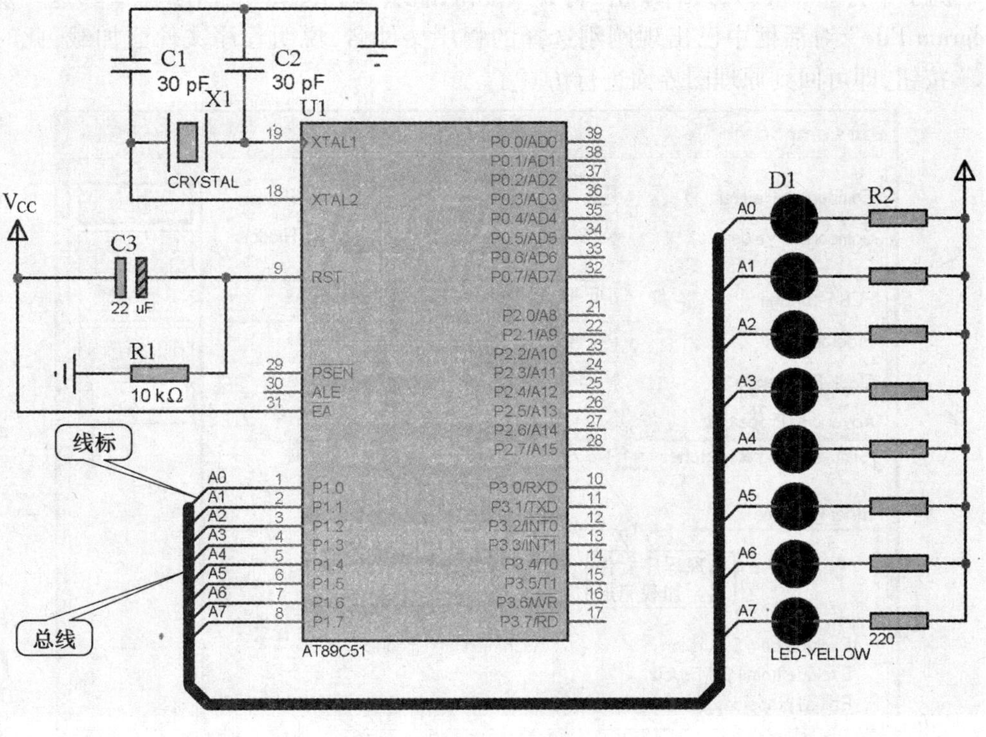

图 2.44　连接完成的原理图

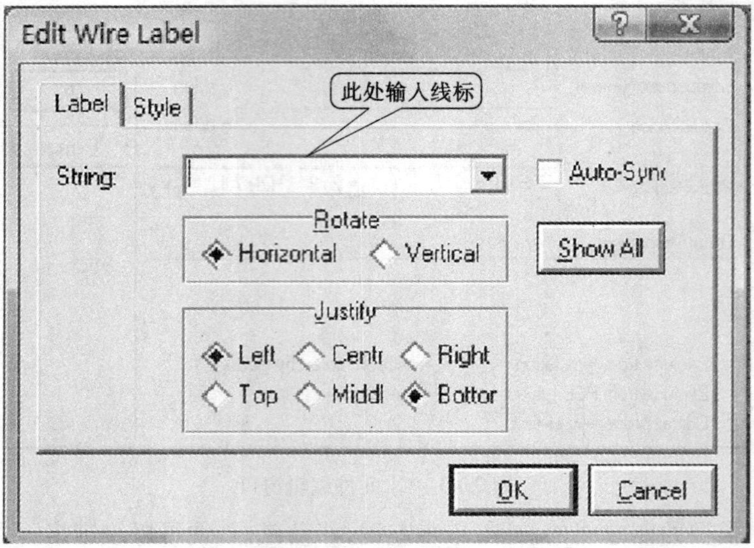

图 2.45 “Edit Wire Lable” 对话框

4. 加载程序文件

原理图绘制完成后,加载用 Keil 软件生成的 .hex 文件到原理图中的单片机内即可进行仿真了。加载程序文件的步骤如下:双击原理图中的单片机 AT89C51,出现如图2.46 所示窗口,单击按钮,弹出如图2.47“Select File Name” 所示窗口,在该窗口中单击要选择的文件(这个例子中为 lsd. hex),最后单击“打开” 按钮,就会回到图 2.46 所示窗口。这时发现在“Program File” 对话框中已出现刚刚选择的程序文件名,说明程序文件已加载,此时单击“OK” 按钮,即可回到原理图界面进行仿真了。

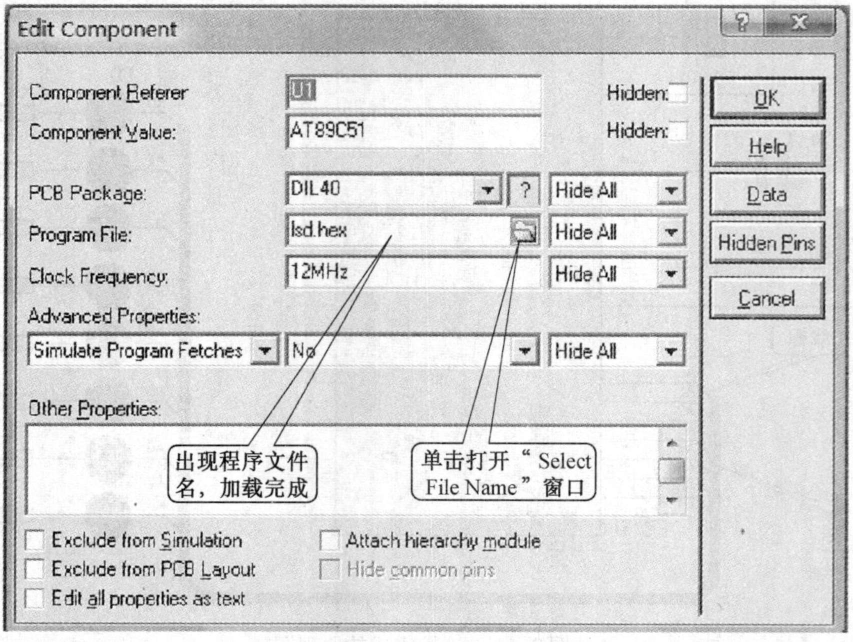

图 2.46 单片机参数编辑界面

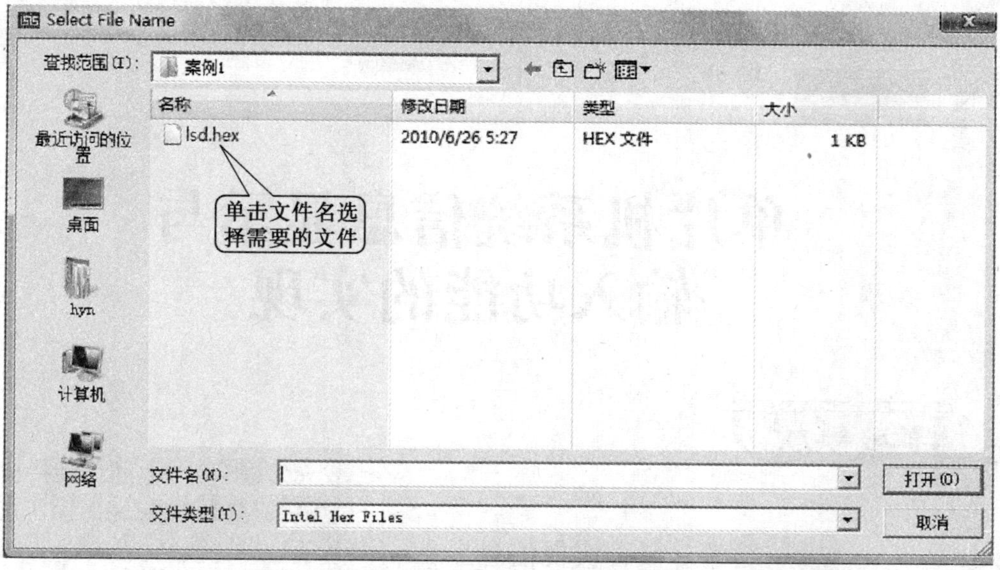

图 2.47　“Select File Name”窗口

5. 仿真

完成上述所有操作后，只需要应用仿真工具栏  中各个按钮，即可对电路进行仿真了。

注　仿真进行时，不能对电路进行修改和保存。

习　题

1. 简述 C 语言的结构。
2. 简述 while 语句与 do - while 语句的区别。
3. C 语言有几种基本语句？分别有哪些？
4. 简述使用 Keil 软件的基本步骤。
5. 编程实现控制 8 个 LED 灯共同闪烁，在 Keil 软件中进行程序调试，并在 Proteus 软件中完成电路图及仿真。

第3章

单片机系统信息显示与输入功能的实现

学习导航

- 单片机系统信息显示与输入功能的实现
  - 应用发光二极管实现信息显示
    - 发光二极管与单片机的连接技术
    - I/O端口数据输入/输出操作技术
    - 任务1 设计一个开关量采集电路
    - 任务2 用发光二极管制作节日彩灯
    - 任务3 用发光二极管模拟交通信号灯
  - 应用LED数码管实现信息显示
    - LED数码管原理、种类
    - LED显示方式及接口技术
    - 任务4 制作一个0～9数秒器
    - 任务5 制作一个0～99计数器
  - 应用LED点阵实现信息显示
    - LED点阵结构及显示信息原理
    - 使用LED点阵显示汉字技术
    - 任务6 制作一个16×16点阵显示屏
  - 应用字符型LCD实现信息显示
    - 字符型LCD1602显示模块
    - 任务7 用LCD1602仿真电子广告牌
  - 用按键及键盘实现信息输入
    - 键盘(独立式、行列式)原理
    - 按键检测、处理、接口技术
    - 任务8 设计一个键盘指示器

学习目标

知识目标	1. 用C51实现I/O端口数据输入/输出操作 2. 发光二极管与单片机接口技术 3. LED数码管显示方式与接口技术 4. LED点阵结构、显示信息原理及接口技术 5. 字符型LCD显示模块与接口技术 6. 独立式按键接口技术 7. 行列式键盘检测及接口技术
能力目标	1. 能够用发光二极管实现信息显示 2. 能够用LED数码管实现信息显示 3. 能够用LED点阵实现信息显示 4. 能够用字符型LCD实现信息显示 5. 能够用行列式键盘实现信息输入 6. 能够根据任务要求选择输入设备、显示器件实现信息输入与显示

键盘及显示器是单片机应用系统常用的输入、输出设备。在单片机应用系统中，为了控制系统的工作状态，需要通过输入设备向系统输入命令、参数，系统应设有键盘或按键；同样，为了了解系统的工作状态，以及显示系统的有关信息，系统也要配有显示器。本章将详细介绍单片机应用系统中常用的显示器及键盘与单片机接口、编程技术。

3.1　应用发光二极管实现信息显示

发光二极管是最常见的显示器件，使用最为灵巧、方便，可用它来指示系统的工作状态，制作节日彩灯、广告牌匾等等。

发光二极管与普通二极管相似，都具有单向导电性，在使用过程中需要注意的是它的工作电流。通常情况下，发光二极管的工作电流在5 ~ 30 mA之间，电流值越大，亮度相应也越高。由于发光材料的改进，现在大部分发光二极管的工作电流较小，通常为1 ~ 5 mA，其内阻为20 ~ 100 Ω。为保证发光二极管的正常工作，同时减少功耗，限流电阻的选择十分重要，若供电电压为 +5 V，则限流电阻可选1 ~ 3 kΩ。

对于单片机系统来说，发光与显示器件是最大的功耗部分，在满足系统性能指标的前提下，要尽量降低系统的功耗。

3.1.1　发光二极管与单片机的连接技术

对于 AT89C51 单片机而言，P0 口用作输入输出时，漏极是开路的，需要外接上拉电阻，P1 ~ P3 口内部有 30 kΩ 左右的上拉电阻。若将发光二极管与单片机的 I/O 口直接连接，还需考虑到单片机 I/O 的负载能力。若连接不当，将造成单片机的损坏。为了说明，我们先看一下发光二极管与单片机的I/O口连接的2个案例,如图3.1所示。

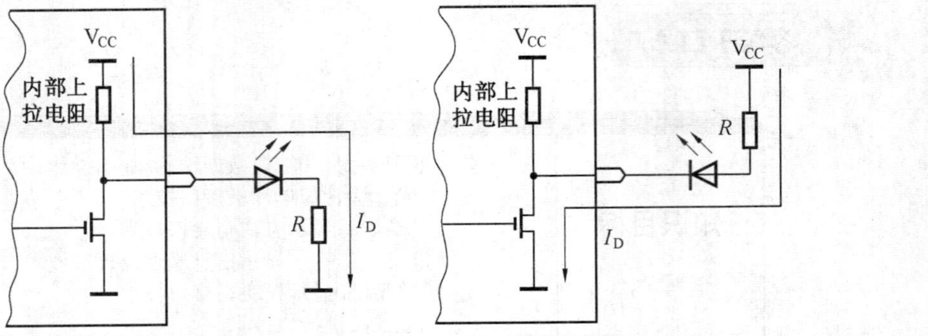

(a)不恰当的连接　　(b)恰当的连接

图3.1　发光二极管与单片机的连接

单片机I/O端口的灌电流负载能力远大于拉电流负载能力。在低电平时,吸入电流可达20 mA,具有一定的驱动能力;而高电平时,输出电流仅数十 μA 甚至更小(电流实际上是由引脚的上拉电流形成的),基本上没有驱动能力。其原因是高电平时该脚也同时作输入脚使用,而输入脚必须具有高的输入阻抗,因而上拉的电流必须很小才行。由此可见,发光二极管与单片机的I/O口直接连接时,可采用图3.1(b)的连接方式。

如果一定要高电平驱动时,可在单片机与发光二极管之间加驱动电路,如74LS04、74LS244等。

3.1.2　如何用C51实现I/O端口数据输入/输出操作

单片机的I/O端口是单片机与外部设备进行信息交换的桥梁,我们通过读取I/O端口的状态来了解外设的状态,通过向I/O端口送出命令或数据来控制外设。所以对单片机的I/O端口进行输入、输出操作,是单片机应用系统中经常出现的事件。

对单片机的I/O端口进行操作时,需要对单片机I/O端口的特殊功能寄存器进行声明,在C51的编译器中,这项声明包含在头部文件reg51.h中,编写程序时,可通过预处理命令#include < reg51.h >,把这个文件加进去。

下面将通过1个案例介绍如何用C51实现对单片机的I/O端口进行输入、输出操作。

<任务1>　设计一个开关量采集电路

任务描述:

用单片机采集8个开关的状态,然后将采集到的结果通过发光二极管显示。当某一开关闭合时,采集到的数据为"0",与其对应的发光二极管亮;当某一开关断开时,采集到的数据为"1",与其对应的发光二极管不亮。

要求:

(1) 在Keil IDE(μVision2)中完成应用程序设计,并编译。

(2) 在ISIS 7 Professional中完成电路设计、调试与仿真。

1. 设计分析

用单片机的 P1 口接 8 个开关,检测开关的状态,用 P2 口接 8 个发光二极管,显示开关的状态。

2. 电路设计

P1 口接 8 个开关 SW1 ~ SW8,P2 口接 8 个发光二极管 D0 ~ D7。按设计要求选取元器件,见表 3.1。在 Proteus 中设计开关量采集电路,如图 3.2 所示。

3.1　开关量采集电路元器件列表

元器件名称	参数	数量	元器件名称	参数	数量
单片机	AT89C51	1	按钮 BUTTON		1
晶体振荡器	12 MHz	1	发光二极管	LED - RED	2
瓷片电容 CAP	30 pF	2	发光二极管	LED - BLUE	2
电解电容 CAP - ELEC	20 μF	1	发光二极管	LED - GREEN	2
开关 DIPSW_8		1	发光二极管	LED - YELLOW	2
电阻 RES	10 kΩ	1	电阻 RES	330 Ω	8

3. 程序设计

```
#include < reg51.h >
main( )
{
    char i;
    while(1)
        {
            i = P1;  // 输入 P1 口数据到变量 i
            P2 = i;  // 将变量 i 送至 P2 口
        }
}
```

4. 电路仿真

将在 keil 中编译形成的"开关量采集电路. hex"文件,加载到 AT89C51 单片机中,运行程序,仿真结果如图 3.2 所示。在图 3.2 中,开关 SW2、SW4、SW6、SW8 闭合,发光二极管 D1、D3、D5、D7 亮;开关 SW1、SW3、SW5、SW7 断开,发光二极管 D0、D2、D4、D6 灭。仿真结果和设计要求完全一致。

程序中的语句 i = P1;和 P2 = i;实现的就是端口数据输入、输出操作。

[用 C51 实现 I/O 端口数据输入/输出操作归纳]

输入操作:

用语句

变量 = PX;

实现输入操作。其中 X = 0、1、2、3,X 为单片机的端口编号。

输出操作:

用语句

PX = 变量;

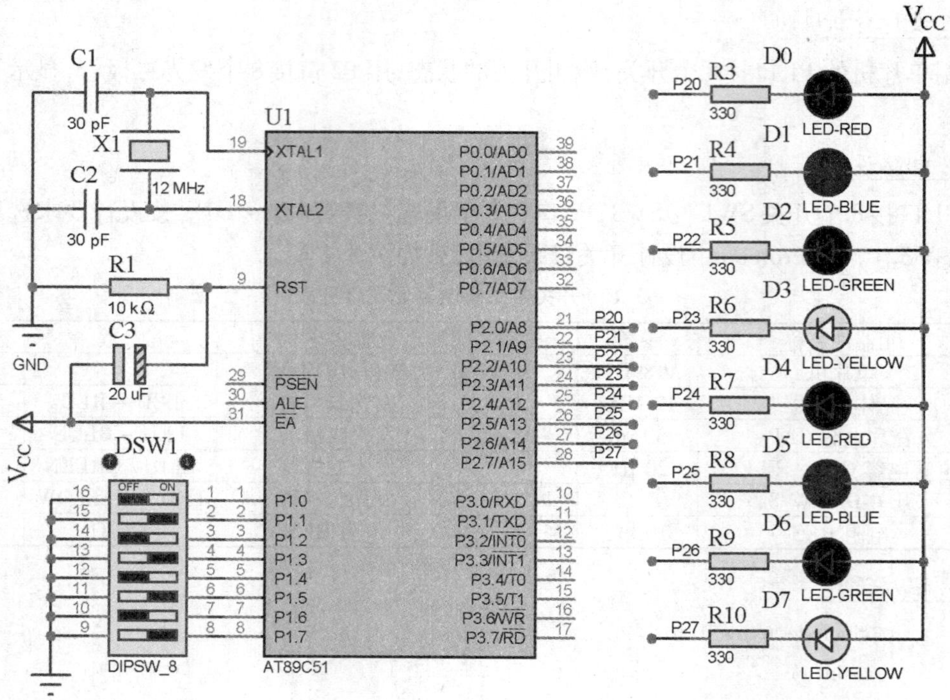

图 3.2　开关量采集电路仿真图

或

PX = 数据；

实现输出操作。

3.1.3　彩灯控制器设计

当你在美丽的夜晚，漫步在城市繁华的街道上，你一定会看到五光十色的霓虹灯，把城市的夜色装点的分外妖娆，此时，你会不会想到自己也制作一个节日彩灯，装点一下自己的寝室或家庭哪？下面，我们就来看一看节日彩灯是如何设计的，然后你也制作一个属于你自己的节日彩灯。

< 任务 2 >　用发光二极管制作一个节日彩灯

任务描述：

用单片机控制 8 个发光二极管进行花样显示，显示规律为：①8 个 LED 依次左移点亮；② 8 个LED 依次右移点亮，然后再从 ① 进行循环。

要求：

(1) 在 Keil IDE(μVision2) 中完成应用程序设计，并编译。

(2) 在 ISIS 7 Professional 中完成电路设计、调试与仿真。

1. 设计分析

用单片机的 P1 口接 8 个发光二极管，当 P1 口的某个引脚为低电平时，与该引脚连接的发光二极管亮,电路在任意时刻只有一个发光二极管点亮。

实现发光二极管依次点亮,可以使用移位运算符“ ≫ ”、“ ≪ ”实现;也可以用 C51 提供的库函数“unsigned char _crol_(unsigned char val ,unsigned char n)”(左移 n 位函数)、“unsigned char _cror_(unsigned char val ,unsigned char n)”(右移 n 位函数)实现;还可以建立一个字符型数组,将数组中的元素依次送到 P1 口实现;又可以用位操作或字节操作实现。

2. 电路设计

P1 口接 8 个发光二极管 D0 ~ D7。按设计要求选取元器件,见表 3.2。在 Proteus 中设计节日彩灯控制电路,如图 3.3 所示。

表 3.2　节日彩灯电路元器件列表

元器件名称	参数	数量	元器件名称	参数	数量
单片机	AT89C51	1	按钮 BUTTON		1
晶体振荡器	12 MHz	1	发光二极管	LED – RED	2
瓷片电容 CAP	30 pF	2	发光二极管	LED – BLUE	2
电解电容 CAP – ELEC	20 μF	1	发光二极管	LED – GREEN	2
电阻 RES	10 kΩ	1	发光二极管	LED – YELLOW	2
电阻 RES	330 Ω	8			

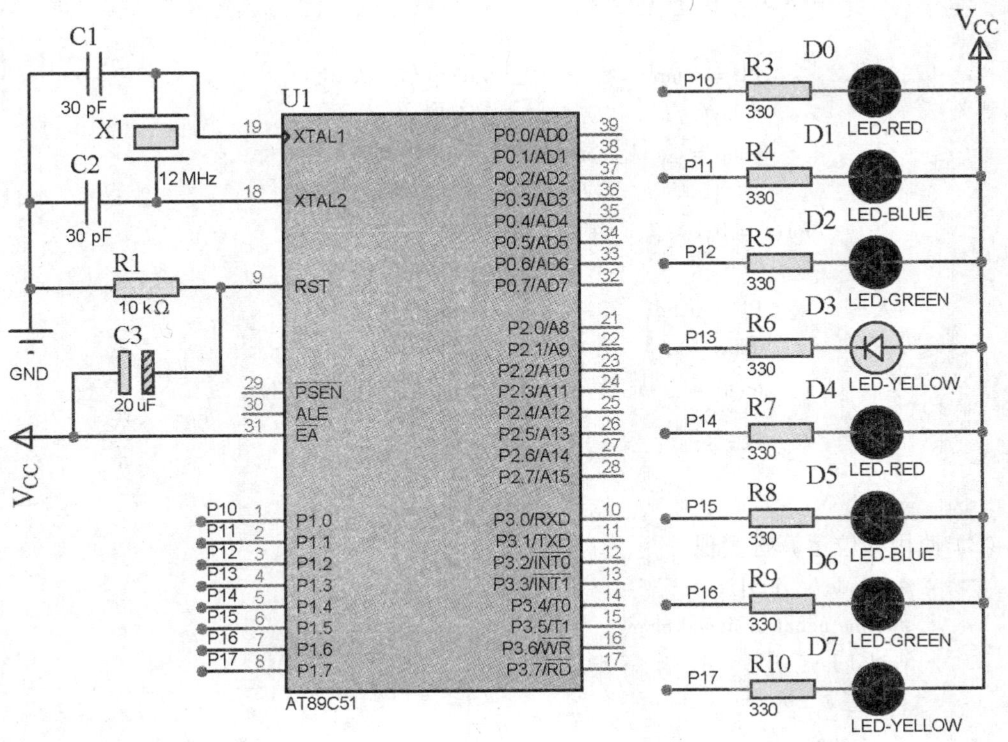

图 3.3　节日彩灯电路仿真图

3. 程序设计

由于实现方案较多,这里将用3种方法分别编写相应的程序,读者可自己去比较,看哪一个方法更好一些。

(1) 使用移位函数实现

```
#include < reg51.h >
#include < intrins.h >
#define uchar unsigned char
void delay( )
{
    uchar i,j;
    for(i = 0;i < 255;i ++)
        for(j = 0;j < 255;j ++);
}
void main( )
{
    uchar i,temp;
    while(1)
    {
        temp = 0xfe;                    // 初值为 11111110
        for(i = 0;i < 7;i ++)
        {
            P1 = temp;                  //temp 值送入 P1 口
            delay( );                   // 延时
            temp = _crol_(temp,1); //temp 值循环左移 1 位
        }
        for(i = 0;i < 7;i ++)
        {
            P1 = temp;                  //temp 值送入 P1 口
            delay( );                   // 延时
            temp = _cror_(temp,1); //temp 值循环右移 1 位
        }
    }
}
```

(2) 使用移位运算符实现

```
#include < reg51.h >
#define uchar unsigned char
void delay( )
{
    uchar i,j;
    for(i = 0;i < 255;i ++)
        for(j = 0;j < 255;j ++);
```

```
}
void main( )
{
    uchar i,temp;
    while(1)
    {
        temp = 0x01;                    // 赋左移初值给 temp
        for(i = 0;i < 8;i ++)
        {
            P1 = ~ temp;                // 将 temp 取反后送 P1 口
            delay( );
            temp = temp << 1;           //temp 中的数据左移 1 位
        }
        temp = 0x80;                    // 赋右移初值给 temp
        for(i = 0;i < 8;i ++)
        {
            P1 = ~ temp;                // 将 temp 取反后送 P1 口
            delay( );
            temp = temp >> 1;           //temp 中的数据右移 1 位
        }
    }
}
```

(3) 使用字节操作实现

```
#include < reg51.h >
#define uchar unsigned char
uchar tab[ ] = {0xfe,0xfd,0xfb,0xf7,0xef,0xdf,0xbf,0x7f,        // 左移数据
          0xbf,0xdf,0xef,0xf7,0xfb,0xfd,0xfe,0xff};             // 右移数据
void delay( )
{
    uchar i,j;
    for(i = 0;i < 255;i ++)
        for(j = 0;j < 255;j ++);
}
void main( )
{
    uchar i;
    while(1)
    {
        for(i = 0;i < 15;i ++)
        {
            P1 = tab[i];
            delay( );
```

```
            }
        }
    }
```

4. 电路仿真

将“移位函数实现节日彩灯电路.hex”文件、“移位运算符实现节日彩灯电路.hex”文件、“字节操作实现节日彩灯电路.hex”文件依次加载到AT89C51单片机中，分别运行，仿真结果和要求完全一致，如图3.3所示。

通过上面的学习，相信你也一定能制作出更美的节日彩灯吧！

< 任务3 > 用发光二极管模拟交通信号灯

任务描述：

模拟交通信号灯，就是用红、绿、黄色4组共12个发光二极管，分别表示交通路口的东、西、南、北4个方向的交通信号灯。具体情况如下：

(1) 南北方向红灯亮，东西方向绿灯亮，延时几秒，为状态1。

(2) 南北方向红灯亮，东西方向黄灯亮，延时几秒，为状态2。

(3) 南北方向绿灯亮，东西方向红灯亮，延时几秒，为状态3。

(4) 南北方向黄灯亮，东西方向红灯亮，延时几秒，为状态4。

本任务就是用单片机控制交通信号灯按照图3.4所示的流程工作。

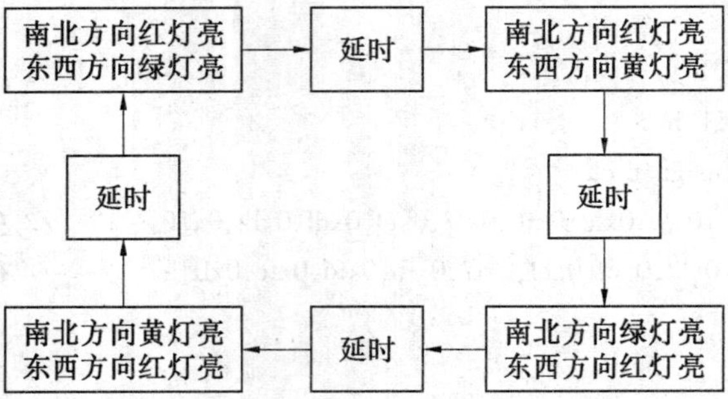

图3.4 交通信号灯控制流程图

要求：

(1) 在Keil IDE(μVision2)中完成应用程序设计，并编译。

(2) 在ISIS 7 Professional中完成电路设计、调试与仿真。

1. 设计分析

用单片机的P1口接东西方向、南北方向4组共12个发光二极管，模拟交通信号灯。

2. 电路设计

P1口接12个发光二极管D1 ~ D12。按设计要求选取元器件，见表3.3。在Proteus中设计交通信号灯控制电路，如图3.5所示。

表 3.3　交通信号灯电路元器件列表

元器件名称	参数	数量	元器件名称	参数	数量
单片机	AT89C51	1	按钮 BUTTON		1
晶体振荡器	12 MHz	1	发光二极管	LED - RED	3
瓷片电容 CAP	30 pF	2	发光二极管	LED - BLUE	3
电解电容 CAP - ELEC	20 μF	1	发光二极管	LED - GREEN	3
电阻 RES	10 kΩ	1	发光二极管	LED - YELLOW	3
电阻 RES	330 Ω	8			

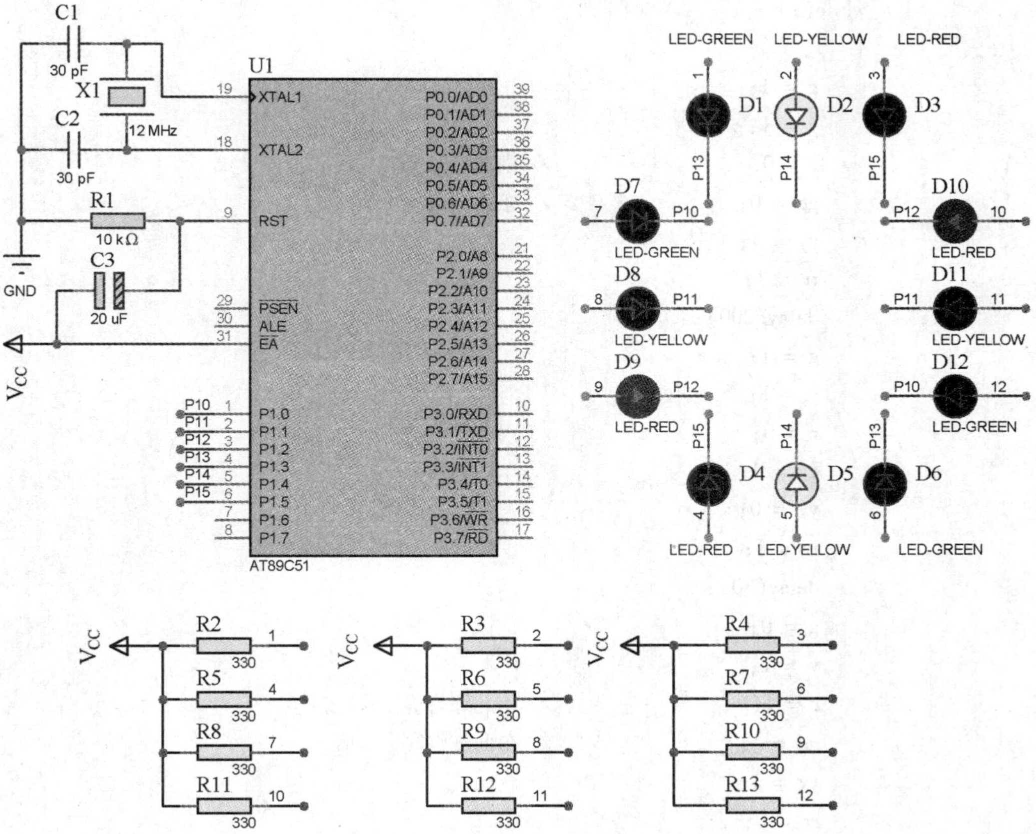

图 3.5　交通信号灯电路仿真图

3. 程序设计

```
#include < reg51.h >
#define uint unsigned int
#define uchar unsigned char
sbit g = P1^0;
sbit y = P1^1;
sbit r = P1^2;
sbit gg = P1^3;
```

```
sbit yy = P1^4;
sbit rr = P1^5;
void delay(uchar m)
{
    uint i,j;
    for(i = 0;i < 5000;i ++)
        for(j = 0;j < m;j ++);
}
void main( )
{
    while(1)
    {
        g = 1;
        y = 1;
        r = 0;                  //南北红灯亮
        gg = 0;                 //东西绿灯亮
        yy = 1;
        rr = 1;
        delay(200);
        g = 1;
        y = 1;
        r = 0;                  //南北红灯亮
        gg = 1;                 //东西黄灯亮
        yy = 0;
        rr = 1;
        delay(30);
        g = 0;
        y = 1;
        r = 1;                  //南北绿灯亮
        gg = 1;                 //东西红灯亮
        yy = 1;
        rr = 0;
        delay(200);
        g = 1;
        y = 0;
        r = 1;                  //南北黄灯亮
        gg = 1;
        yy = 0;
        rr = 1;
        delay(30);
    }
}
```

4. 电路仿真

将"交通信号灯电路. hex"文件加载到 AT89C51 单片机中,运行程序,仿真结果如图 3.5 所示。

3.2　应用 LED 数码管实现信息显示

在单片机应用系统中,LED 数码管是最常使用的显示器件之一。LED 数码管具有结构简单、价格便宜等特点。

3.2.1　LED 数码管的结构及分类

LED 数码管由若干个发光二极管组成,如图 3.6(a) 所示。LED 数码管又分为共阳极和共阴极两种结构,如图 3.6(b)、(c) 所示。

当某一发光二极管导通时,它就会发光。每个发光二极管为一个字段(笔划),若干个二极管导通时,就构成了一个显示字符。控制相应的二极管导通,就能显示对应的字符。

共阳极 LED 数码管的发光二极管的阳极并联,用低电平驱动。共阳极 LED 数码管的 2 个 com 端连在一起接 +5 V,其他管脚(阴极)接驱动电路输出端。当某个发光二极管的阴极为低电平时,发光二极管点亮;共阴极 LED 数码管的发光二极管的阴极并联,用高电平驱动,共阴极 LED 数码管的 2 个 com 端连在一起接地,其他管脚(阳极)接驱动电路输出端。当某个发光二极管的阳极为高电平时,发光二极管点亮。

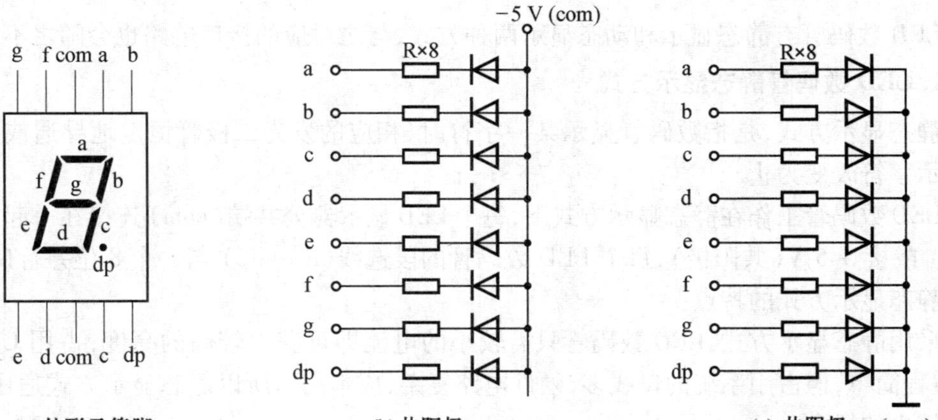

(a)外形及管脚　(b)共阳极　(c) 共阴极

图 3.6　LED 数码管

【注意】图中的电阻为外接限流电阻,其阻值可根据相应的 LED 显示器的字段导通额定电流来确定。通常,LED 显示器的字段导通额定电流一般为 5 ~ 20 mA。

3.2.2　LED 数码管的字形编码

若使 LED 数码管显示出相应的数字或字符,需要给 LED 数码管送出相应的字形编码。LED 数码管有 8 个字段,对应一个字节数据,通常将控制发光二极管的 8 位字节数据称为段码,见表 3.4。共阳极与共阴极的段选码互为补数。

段码各位的定义为：D0 与 a 字段对应，D1 与 b 字段对应，D2 与 c 字段对应，D3 与 d 字段对应，D4 与 e 字段对应，D5 与 f 字段对应，D6 与 g 字段对应，D7 与 dp 字段对应。

表 3.4　LED 数码管字形编码(段码)

显示字符	共阳极段码	共阴极段码	显示字符	共阳极段码	共阴极段码
0	C0H	3FH	C	C6H	39H
1	F9H	06H	d	A1H	5EH
2	A4H	5BH	E	86H	79H
3	B0H	4FH	F	84H	71H
4	99H	66H	P	82H	73H
5	92H	6DH	H	89H	76H
6	82H	7DH	L	C7H	38H
7	F8H	07H	U	C1H	3EH
8	80H	7FH	Y	91H	6EH
9	90H	6FH	—	BFH	40H
A	88H	77H	·	7FH	80H
b	83H	7CH	灭	FFH	00H

3.2.3　LED 数码管的显示方式

LED 数码管有静态显示和动态显示两种方式，与之对应的接口电路也会随之不同。

1. LED 数码管静态显示方式

静态显示方式，是指数码管显示某一字符时，相应的发光二极管恒定地导通或截止，直到显示字符改变为止。

LED 数码管工作在静态显示方式下，每个 LED 显示器公共端(com)连接在一起接地(共阴极)或接 +5 V(共阳极)；每个 LED 数码管的段选线(a ~ dp)与一个 8 位并行口相连。

静态显示方式的特点：

采用静态显示方式，LED 数码管只需较小的电流即可获得较高的亮度；占用 CPU 时间少，编程简单，但占用系统的口线多，硬件电路复杂，成本高。所以静态显示方式适用于显示位数较少的场合。

在静态显示方式中，每个数码管可独立显示，只要在该数码管的段选线上保持段码电平，该数码管就能显示该字符。由于每一个数码管由一个 8 位输出口控制段码，故在同一时间里每一位显示的字符可以各不相同。一个 4 位 LED 数码管静态显示电路如图 3.7 所示。

由于 N 位 LED 数码管静态显示要求 $N \times 8$ 条 I/O 口线，占用 I/O 资源较多，故在位数较多时往往采用动态显示方式。

2. LED 动态显示方式

所谓动态显示方式，就是一位一位地轮流点亮每个数码管。这种逐位点亮数码管的方式称为扫描。

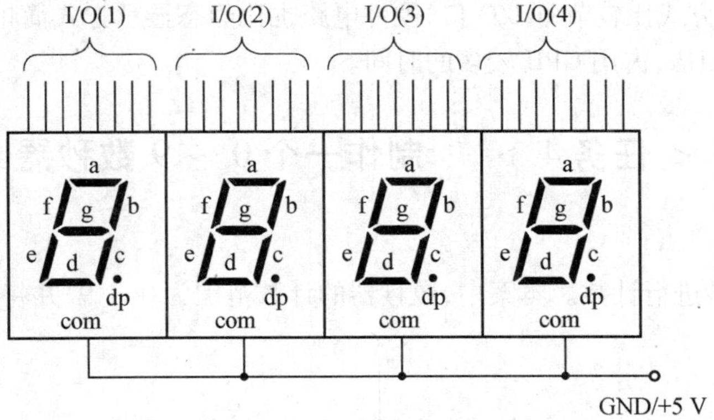

图 3.7　LED 数码管静态显示电路

在动态显示方式中,将所有数码管的段选线并联在一起,由一个 8 位 I/O 口控制,从该 I/O 口输出段码,此 I/O 口称为段选口或字形口;而每个数码管的 com 端则分别由另一 I/O 口的口线控制,该 I/O 称为扫描口或位选口。对于每个数码管,每一时刻只能有 1 个数码管被点亮,每隔一段时间点亮一次,每个数码管依次轮流被点亮。由于人眼的视觉暂留效应和发光二极管熄灭时的余晖,人们感觉到的是所有的数码管“同时”显示字符。为了使每个数码管能够充分被点亮,每个数码管应持续导通一段时间。通过适当地调整每个数码管导通的时间间隔及导通电流,即可实现亮度较高和稳定的显示。一般每隔20 ms 扫描一遍所有数码管。一个 4 位 LED 数码管动态显示电路如图 3.8 所示。

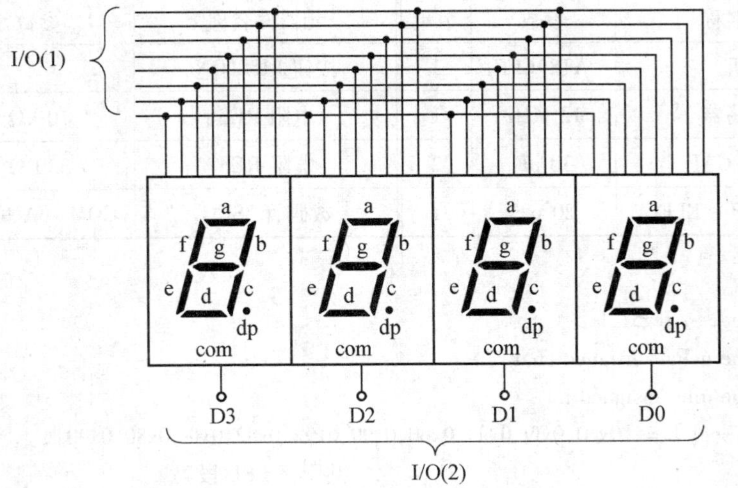

图 3.8　LED 数码管动态显示器电路

LED 数码管动态显示电路需要两个 I/O 口,其中一个输出段码,另一个控制位选。由于所有数码管的段码由一个 I/O 口控制,因此,在每个瞬间,所有 LED 数码管只可能显示相同的字符。若要每位显示不同的字符,必须采用扫描显示方式,即在每一瞬间只使某一位数码管显示相应的字符。在此瞬间,段选控制口即 I/O(1) 输出相应字符的段码,位选控制口即 I/O(2),在该显示位送入选通电平(共阴极送低电平,共阳极送高电平) 以保证该位显示相应字符。如此循环,使每位显示由段选控制口送入的段选码相对应的字符,并保持一段时间,以造成视觉暂留效果。段选码、位选码每送入一次后延时 1 ~ 5 ms。

采用动态显示方式比较节省 I/O 口,硬件电路也比静态显示方式简单,但在显示位数较多时,CPU 要依次扫描,占用 CPU 较多的时间。

＜任务4＞　制作一个0 ~ 9数秒器

任务描述:

数秒,就是对秒进行计数。本案中,数秒器的计数范围为0 ~ 9,并将计数值在数码管上显示出来。

要求:

(1) 在 Keil IDE(μVision2) 中完成应用程序设计,并编译。

(2) 在 ISIS 7 Professional 中完成电路设计、调试与仿真。

1. 设计分析

由于数秒器的计数范围为0 ~ 9,可以1位 LED 数码管来显示计数值,采用静态显示方式,单片机的 P2 口接 LED 数码管。用软件完成1 s 的延时。

2. 电路设计

用单片机和 LED 数码管实现的0 ~ 9数秒器硬件电路如图3.9所示。元器件清单见表3.5。

表3.5　0 ~ 9数秒器电路元器件列表

元器件名称	参数	数量	元器件名称	参数	数量
单片机	AT89C51	1	按钮 BUTTON		1
晶体振荡器	12 MHz	1	电阻 RES	10 kΩ	1
瓷片电容 CAP	30 pF	2	电阻 RES	330 Ω	7
电解电容 CAP - ELEC	20 μF	1	数码管 7SEG	COM - ANODE	1

3. 程序设计

```
#include < reg51.h >
#define uchar unsigned char
#define uint unsigned int
uchar seg[ ] = {0xc0,0xf9,0xa4,0xb0,0x99,0x92,0x82,0xf8,0x80,0x90};
                                        // 共阳极 LED 段码
void delay( )
{
    uchar i;
    uint j;
    for(i = 0;i < 200;i ++)
        for(j = 0;j < 1000;j ++);
}
void main( )
{
```

```
        uchar i;
        while(1)
        {
            for(i = 0;i < 10;i ++)
            {
                P2 = seg[i];            // 送段码
                delay( );               // 延时
            }
        }
    }
```

4.电路仿真

将“0 ~ 9 数秒器电路.hex”文件加载到AT89C51单片机中,运行程序,仿真结果如图3.9所示。

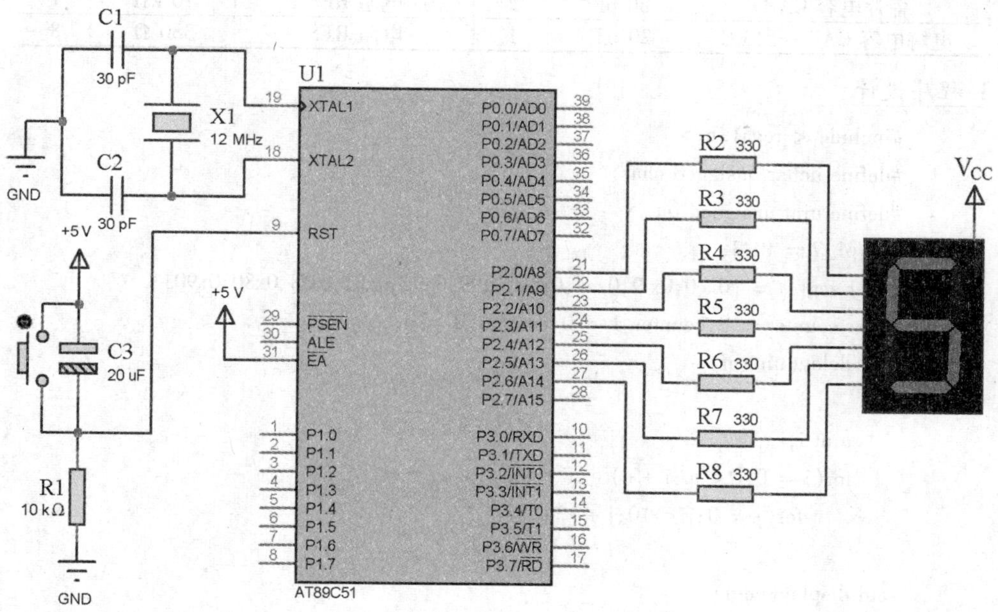

图 3.9　0 ~ 9 数秒器电路仿真图

＜任务5＞　制作一个0 ~ 99计数器

任务描述:

计数是对某一事件发生的次数进行统计。本案中的0 ~ 99计数器,用来统计按键闭合的次数,并将计数值通过数码管上显示出来,它的计数范围是0 ~ 99。

要求:

(1)用单片机实现。

(2)在Keil IDE(μVision2)中完成应用程序设计,并编译。

(3)在ISIS 7 Professional中完成电路设计、调试与仿真。

1. 设计分析

由于计数器的计数范围为0 ~ 99，可以用2位LED数码管来显示计数值，采用动态显示方式，P2口做段选口，输出段码，P3口做位选口，输出位选信号，P1口接按键。在软件设计上，设置一个软件计数器，用来统计按键的次数，然后将计数值的个位、十位所对应的段码送LED数码管显示。

2. 电路设计

用单片机和LED数码管实现的0 ~ 99计数器硬件电路如图3.10所示。元器件清单见表3.6。

表3.6　0 ~ 99计数器电路元器件列表

元器件名称	参数	数量	元器件名称	参数	数量
单片机	AT89C51	1	按钮 BUTTON		2
晶体振荡器	12 MHz	1	数码管 7SEG	MPX2 - CA	1
瓷片电容 CAP	30 pF	2	电阻 RES	10 kΩ	2
电解电容 CAP - ELEC	20 μF	1	电阻 RES	330 Ω	8

3. 程序设计

```
#include < reg51.h >
#define uchar unsigned char
#define uint unsigned int
sbit p1_7 = P1^7;
uchar seg[ ] = {0xc0,0xf9,0xa4,0xb0,0x99,0x92,0x82,0xf8,0x80,0x90};
uchar counter = 0,counter_1 = 0,counter_0 = 0;
void delay(uint m)
{
    uint i,j;
    for(i = 0;i < m;i ++)
        for(j = 0;j < 10;j ++);
}
void display(void)
{
    P2 = seg[counter_1];
    P3 = 0x01;
    delay(20);
    P3 = 0x00;
    P2 = seg[counter_0];
    P3 = 0x02;
    delay(20);
    P3 = 0x00;
}
void main( )
{
    while(1)
```

```
    {
    while(p1_7 = = 1)
        {
        display( );
        }
    if(p1_7 = = 0)delay(500);
    if(p1_7 = = 1)counter ++;
    if(counter = = 100)counter = 0;
    counter_1 = counter/10;
    counter_0 = counter%10;
        display( );
        }
}
```

4. 电路仿真

将“0 ~ 99 计数器电路. hex” 文件加载到 AT89C51 单片机中,运行程序,仿真结果如图 3.10 所示。

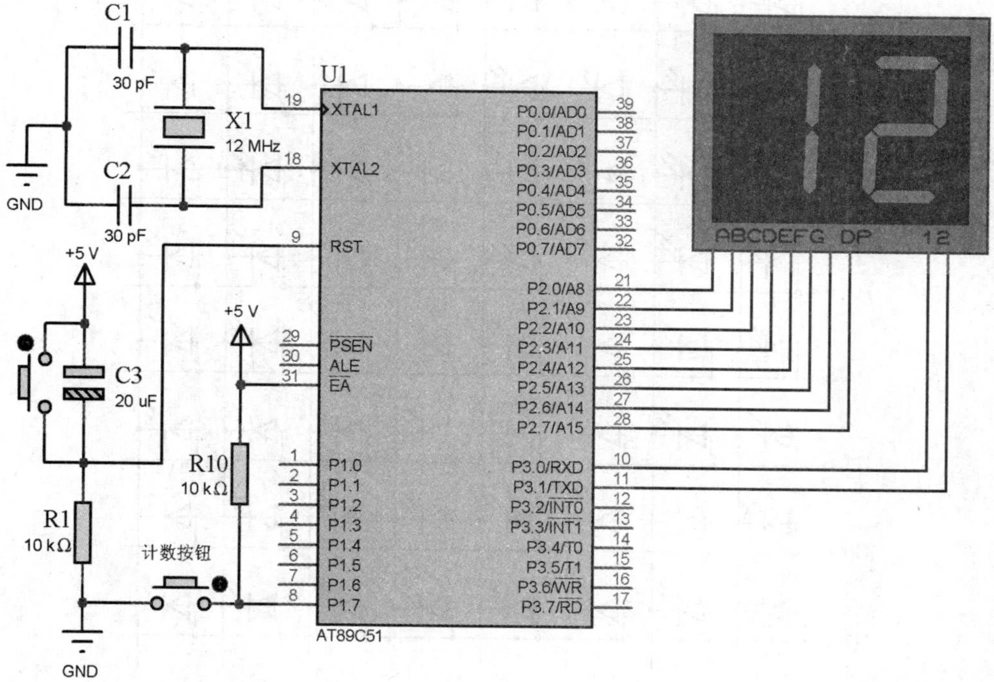

图 3.10　0 ~ 99 计数器硬件电路仿真图

3.3　LED 点阵显示器及应用技术

目前,LED 点阵显示器的应用非常广泛,车站、码头、机场、大型晚会、商场、银行、医院、街道等,随处可见。LED 点阵显示器不仅能显示文字、图形,还能播放动画、图像、视频等信息，是广告宣传、新闻传播的有力工具。LED 点阵显示器分为图文显示器和视频显示器，LED 点阵显示器不仅有单色显示，还有彩色显示。本节将介绍单色 LED 点阵显示器的应用技术。

3.3.1　LED 点阵结构及显示信息原理

LED 显示器是由若干个发光二极管按矩阵的方式排列组成的。LED 显示器按阵列点数可分为5×7、5×8、6×8、8×8；按发光颜色可分为单色、双色、三色；按极性排列又可分为共阳极和共阴极。

1. LED 点阵结构

一个 8×8 LED 点阵结构原理图如图 3.11 所示。图 3.11 给出的是共阴极 LED 点阵，由 64 个发光二极管组成，且每个发光二极管是处于行线（H0 ~ H7）和列线（L0 ~ L7）之间的交叉点上。

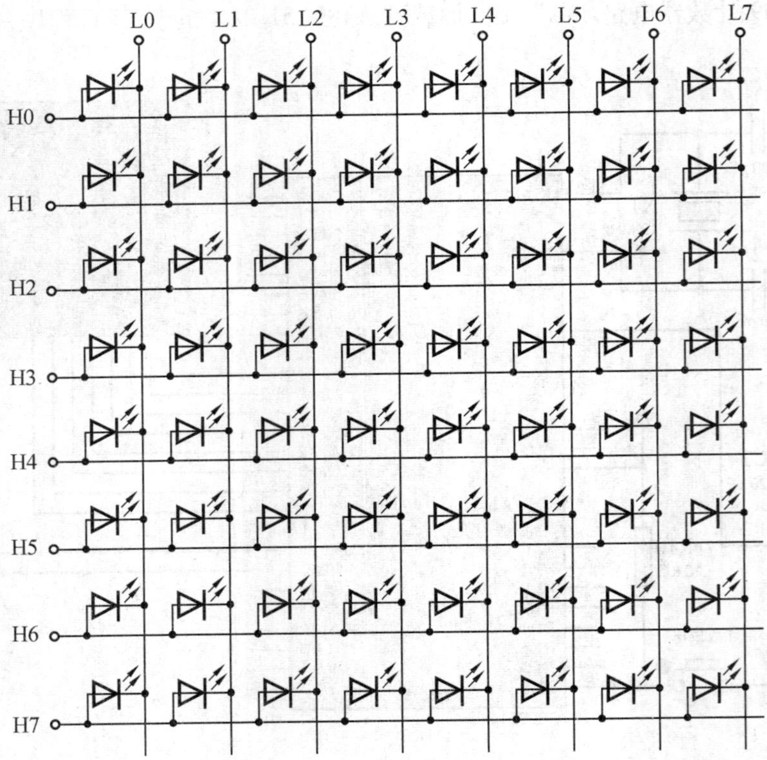

图 3.11　共阴极 LED 点阵结构

2. LED 点阵显示信息原理

如何使一个 8×8 点阵显示一个字符？首先，我们先从怎样点亮 LED 点阵中的一个发光二极管入手，从图 3.11 中可以看出，点亮 LED 点阵中的一个发光二极管的条件是：对应的行输出高电平，对应的列输出低电平。例如 H0 = 0，L0 = 0 时，对应于左上角的 LED 被点亮。如果在很短的时间内依次点亮多个发光二极管，LED 点阵就可以显示一个稳定的字符、数字或其他图形,这就是LED点阵显示信息的原理。下面介绍LED如何显示一个字符。

假设要让8×8 LED点阵显示一个"V"字符,则需要如下的操作:

先给LED点阵第1行送高电平(行高电平有效),同时给所有列线送11111111(列线低电平有效),延时一段时间;然后给第2行送高电平,同时给所有列线送10011001,延时一段时间……最后给第8行送高电平,同时给所有列线送11111111,然后再从开始循环上述操作,利于人眼的视觉驻留效应,一个稳定的字符"V"就显示出来了,如图3.12所示。

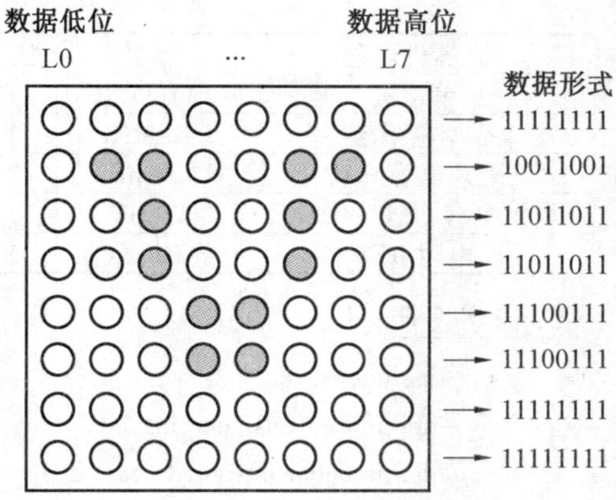

图3.12　LED点阵显示原理

3.3.2　使用LED点阵显示汉字技术

在知道了LED点阵显示信息的原理以后,你的脑海里是不是有了一个设想?尝试去制作一个LED点阵显示屏,让自己的作品在学校的教学楼大厅里展示,让同伴们羡慕你的才华,那就让我们先来看一下如何制作一个16×16 LED点阵显示屏吧,也许对你有所帮助。

<任务6>　制作一个16×16点阵显示屏

任务描述:

用4个8×8 LED点阵显示模块组成一个16×16 LED点阵电子显示屏,循环显示汉字"单片机仿真"。

要求:

(1) 用单片机实现。

(2) 在Keil IDE(μVision2)中完成应用程序设计,并编译。

(3) 在ISIS 7 Professional中完成电路设计、调试与仿真。

1. 设计分析

16×16 LED点阵显示屏由4个8×8 LED点阵显示模块组成,单片机的P0、P2口控制16×16 LED点阵显示屏的列线,输出显示的汉字点阵数据,P1口和74HC154(4－16译码器)控制16×16 LED点阵显示屏的行线,输出扫描信号。显示的汉字点阵数据可由字模提取软件得到。

2. 电路设计

16×16 LED点阵显示屏硬件电路如图3.13所示,元器件清单见表3.7。

表 3.7　16 × 16 点阵显示屏元器件列表

元器件名称	参数	数量	元器件名称	参数	数量
单片机	AT89C51	1	按钮 BUTTON		1
晶体振荡器	12 MHz	1	74HC154		1
瓷片电容 CAP	30 pF	2	MATRIX – 8 × 8 – RED		4
电解电容 CAP – ELEC	20 μF	1	RESPAK – 8		1
电阻 RES	10 kΩ	1			

3. 程序设计

```
#include < reg51.h >
#define uint unsigned int
#define uchar unsigned char
code uchar seg[ ] = {                              // 显示的字符代码
0x00,0x10,0x00,0x10,0x1F,0xD0,0x14,0x90,
0x94,0x90,0x74,0x90,0x54,0x90,0x1F,0xFF,
0x14,0x90,0x34,0x90,0xD4,0x90,0x54,0x90,
0x1F,0xD0,0x00,0x10,0x00,0x10,0x00,0x00,/*"单",1*/
0x00,0x01,0x00,0x02,0x00,0x0C,0x7F,0xF0,
0x08,0x80,0x08,0x80,0x08,0x80,0x08,0x80,
0x08,0x80,0xF8,0x80,0x08,0x80,0x08,0xFF,
0x08,0x00,0x18,0x00,0x08,0x00,0x00,0x00,/*"片",2*/
0x10,0x20,0x10,0xC0,0x13,0x00,0xFF,0xFF,
0x12,0x00,0x11,0x82,0x10,0x0C,0x00,0x30,
0x7F,0xC0,0x40,0x00,0x40,0x00,0x40,0x00,
0x7F,0xFC,0x00,0x02,0x00,0x1E,0x00,0x00,/*"机",3*/
0x02,0x00,0x04,0x00,0x08,0x00,0x37,0xFE,
0xE0,0x02,0x50,0x04,0x10,0x18,0x10,0x60,
0x9F,0x80,0x51,0x08,0x71,0x04,0x11,0x02,
0x11,0x04,0x33,0xF8,0x11,0x00,0x00,0x00,/*"仿",4*/
0x00,0x08,0x20,0x09,0x20,0x09,0x20,0x0A,
0x2F,0xFA,0x2A,0xAC,0x3A,0xA8,0xEA,0xA8,
0x2A,0xA8,0x2A,0xAC,0x2A,0xAA,0x2F,0xFA,
0x20,0x09,0x60,0x09,0x20,0x08,0x00,0x00,};/*"真",5*/
const uchar sm[ ] = {0x00,0x01,0x02,0x03,0x04,0x05,0x06,0x07,    // 扫描码
                     0x08,0x09,0x0a,0x0b,0x0c,0x0d,0x0e,0x0f,};
void delay(uint n)
{    uint i;
     for(i = 0;i < n;i ++);
}
void main(void)
{
     uint j = 0,q = 0;
     uchar r,t = 0;
```

```
    P0 = 0x00;
    P2 = 0x00;
    while(1)
    {
        for(r = 0;r < 200;r ++)                 // 控制每一个字符显示的时间
            for(j = q;j < 32 + q;j ++)
            {
                P1 = sm[t];                     // 扫描
                P0 = seg[j];                    // 送数据
                j ++;
                P2 = seg[j];                    // 送数据
                delay(50);
                t ++;
                if(t = = 16)
                    t = 0;
            }
            q = q + 32;                         // 显示下一个字符
            if(q = = 160)
                q = 0;
    }
}
```

4. 电路仿真

将“16 × 16 LED 点阵显示屏. hex”文件加载到 AT89C51 单片机中,运行程序,仿真结果如图 3.13 所示。

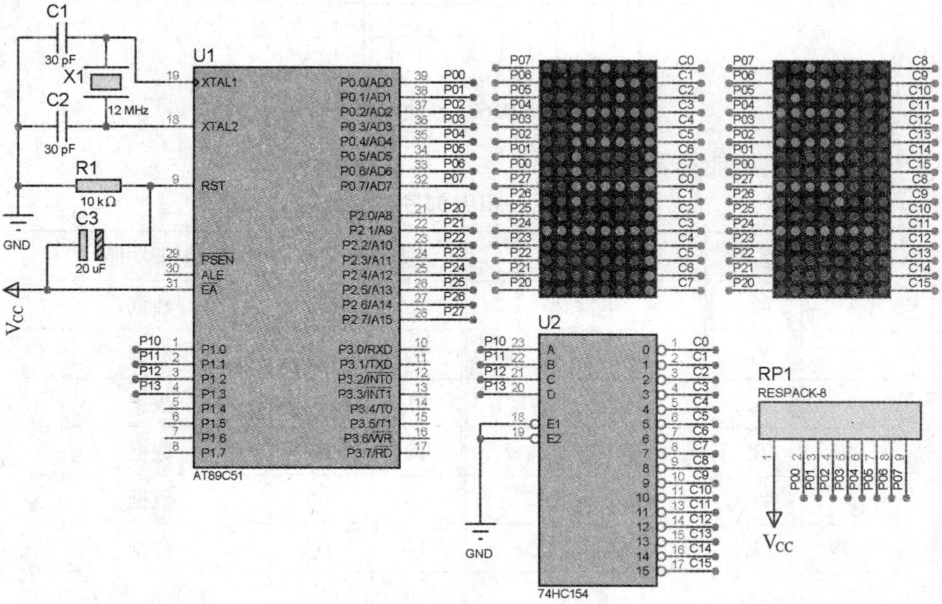

图 3.13　16 × 16 LED 点阵显示屏电路仿真图

3.4　字符型 LCD 应用技术

液晶显示器（Liquid Crystal Display，简称 LCD），由于具有功耗低、体积小、超薄型、显示高品质等特点，而广泛应用在便携式电子产品中。目前我们所使用的 LCD 是由 LCD 面板、驱动与控制电路组合而成的，也称液晶显示模块（LCM）。

LCD 的种类繁多，常用的有字符型和点阵型。字符型 LCD 只能显示字母、数字以及常用的符号；点阵型 LCD 除了字符外，还可以显示各种图形信息、汉字等。

3.4.1　字符型 LCD1602 显示模块

1. 字符型 LCD1602 的主要特性

(1) 具有字符发生器 ROM，显示为 16 × 2 个字符。

(2) 具有 80B 的数据显示存储器。

(3) 芯片工作电压 5 V。

2. 引脚说明

LCD1602 共有 16 个引脚，其引脚分布如图 3.14 所示。

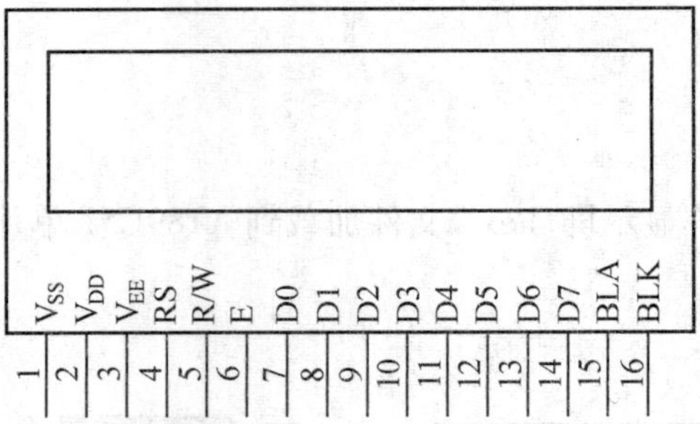

图 3.14　LCD1602 模块引脚分布图

LCD1602 的引脚功能见表 3.8。

表 3.8　LCD1602 引脚功能

引脚	名称	引脚功能	引脚	名称	引脚功能
1	V_{SS}	电源地	9	D2	数据
2	V_{DD}	电源正极	10	D3	数据
3	V_{EE}	液晶显示偏压	11	D4	数据
4	RS	数据 / 命令选择	12	D5	数据
5	R/W	读 / 写选择	13	D6	数据
6	E	使能信号	14	D7	数据
7	D0	数据	15	BLA	背光源正极
8	D1	数据	16	BLK	背光源负极

3. LCD1602 命令字

对字符型 LCD1602 的初始化、读、写、光标设置、数据指针设置等等，都是通过命令字来实现的。LCD1602 的命令字见表 3.9。

表 3.9　LCD1602 命令字

编号	指令	RS	R/W	D7	D6	D5	D4	D3	D2	D1	D0
1	清屏	0	0	0	0	0	0	0	0	0	1
2	光标返回	0	0	0	0	0	0	0	0	1	×
3	输入方式设置	0	0	0	0	0	0	0	1	I/D	S
4	显示开 / 关及光标设置	0	0	0	0	0	0	1	D	C	B
5	光标或字符移位	0	0	0	0	0	1	S/C	R/L	×	×
6	功能设置	0	0	0	0	1	DL	N	F	×	×
7	CGRAM 地址设置	0	0	0	1	字符发生存储器地址					
8	DDRAM 地址设置	0	0	1	显示数据存储器地址						
9	读忙标志或地址	0	0	BF	计数器地址						
10	写数据	0	0	要写的数据							
11	读数据	0	1	读出的数据							

命令字说明：

命令 1：清屏，光标返回到地址 00H 位置（显示屏的左上方）。

命令 2：光标返回到地址 00H 位置（显示屏的左上方）。

命令 3：光标和显示模式设置。I/D — 增量 / 减量选择控制位，I/D = 1 当读或写一个字符后地址指针加 1，I/D = 0 当读或写一个字符后地址指针减 1；S— 屏幕上所有字符移动方向是否有效控制位，S = 0 当写入一个字符时，整屏显示不移动，S = 1 当写入一个字符时，整屏显示左移（I/D = 1）或右移（I/D = 0）。

命令 4：显示开 / 关及光标设置。D— 控制屏幕整体显示控制位，D = 0 关显示，D = 1 开显示；C— 光标有无控制位，C = 0 无光标，C = 1 有光标；B— 光标闪烁控制位，B = 0 不闪烁，B = 1 闪烁。

命令 5：光标或字符移位。S/C — 光标或字符移位选择控制位，S/C = 1 移动显示的字符，S/C = 0 移动光标；R/L— 移位方向选择控制位，R/L = 0 左移，R/L = 1 右移。

命令 6：功能设置命令。DL— 传输数据的有效长度选择控制位，DL = 1 为 8 位数据线接口，DL = 0 为 4 位数据线接口；N— 显示器行数选择控制位，N = 0 单行显示，N = 1 双行显示；F— 显示字符的点阵选择控制位，F = 0 显示 5 × 7 点阵字符，F = 1 显示 5 × 10 点阵字符。

命令 7：CGRAM 地址设置。

命令 8：DDRAM 地址设置。LCD 内部设有一个数据地址指针，用户可以通过它访问内部全部 80 B 的 RAM。命令 8 的格式为：

80H + 地址码

其中，80H 为指令码。

命令 9：读忙标志或地址。BF— 忙标志，BF = 1 表示 LCD 忙，此时 LCD 不能接收命令或数据,BF = 0 表示不忙。

命令 10:写数据。

命令 11:读数据。

4. RAM 地址映射

LCD 内部有 80 B 的 RAM 缓冲区,LCD 的显示数据存储器 DDRAM 与显示屏上的字符显示位置是一一对应的,图 3.15 给出了 LCD1602 的 DDRAM 地址与字符显示位置的对应关系。

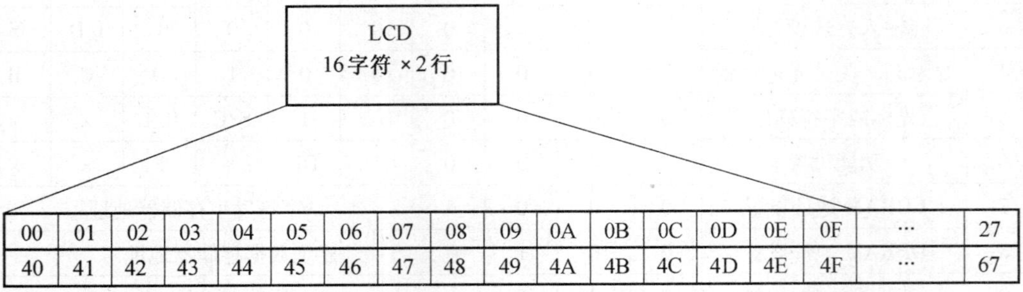

图 3.15　LCD 内部 RAM 地址映射图

当向 DDRAM 的 00H ~ 0FH、0H ~ 0FH 地址中的任意一处写入数据时,LCD 将立即显示出来,该区域也称为可显示区域;而当写入到 10H ~ 27H 或 50H ~ 67H 地址处时,字符是不会显示出来的,该区域也称为隐藏区域。如要显示写入到隐藏区域的字符,需通过字符移位命令(命令字 5)将它们移入到可显示区域方可正常显示。

需要说明一点,在向 DDRAM 写入字符时,首先要设置 DDRAM 地址(也称定位数据指针),这项操作可通过命令字 8 来完成。例如,要写入字符到 DDRAM 的 40H 处,则命令字 8 的格式为:80H + 40H = C0H,其中 80H 为命令码,40H 是要写入字符处的地址。

5. 基本操作时序

LCD1602 的基本操作时序见表 3.10。

表 3.10　LCD1602 的基本操作时序

读状态	输入	RS = L,R/W = H,E = H	输出	D0 ~ D7 = 状态字
写指令	输入	RS = L,R/W = L,D0 ~ D7 = 命令码,E = 高脉冲	输出	无
读数据	输入	RS = H,R/W = H,E = H	输出	D0 ~ D7 = 数据字
写数据	输入	RS = H,R/W = L,D0 ~ D7 = 数据,E = 高脉冲	输出	无

6. LCD 的复位及初始化过程

(1)LCD 上电后复位的状态为:

◆ 清除屏幕显示。

◆ 功能设定为 8 位数据长度,单行显示,5 × 7 点阵字符。

◆ 显示屏、光标、闪烁功能均关闭。

◆ 输入方式设置为整屏显示不移动,I/D = 1。

LCD 一般初始化设置为:

◆ 写指令 38H　显示模式设置(16 × 2 显示,5 × 7 点阵,8 位数据接口)。
◆ 写指令 08H　显示关闭。
◆ 写指令 01H　显示清屏,数据指针清 0。
◆ 写指令 06H　写一个字符后地址指针加 1。
◆ 写指令 0CH　设置开显示,不显示光标。

需要说明的是,在进行上述设置及对数据进行读取时,通常都要检测 BF 标志位,如果为 1,则要等待;如果为 0,则可执行下一步操作。

7. LCD 操作时序

在对 LCD1602 进行读写操作时,要遵循其操作时序。LCD1602 操作时序如图 3.16 所示。

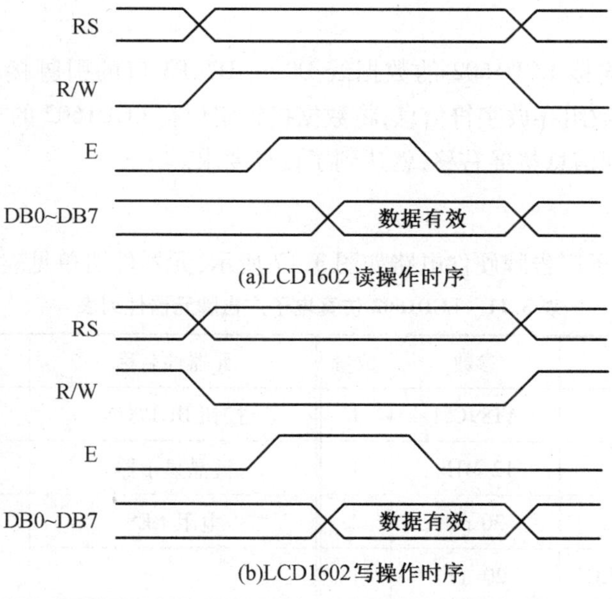

图 3.16　LCD1602 操作时序

在读操作时,使能信号 E 为高电平有效,所以在软件设置顺序上,先设置 RS 和 R/W 状态,然后再使 E 为高电平,接着从数据口读取 LCD1602 状态数据,再将 E 置为低电平,最后复位 RS 和 R/W 状态。

在写操作时,使能信号 E 的下降沿有效,在软件设置顺序上,先设置 RS 和 R/W 状态,再使 E 为高电平,然后再给 LCD1602 送数据(命令码、显示的字符、地址),再将 E 置为低电平,最后复位 RS 和 R/W 状态。

3.4.2　应用 LCD1602 实现信息显示

在了解了字符型 LCD1602 的相关信息后,下面就结合一个案例,去看一看如何使用 LCD1602 显示信息,包括硬件电路设计和软件编程。

< 任务 7 >　用 LCD1602 仿真电子广告牌

任务描述：

用单片机控制字符型 LCD1602 显示字符信息“Hello everyone！”和“Welcome to HLJ”，字符信息“Hello everyone！”、“Welcome to HLJ”分别从 LCD1602 右侧第一行、第二行滚动移入，然后再从左侧滚动移出，循环显示。

要求：

(1) 在 Keil IDE(μVision2) 中完成应用程序设计，并编译。

(2) 在 ISIS 7 Professional 中完成电路设计、调试与仿真。

1. 设计分析

单片机的 P2 口连接 LCD1602 的数据线 D0 ~ D7，P3 口的引脚接 LCD1602 的 RS 和 R/W。建立 2 个字符数组存放字符信息；将数据指针定位在 LCD1602 的非显示区域，通过设置命令 5 为 1CH，实现信息整屏右移，就达到了设计要求。

2. 电路设计

LCD1602 仿真电子广告牌硬件电路如图 3.17 所示，元器件清单见表 3.11。

表 3.11　LCD1602 仿真电子广告牌元器件列表

元器件名称	参数	数量	元器件名称	参数	数量
单片机	AT89C51	1	按钮 BUTTON		1
晶体振荡器	12 MHz	1	液晶显示器	LM016L	1
瓷片电容 CAP	30 pF	2	电阻 RES	10 kΩ	1
电解电容 CAP - ELEC	20 μF	1			1

3. 程序设计

```
#include < reg51.h >
#define uchar unsigned char
#define uint unsigned int
uchar code table[ ] = "Hello everyone! ";
uchar code table1[ ] = "Welcome to HLJ! ";
sbit lcden = P3^4;          // 液晶使能端
sbit lcdrs = P3^5;          // 液晶数据命令选择端
uchar num;
void delay(uint m)
{
    uint x,y;
    for(x = m;x > 0;x --)
```

```
        for(y = 110;y > 0;y --);
}
void write_com(uchar com)
{
    lcdrs = 0;
    P2 = com;
    delay(5);
    lcden = 1;
    delay(5);
    lcden = 0;
}
void write_data(uchar date)
{
    lcdrs = 1;
    P2 = date;
    delay(5);
    lcden = 1;
    delay(5);
    lcden = 0;
}
void init( )
{
    lcden = 0;
    write_com(0x38);            //设置16X2显示,5X7点阵,8位数据接口
    write_com(0x0c);            //设置开显示,不显示光标
    write_com(0x06);            //写一个字符后地址指针加1
    write_com(0x01);            //显示清零,数据指针清零
}
void main( )
{
    init( );
    write_com(0x80 + 0x10);
    for(num = 0;num < 16;num ++)
    {
        write_data(table[num]);
        delay(5);
    }
    write_com(0x80 + 0x50);
    for(num = 0;num < 16;num ++)
    {
```

```
            write_data(table1[num]);
            delay(5);
        }
    while(1)
        {
            for(num = 0;num < 24;num ++)
            {
                write_com(0x1c);
                delay(100);
            }
        }
    }
```

4. 电路仿真

将“LCD1602 仿真电子广告牌. hex”文件加载到 AT89C51 单片机中,运行程序,仿真结果如图 3.17 所示。

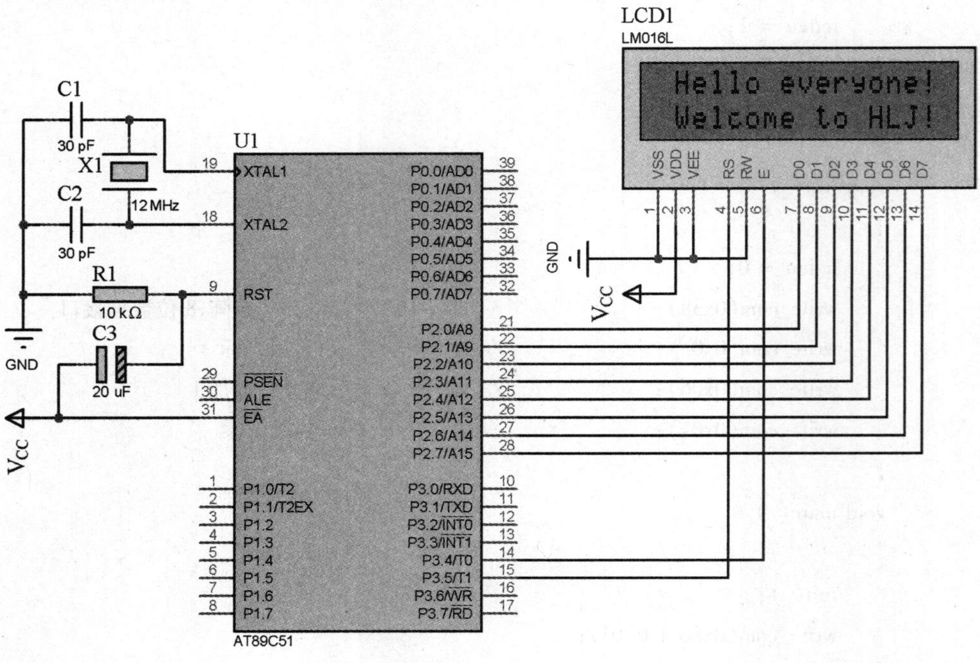

图 3.17　LCD1602 仿真电子广告牌电路仿真图

3.5　键盘检测及接口技术

键盘是由若干个按键组成的,它是单片机常用的输入设备。操作人员通过键盘向应用系统输入数据或命令,实现人机对话。

3.5.1　按键及去抖动措施

键盘通常使用机械触点式开关组成，当键按下时，相当于开关闭合；当按键松开时，相当于开关断开。当键闭合或断开时，由于机械弹性作用的影响，触点会存在抖动现象（抖动的时间一般为 5 ~ 10 ms），抖动现象如图 3.18 所示。

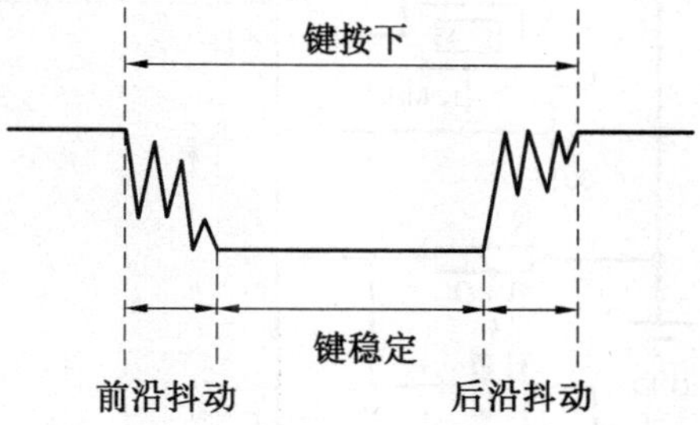

图 3.18　按键的抖动现象

在按键抖动期间检测按键闭合或断开，将导致判断出错，即按键一次闭合或释放会被错误地认为有多次操作。为了克服按键的触点机械抖动所致的检测错误，必须采取去抖动措施。在按键数较少时，可采用硬件去抖动；而当按键数较多时，采用软件消除抖动。

采用软件去抖动的方法是：在检测到有键按下时，执行一个 10 ms 的延时后再确认该键电平是否仍保持闭合状态电平，如保持闭合状态电平则确认为该键按下（闭合），从而消除了抖动的影响。

3.5.2　独立式按键

独立式按键是指每个按键单独占有一根 I/O 口线，每根 I/O 口线上按键的工作状态不会影响其他 I/O 口线的工作状态。独立式按键电路如图 3.19 所示。

独立式按键电路配置灵活，软件结构简单，但每个按键必须占用一根 I/O 口线，在按键数量较多时，占用 I/O 口线太多。所以，在按键数量不多时，常采用独立式按键电路。

3.5.3　行列式键盘

行列式键盘又称矩阵式键盘，是用 I/O 口线组成行、列结构，按键设置在行列的交点上。在应用系统按键数量较多的情况下，采用行列式键盘可以节省 I/O 口线。

1. 键盘工作原理

行列式键盘示例电路原理如图 3.20 所示。

按键设置在行、列的交点上，行线、列线分别接到按键开关的两端，行线接至单片机的输入口线，列线接至单片机的输出口线。行线通过电阻接 + 5V，当键盘上没有键闭合时，行线均呈现高电平。

当键盘上某一键闭合时，该键所对应的行线与列线短接，此时该行线的电平将由被短接的列线电平所决定。判断键盘有无键按下以及按下的是哪一个键的方法如下：

（1）判断有无键按下

将所有列线置为低电平，然后读所有行线的状态。若行线均为高电平，则没有键按下；若读出的行线状态不全为高电平，则可以判定有键按下。

（2）判断哪一个键按下

若有键按下，则列线依次置低电平，然后读行线状态，如果全为“1”，则按下的键不在此

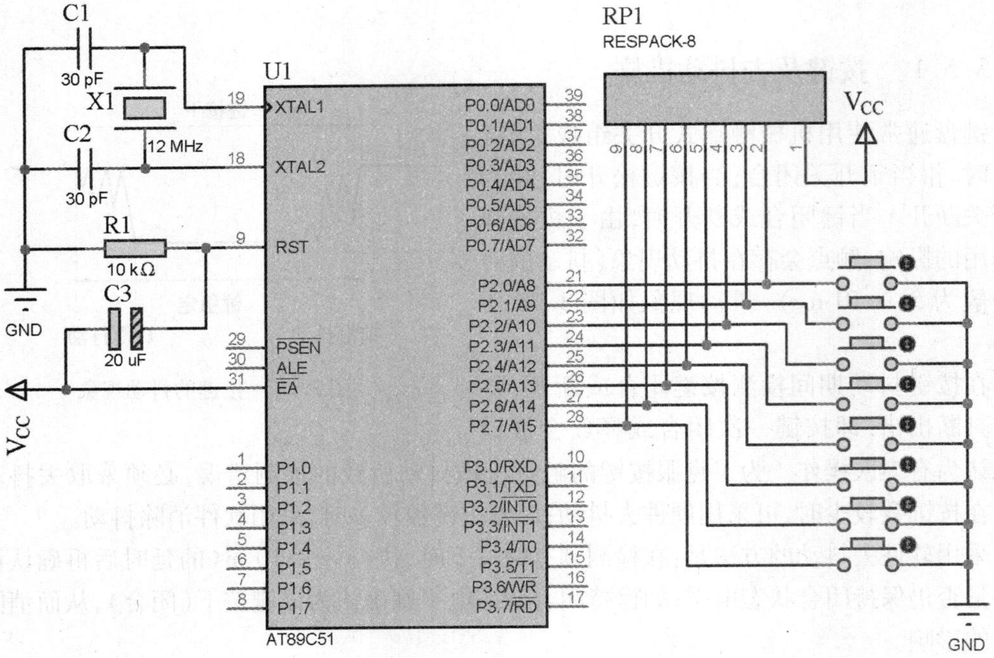

图 3.19　独立式按键电路图

列;如果不全为“1”,则所按键一定在此列,而且是在与“0”电平行线相交的交叉点上的那个键。

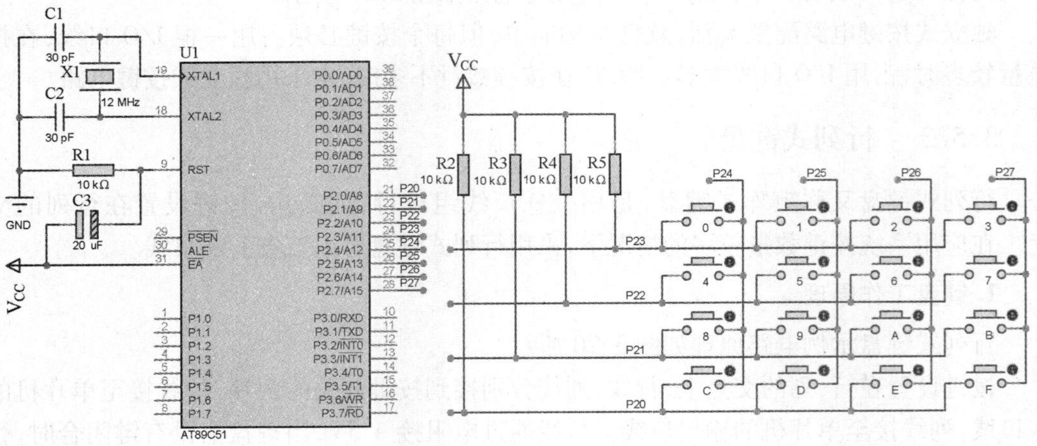

图 3.20　行列式键盘电路原理图

2. 键编码

键盘上的每个按键都有一个键值。

对于独立式按键键盘,因按键数量少,其按键的编码可根据按键的位置采用二进制或十六进制数的组合表示。

对于行列式键盘,按键的位置由行号和列号唯一确定。其按键的编码可由行号、列号组合而成。键值是各键所在行号和列号的组合码;键号是键盘的每个键的编号。行列式键盘

的编码方法有多种,下面的编码方法可使键值和键号是一致的:

键值 = 所在行号 × 键盘列数 + 所在列号(其中,行号、列号依次为0,1,2,…,$N-1$)

3. 键盘扫描

一般情况下,在单片机应用系统中,键盘扫描只是CPU工作的一部分。为了能及时响应键盘的输入,CPU必须不断地调用键盘扫描函数,对键盘进行扫描。

键盘扫描函数一般包括以下几个部分:

(1) 判断键盘有无键按下;

(2) 消除按键时产生的机械抖动;

(3) 扫描键盘,通过计算获得按下键的键号(或键值);

(4) 键闭合一次只进行一次键功能操作,然后返回。

3.5.4　键盘接口技术

< 任务8 >　设计一个键盘指示器

任务描述:

设计一个4×4的行列式键盘,当按下某一个按键时,在LED数码管上显示该按键的键号。

要求:

(1) 在Keil IDE(μVision2)中完成应用程序设计,并编译。

(2) 在ISIS 7 Professional中完成电路设计、调试与仿真。

1. 设计分析

单片机的P2口连接4×4行列式键盘,其中P2.0～P2.3作为键盘的行线,P2.4～P2.7作为键盘的列线,P3口接数码管。软件主要完成判断键盘有无键按下、扫描键盘、确定按键号、显示键号任务。

2. 电路设计

键盘指示器硬件电路如图3.21所示,元器件清单见表3.12。

表3.12　键盘指示器元器件列表

元器件名称	参数	数量	元器件名称	参数	数量
单片机	AT89C51	1	按钮 BUTTON		16
晶体振荡器	12 MHz	1	数码管		1
瓷片电容 CAP	30 pF	2	电阻 RES	10 kΩ	1
电解电容 CAP - ELEC	20 μF	1			1

3. 程序设计

```
#include < reg51. h >
#include < intrins. h >
#include < absacc. h >
#define uchar unsigned char
#define uint unsigned int
uchar seg[16] = {0x3F,0x06,0x5B,0x4F,0x66,0x6D,0x7D,0x07,0x7F,
                 0x6F,0x77,0x7C,0x39,0x5E,0x79,0x71};  //0 ~ F 段码
void delay(uint ms)
{uint j;
for(j = 0;j < ms;j ++);
}
uchar checkkey( )  // 检测键盘按键状态
{uchar i ;
uchar j ;
j = 0x0f;
P2 = j;                                    // 行线送高电平,列线送低电平
i = P2;                                    // 读行线状态
i = i&0x0f;                                // 屏蔽列线
if  (i = = 0x0f) return (0);              // 无键按下返回 0
    else return (0xff);                    // 有键按下返回 0xff
    }
uchar keyscan( )                           // 键盘扫描
{
    uchar key;
    uchar value;
    uchar scanf;
    uchar m = 0;
    uchar chec;
    uchar i,j;
    if (checkkey( ) = = 0) return (0xff);
    else
    {delay(100);                           // 消除按键抖动
    if (checkkey( ) = = 0) return (0xff);  // 无键按下返回 0xff
    else
        {
        key = 0xf7;m = 0x00;        // 确定键号。m 为列数,行扫描初值 11110111
        for (i = 1;i < = 4;i ++)
            {
                scanf = 0x10;
                P2 = key;
                chec = P2;
```

```
                for (j = 0;j < 4;j ++)          //J 为行数
                {
                    if ((chec&scanf) = = 0)
                    {
                        value = m + j;          // 确定键号
                        while (checkkey( )!  = 0);
                        return (value);         // 返回按键号
                    }
                    else  scanf = scanf << 1;   // 检测下一列
                }
            m = m + 4;
                key = ~ key;                    // 扫描下一行
                key = key >> 1;
                key = ~ key;
                }
            }
        }
}
void main( )
{
    uchar  i;
    P3 = 0x00;
    while(1)
        {
        if (checkkey( ) = = 0x00) continue;
            else
            {
                i = keyscan( );
                P3 = seg[i];
                delay(100);
            }
        }
}
```

4. 电路仿真

将“键盘指示器. hex”文件加载到 AT89C51 单片机中,运行程序,仿真结果如图 3.21 所示。

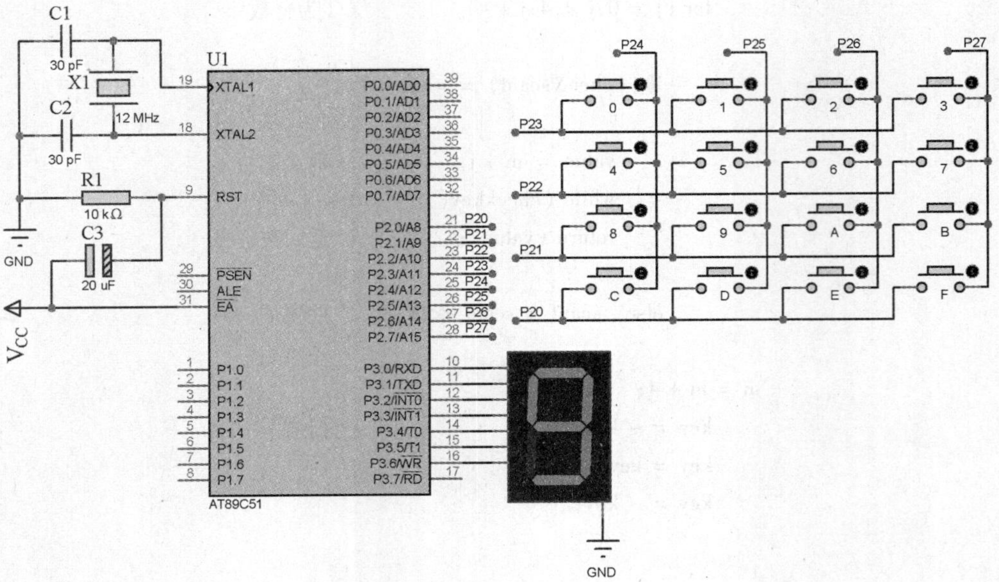

图 3.21　键盘指示器电路仿真图

习　题

1. 简述发光二极管与单片机连接的正确方法。

2. 简述如何用 C51 实现 I/O 端口数据输入/输出操作。

3. 用发光二极管制作一个 16 路流水灯。

4. 制作一个 0 ~ 99 数秒器,用两位一体数码管显示计数值。

5. 用 8 个 8 × 8 LED 点阵显示模块组成 2 个 16 × 16 LED 点阵,循环显示汉字"单片机仿真"。

6. 用单片机控制字符型 LCD1602 显示字符信息"Hello everyone! "和"Welcome to HLJ",字符信息"Hello everyone! "、"Welcome to HLJ"分别从 LCD1602 左侧第一行、第二行滚动移入,然后再从右侧滚动移出,循环显示。

7. 设计一个 4 × 4 的矩阵式键盘和 4 × 4 的二极管显示电路,按键与二极管是一一对应关系。要求按下某个按键时,相应的二极管点亮显示。

第4章

定时/计数功能与中断技术

学习导航

- 定时/计数功能与中断技术
  - 单片机中断系统
    - 中断的概念
    - AT89C51单片机中断系统
    - 中断函数的编写
    - 任务1 设计一个流水花样灯
  - 定时/计数器
    - 定时与计数
    - AT89C51单片机定时/计数器结构
    - 定时/计数器的设置
    - 定时/计数器的工作方式
    - 任务2 设计一个秒脉冲发生器
    - 任务3 设计一个简易电子秒表

学习目标

知识目标	1. 中断的概念 2. AT89C51单片机中断系统 3. 特殊功能寄存器TCON、SCON、IE、IP的作用及设置 4. 中断函数的编写 5. 定时与计数的概念 6. 特殊功能寄存器TMOD、TCON的作用及设置 7. 定时/计数器的工作方式
能力目标	1. 能够根据任务要求编写中断函数 2. 能够根据任务要求正确运用单片机中断技术 3. 能够根据任务要求选择定时/计数器工作方式并进行设置 4. 能够使用定时/计数器、中断系统，设计出具有定时/计数功能的单片机应用系统

在本章,我们将介绍单片机内部的两个重要资源——定时/计数器、中断系统的功能及应用技术。

4.1　中断系统

4.1.1　中断的概念

什么是中断? 在回答这个问题之前,我们先看一下日常生活中的事例:假如你正在读书,这时候电话铃响了,你把书放下,然后和对方通话,通话完毕,你继续读书。这就是生活中的“中断”现象,表现为正常的工作过程(读书)被突发事件(电话铃声)打断了。

中断是指CPU在处理某一事件A时,发生了另一事件B,请求CPU迅速区处理(中断发生);CPU暂时停止当前的工作(中断响应),转去处理事件B(中断服务);待CPU将事件B处理完毕后,再回到原来事件A被中断的地方继续处理事件A(中断返回),这一过程称为中断,其流程如图4.1所示。

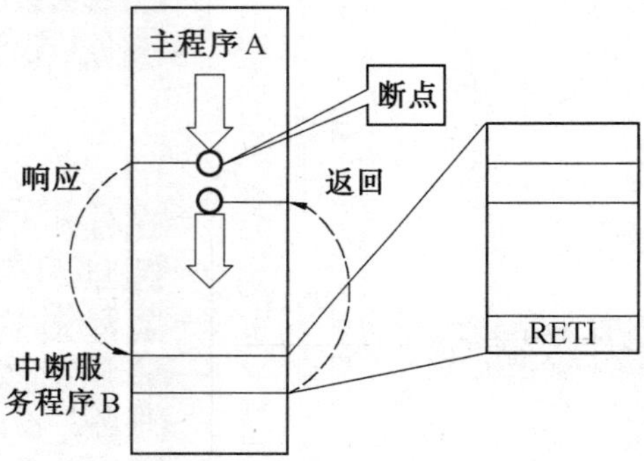

图4.1　中断过程示意图

引起中断的事件,称为中断源。中断源向CPU提出的处理请求,称为中断请求或中断申请。CPU暂时中断原来的事物A,转去处理事件B的过程,称为CPU的中断响应过程。对事件D的整个处理过程,称为中断服务(或中断处理)。处理完毕后,再回到原来被中断的地方(断点),称为中断返回。实现上述中断功能的部件称为中断系统(中断机构)。

计算机具有实时处理能力,能对内部或外界发生的事件进行及时处理,是通过中断系统实现的。

计算机采用中断技术的意义如下:

(1) 实现分时操作

采用中断技术后,CPU和外设可以同时工作。CPU在启动外设工作后,就继续执行主程序,同时外设也在工作。当外设需要和CPU交换数据时,向CPU发出中断申请,CPU响应中断,暂停主程序的执行,和外设交换数据,当CPU处理完后,恢复执行主程序,外设也继续工作。这样就大大提高了CPU的效率。

(2) 实现实时处理

当计算机用于实时控制时,中断是一个十分重要的功能。在实时控制过程中,要求计算机能对现场的各个参数做出快速响应。采用中断技术,计算机可实现实时处理。

(3) 故障处理

计算机在运行过程中,往往会出现一些异常情况或故障,如电源突然掉电、运算溢出等,采用中断技术,计算机就可以利用中断系统自行处理,从而使系统的可靠性提高。

4.1.2　AT89C51 单片机中断系统

1. AT89C51 单片机中断系统结构

AT89C51 单片机中断系统结构如图 4.2 所示。

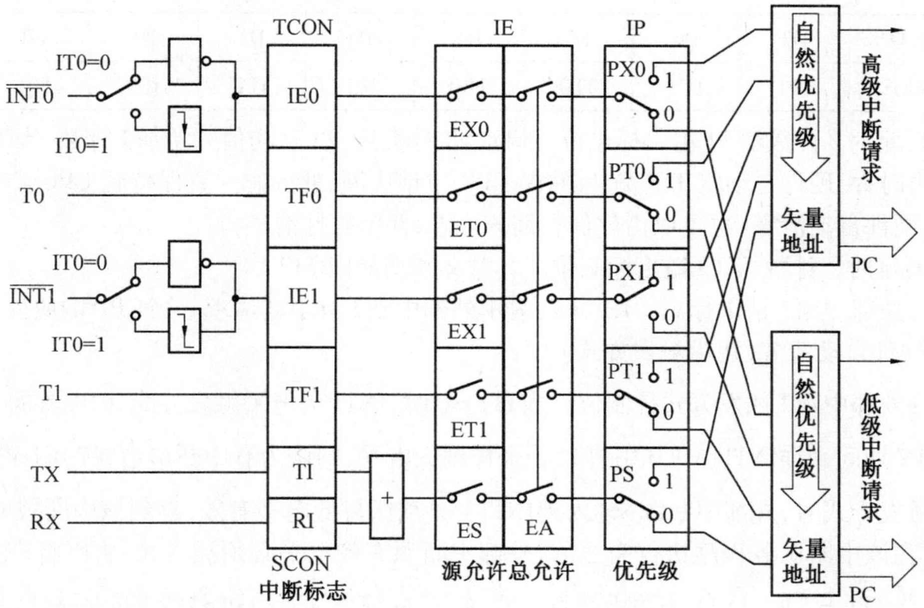

图 4.2　AT89C51 单片机中断系统结构

AT89C51 单片机有个 5 中断源,提供 2 个中断优先级,每个中断源都可以设置为高优先级或低优先级。与中断系统有关的特殊功能寄存器有:中断允许寄存器 IE、中断优先级寄存器 IP、中断标志寄存器 TCON、SCON。

2. 中断源

AT89C51 单片机的 5 个中断源如下:

(1) $\overline{\text{INT0}}$—— 外部中断 0 请求信号,由 P3.2 引脚输入,下降沿或低电平有效。

(2) $\overline{\text{INT1}}$—— 外部中断 1 请求信号,由 P3.3 引脚输入,下降沿或低电平有效。

I/O 设备中断请求信号、异常事件中断请求信号都可以作为外部中断连接到 P3.2 或 P3.3 引脚上。

(3)T0—— 定时 / 计数器 T0 溢出中断。

(4)T1—— 定时 / 计数器 T1 溢出中断。

定时 / 计数器 T0 或 T1 计数溢出后都可向 CPU 发出中断请求。

(5) 串行口中断 —— 串行口发送或接收一帧信息后,向 CPU 发出中断请求。

3. 中断标志

AT89C51 单片机的每个中断源都有一个中断标志位，当中断源有中断请求发生时，由系统硬件将这些中断请求锁存在特殊功能寄存器 TCON 和 SCON 中。

（1）定时／计数器控制寄存器 TCON

TCON 为定时／计数器 T0、T1 的控制寄存器，同时锁存 T0、T1 的溢出标志和外部中断 $\overline{\mathrm{INT0}}$ 和 $\overline{\mathrm{INT1}}$ 的中断标志。TCON 的格式以及和中断有关的各位见表 4.1。

表 4.1　定时／计数器控制寄存器 TCON

TCON	D7	D6	D5	D4	D3	D2	D1	D0
(88H)	TF1	TR1	TF0	TR0	IE1	IT1	IE0	IT0

TF1：定时／计数器 T1 溢出标志位。启动 T1 计数后，T1 从初值开始加 1 计数，当 T1 计数产生溢出时，由硬件自动将 TF1 置 1，并向 CPU 申请中断，此标志一直保持到 CPU 响应中断时，才由硬件自动清零（也可以由软件查询该标志，并由软件清零）。

TF0：定时／计数器 T0 溢出标志位。其意义和功能同 TF1。

IE1：外部中断 1 请求标志。IE1 = 1，表示外部中断 1 有中断请求。当 CPU 响应外部中断 1 时，由硬件自动清零（边沿触发方式）。

IT1：外部中断 1 触发方式控制位。当 IT1 = 0 时，$\overline{\mathrm{INT1}}$ 为电平触发方式，CPU 在每个机器周期 S5P2 期间采样 $\overline{\mathrm{INT1}}$（P3.3 引脚），若采样到低电平，则认为有中断申请，将 IE1 置 1。采用电平触发方式时，外部中断源（输入到 $\overline{\mathrm{INT1}}$）必须保持低电平有效，直到该中断被 CPU 响应，同时在该中断服务程序执行完之前，外部中断源有效电平必须被清除，否则将产生另一次中断；当 IT1 = 1 时，$\overline{\mathrm{INT1}}$ 为边沿触发方式，CPU 在每个机器周期 S5P2 期间采样 $\overline{\mathrm{INT1}}$ 的输入电平，如果一个机器周期采样到 $\overline{\mathrm{INT1}}$ 为高电平，接着下一个机器周期中采样到 $\overline{\mathrm{INT1}}$ 为低电平，则置 IE1 = 1，表示外部中断 1 正向 CPU 申请中断，直到该中断被 CPU 响应时，IE1 由硬件自动清零。CPU 在每个机器周期都要采样一次 $\overline{\mathrm{INT1}}$，因此，采用边沿触发方式时，外部中断源输入的高电平和低电平时间必须保持 12 个振荡周期以上，才能保证 CPU 检测到由高到低的负跳变（下降沿）。

IE0：外部中断 0 请求标志。其意义和功能同 IE1。

IT0：外部中断 0 触发方式控制位。其意义和功能同 IT1。

（2）串行口控制寄存器 SCON

SCON 为串行口控制寄存器，其低两位锁存串行口的发送和接收标志 TI 和 RI。串行口的接收中断 RI 和发送中断 TI 逻辑"或"以后作为一个串行口中断源。SCON 中和串行口中断有关的各位见表 4.2。

表 4.2　串行口控制寄存器 SCON

SCON	D7	D6	D5	D4	D3	D2	D1	D0
(98H)							TI	RI

TI：串行口发送中断标志。CPU 将一个字符数据写入发送缓冲器 SBUF 后，就启动发

送。当串行口发送完一帧信息后，由内部硬件置位发送中断标志 TI。

RI：串行口接收中断标志。在串行口允许接收时，每接收完一帧信息后，由内部硬件置位接收中断标志 RI。

【注意】CPU 响应串行中断时，并不清除中断标志 TI 和 RI，必须由软件清除。

AT89C51 单片机复位后，TCON 和 SCON 的各位均为 0，在应用时要注意各位的状态。

4. 中断控制

(1) 中断的允许和禁止

AT89C51 单片机中断系统对中断源的开放或禁止(屏蔽)、每一个中断源是否被允许，是由中断允许寄存器 IE 控制的。IE 的状态可通过软件设定。中断允许控制寄存器 IE 的格式见表 4.3。IE 的各位定义如下：

表 4.3　中断允许控制寄存器 IE

IE	D7	D6	D5	D4	D3	D2	D1	D0
(A8H)	EA	×	×	ES	ET1	EX1	ET0	EX0

EA：CPU 的中断总允许控制位。EA = 1，CPU 允许中断；EA = 0，CPU 屏蔽所有的中断请求。

ES：串行中断允许位。ES = 1，允许串行口中断；ES = 0，禁止串行口中断。

ET1：定时／计数器 T1 的溢出中断允许位。ET1 = 1，允许 T1 中断；ET1 = 0，禁止 T1 中断。

EX1：外部中断 1($\overline{INT1}$) 的中断允许位。EX1 = 1，允许外部中断 1 中断；EX1 = 0，禁止外部中断 1 中断。

ET0：定时／计数器 T0 的溢出中断允许位。ET0 = 1，允许 T1 中断；ET0 = 0，禁止 T0 中断。

EX0：外部中断 0($\overline{INT0}$) 的中断允许位。EX0 = 1，允许外部中断 0 中断；EX0 = 0，禁止外部中断 0 中断。

(2) 中断的优先级设定

AT89C51 单片机有两个中断优先级：高优先级和低优先级。每一个中断源都可通过对中断优先级寄存器 IP 的设置，确定为高优先级或低优先级。中断优先级寄存器 IP 的格式见表 4.4。IP 的各位定义如下：

表 4.4　中断优先级寄存器 IE

IE	D7	D6	D5	D4	D3	D2	D1	D0
(B8H)	×	×	×	PS	PT1	PX1	PT0	PX0

PS：串行口中断优先级控制位。PS = 1，设定串行口为高优先级中断；PS = 0，设定串行口为低优先级中断。

PT1：定时／计数器 T1 中断优先级控制位。PT1 = 1，设定 T1 为高优先级中断；PT1 = 0，设定 T1 为低优先级中断。

PX1：外部中断 1($\overline{INT1}$) 中断优先级控制位。PX1 = 1，设定外部中断 1 为高优先级中断；

PX1 = 0,设定外部中断 1 为低优先级中断。

PT0:定时/计数器 T0 中断优先级控制位。PT0 = 1,设定 T0 为高优先级中断;PT0 = 0,设定 T0 为低优先级中断。

PX0:外部中断0($\overline{INT0}$)中断优先级控制位。PX0 = 1,设定外部中断0为高优先级中断;PX0 = 0,设定外部中断 0 为低优先级中断。

AT89C51 单片机复位后,IP 全部清零,所有中断源均设定为低优先级。

用户可通过中断优先级寄存器IP把各个中断源的优先级分为高低两级。当多个中断源同时向 CPU 申请中断时,中断系统遵循以下三条基本原则:

(1)CPU 同时接收到几个中断时,首先响应优先级别高的中断请求;

(2)低优先级中断可被高优先级所中断,反之则不能;

(3)正在进行的中断过程不能被新的同级或低优先级的中断请求所中断。

在 51 系列单片机中,高优先级中断能够打断低优先级中断以形成中断嵌套。若几个同级中断同时向 CPU 请求中断响应,在没有设置中断优先级情况下,按照自然优先级响应中断,在设置中断优先级后,则按设置顺序确定响应的先后顺序。这样,可使中断的使用更加方便、灵活。

AT89C51 单片机 5 个中断源的自然优先级如下:

中断源	优先级顺序
外部中断 0	最高
定时/计数器 T0	↓
外部中断 1	
定时/计数器 T1	
串行口中断	最低

同一优先级的中断优先权排队,由中断系统硬件确定。

4.1.3 中断函数的编写

单片机的中断系统十分重要,可以用 C51 来声明中断和编写中断函数(服务程序)。中断过程通过使用 interrupt 关键字和中断编号 0 ~ 31 来实现。

C51 的中断函数格式如下:

```
void 函数名( )interrupt n [using m]
{
    中断服务程序内容
}
```

说明:

◆ 中断函数不能返回任何值,所以最前面用 void,后面紧跟函数名。

◆ 中断函数不带任何参数,所以函数名后面的小括号为空。

◆ interrupt 和 using——C51 的关键字。

◆ n—— 中断号,是指单片机中几个中断源的序号,这个序号是编译器识别不同中断的唯一符号,因此在写中断服务程序时务必要写正确。n 的取值范围为 0 ~ 31。

◈ m——是指这个中断函数使用单片机内存中4组工作寄存器中的哪一组,C51编译器在编译程序时会自动分配工作组,也可以由用户通过 using m 来指定。m 的取值范围为0、1、2、3,对应4组工作寄存器。

AT89C51单片机的中断源及中断编号见表4.5。

表4.5　中断源对应的中断编号

中断源	中断编号	入口地址
外部中断0	0	0003H
定时/计数器 T0	1	000BH
外部中断1	2	0013H
定时/计数器 T1	3	001BH
串行口	4	0023H

下面将通过1个案例介绍如何编写中断函数、中断初始化过程、中断的应用。

<任务1>　设计一个流水花样灯

任务描述:

花样灯由8个发光二极管构成。正常情况下,花样灯正反向循环流水点亮。控制按钮SW按下时,花样灯中的发光二极管交替点亮;当SW断开后,花样灯恢复至正常状态。

要求:

(1) 在 Keil IDE(μVision2)中完成应用程序设计,并编译。

(2) 在 ISIS 7 Professional 中完成电路设计、调试与仿真。

1. 设计分析

用单片机的P2口接8个发光二极管,控制按钮SW接单片机外部中断0。主程序控制花样灯正反向循环流水点。当控制按钮SW按下时,产生外部中断请求,由中断函数实现花样灯交替点亮。

2. 电路设计

P2口接8个发光二极管 D0 ~ D7,P3.2 接控制按钮。按设计要求选取元器件,见表4.6。在 Proteus 中设计流水花样灯电路,如图4.3所示。

表4.6　开关量采集电路元器件列表

元器件名称	参数	数量	元器件名称	参数	数量
单片机	AT89C51	1	按钮 BUTTON		1
晶体振荡器	12 MHz	1	发光二极管	LED - RED	2
瓷片电容 CAP	30 pF	2	发光二极管	LED - BLUE	2
电解电容 CAP - ELEC	20 μF	1	发光二极管	LED - GREEN	2
开关 DIPSW_8		1	发光二极管	LED - YELLOW	2
电阻 RES	10 kΩ	1	电阻 RES	330 Ω	8

3. 程序设计

```
#include < reg51. h >
#include < absacc. h >
#include < intrins. h >
#define  uint unsigned int
#define  uchar unsigned char
void delay( uchar m) ;                        // 函数声明
//* * * * * * * * * * * * * * * * * 主函数 * * * * * * * * * * * * * * * * *//
void main( )
{
uint i,dis_digit;
    IE = 0x81;                                //CPU 中断允许,外部中断 0 中断允许
    IP = 0x01;                                // 外部中断 0 高优先级
    TCON = 0x00;                              // 外部中断 0 为电平触发方式
    while(1)
    {
        dis_digit = 0xfe;
        for(i = 0;i < 8;i ++)
        {
            P2 = dis_digit;
            delay(5) ;
            dis_digit = _crol_(dis_digit,1) ; // 调用 _crol_( ) 函数使 dis_digit 左移一位
        }
    dis_digit = 0xfe;
        for(i = 0;i < 7;i ++)
        {
            dis_digit = _cror_(dis_digit,1) ; // 使 dis_digit 右移一位
            P2 = dis_digit;
            delay(5) ;
            }
        }
    }
//* * * * * * * * * * * * * * * * * 延时函数 * * * * * * * * * * * * * * * * *//
    void delay( uchar m)
    {
        uint i;
        uchar j;
        for(i = 0;i < 2000;i ++)
            for(j = 0;j < m;j ++) ;
    }
//* * * * * * * * * * * * * * * * * 中断函数 * * * * * * * * * * * * * * * * *//
```

```
void   int_0( )   interrupt 0 using 1
{
    uchar i,y = 0x55;
        for(i = 0;i < 8;i ++)
        {
        P2 = y;
        delay(5);               // 调用延时程序
        y = ~ y;                // 对 y 取反
        }
    return;
}
```

4. 电路仿真

将在 keil 中编译形成的"流水花样电路. hex" 文件,加载到 AT89C51 单片机中,运行程序,仿真结果如图 4.3 所示。

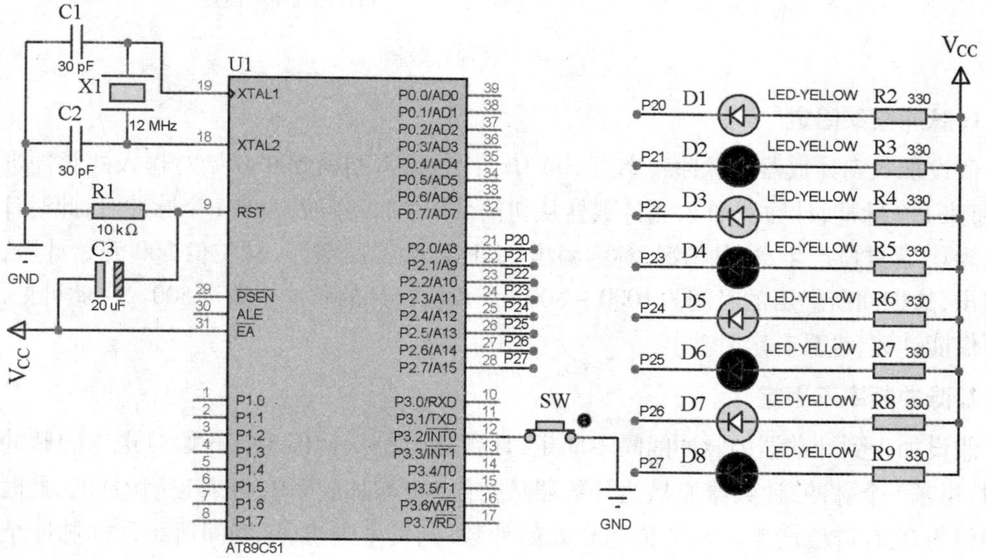

图 4.3　流水花样灯电路仿真图

4.2　定时/计数器

在单片机应用系统中,常常会有定时控制和计数控制的需求,如定时输出、定时检测、对外部事件进行计数等等,这就要求应用系统中要有能实现定时、计数的功能部件。AT89C51 单片机内部就有两个 16 位的定时/计数器,既可以用来实现定时,也可以用来进行计数。

本节我们将对 AT89C51 单片机内部的定时/计数器从工作原理、使用方法方面进行详细介绍。

4.2.1　定时与计数

在认识单片机的定时／计数器之前，让我们先看一个脉冲计数器的例子。

有一个脉冲计数器，其计数范围为 0 ～ 999，量程为 1000（模数为 1000），我们分别给这个脉冲计数器送入频率固定和频率不固定的脉冲串，且送入的脉冲个数相同、脉冲计数器的初始值也相同（都是 500），如图 4.4 所示。

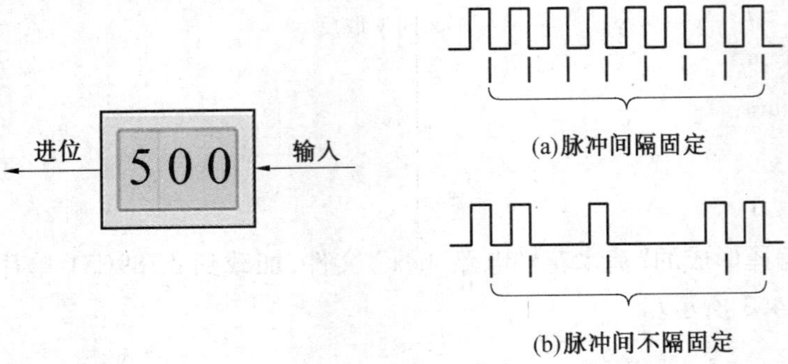

图 4.4　脉冲计数器

1. 脉冲频率固定

假设加入到计数器的脉冲频率为 100 Hz，计数器从初值 500 开始对送入的脉冲进行计数，每来 1 个脉冲，计数器加 1，当计数器从初值 500 累加到 999，再来 1 个脉冲时，此时计数器的值为 0、有进位产生，这种情况，称为溢出（也称计数器回零）。从初值 500 开始计数，到发生溢出，这期间所经历的时间为 1000 － 500 = 5 s，所统计的脉冲个数为 500。由此可见，计数器不仅能计数，也具有定时功能。

2. 脉冲频率不固定

假设加入到计数器的脉冲间隔不固定，计数器也是从初值 500 开始对送入的脉冲进行计数，每来 1 个脉冲，计数器加 1，当计数器从初值 500 累加到 999，再来 1 个脉冲时，此时计数器的值为 0、有进位产生。从初值 500 开始计数，到发生溢出，这期间所统计的脉冲个数为 1000 － 500 = 500，但所经历的时间不确定，确定的是统计的脉冲个数。

由此可见，计数器除了计数功能外，也可以具有定时器功能，但前提条件是：计数脉冲的间隔必须是固定的。

如果我们给计数器预置的初值不同，从开始计数到发生溢出所用的时间也就不同。因此，通过软件设置不同的初值，就可以实现不同的定时时间。

进一步，计数器的量程越大，定时时间就越长；量程越小，定时时间就越短。

通过上面的讨论，我们对定时、计数的概念有了一定的认识，那么单片机中的定时／计数器又是怎样的？

AT89C51 单片机内部有两个 16 位可编程的定时／计数器 T0 和 T1，它们都是 16 位的加 1 计数器，既有定时功能又有计数功能，其逻辑结构如图 4.5 所示。

T0 由两个 8 位特殊功能寄存器 TH0 和 TL0 组成，T1 由两个 8 位特殊功能寄存器 TH1 和

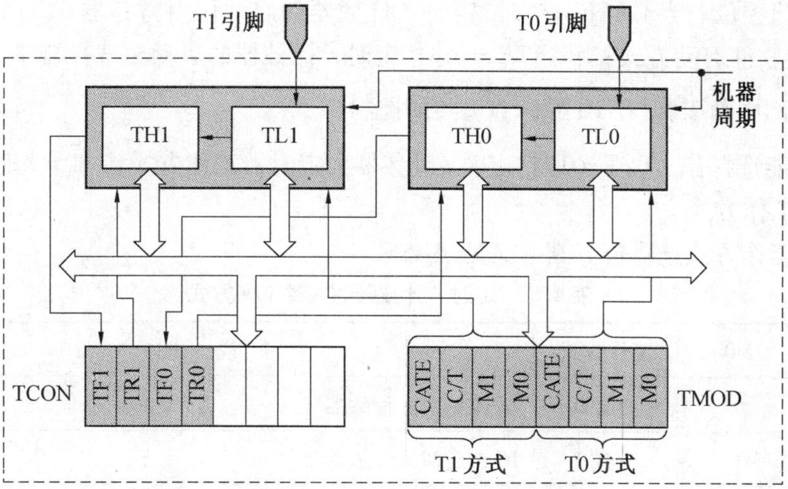

图 4.5　AT89C51 单片机定时/计数器结构图

TL1 组成。通过对特殊功能寄存器 TMOD 的设置,T0、T1 都可以作定时器或计数器使用。

定时/计数器 T0、T1 的实质是加 1 计数器,其计数脉冲有两个来源,一个是系统的时钟源(频率为系统时钟的 1/12),另一个是 T0 或 T1 引脚输入的外部脉冲。

用于定时器方式时,加 1 计数器对机器周期计数,当计数器从某一初值开始计数到发生溢出时,则表明定时时间到。

用于计数器方式时,计数器对外部事件进行计数。当检测到 T0 或 T1 引脚发生一个负跳变时,计数器加 1,当计数器从某一初值开始计数到发生溢出时,则表明计数已满。由于单片机内部电路检测从 1 到 0 的跳变,至少需要两个机器周期(24 个振荡周期),所以最高计数频率是振荡频率的 1/24。

需要说明的是,当启动定时/计数器 T0 或 T1 工作时,T0 或 T1 都会按设定的工作方式独立运行,不占用 CPU 的时间,只有在溢出时,才向 CPU 发出中断请求信号。

4.2.2　定时/计数器的设置

在使用 AT89C51 单片机的定时/计数器 T0、T1 时,需要对两个特殊功能寄存器 TMOD 和 TCON 进行设置。

1. 定时/计数器工作方式寄存器 TMOD

工作方式寄存器 TMOD 用于设置定时/计数器的工作方式,其格式见表 4.7。TMOD 的低 4 位 D3 ~ D0 位用于设置定时器 T0,高 4 位 D7 ~ D4 位用于设置定时器 T1,它们的含义完全相同。

表 4.7　定时/计数器工作方式寄存器 TMOD

TMOD	D7	D6	D5	D4	D3	D2	D1	D0
(89H)	GATE	$C/\overline{T}$	M1	M0	GATE	$C/\overline{T}$	M1	M0

TMOD 的各位含义如下:

GATE:门控位。当 GATE = 0 时,定时/计数器的启动仅由寄存器 TCON 中的 TR0 或 TR1 控制,即软件启动方式;当 GATE = 1 时,定时/计数器的启动由寄存器 TCON 中的 TR0 或 TR1 和外部中断引脚($\overline{INT0}$ 或 $\overline{INT1}$)共同控制。

C/$\overline{T}$:功能选择位。C/$\overline{T}$ = 0 时,定时/计数器为定时器工作方式;C/$\overline{T}$ = 1 时,定时/计数器为计数器工作方式。

M1M0:工作方式选择位。其含义见表 4.8。

表 4.8 定时/计数器的 4 种工作方式

M1	M0	工作方式	说　明
0	0	方式 0	13 位定时/计数器
0	1	方式 1	16 位定时/计数器
1	0	方式 2	初值自动重装的 8 位定时/计数器
1	1	方式 3	仅适用于 T0。T0 分成两个 8 位计数器,T1 停止计数

2. 定时/计数器控制寄存器 TCON

定时/计数器控制寄存器 TCON 的作用是控制定时/计数器的启动和停止,锁存定时/计数器的溢出标志、外部中断触发方式的控制位。这里只说明控制定时/计数器启动和停止的 TR1 和 TR0,TCON 的其他各位含义见 4.1.2 节。

TR1:定时/计数器 T1 运行控制位。当 GATE = 0 时,TR1 = 1,启动 T1 工作,TR1 = 0,停止 T1 工作。当 GATE = 1,且 $\overline{INT1}$ 为高电平时,TR1 置 1 启动 T1 工作,其他情况 T1 都停止计数。

TR0:定时/计数器 T0 运行控制位,同 TR1。

4.2.3 定时/计数器的工作方式

AT89C51 单片机的定时/计数器 T0、T1 都具有定时和计数两种功能,每种功能包括了 4 种工作方式。在实际使用过程中,可根据应用系统的需要选择其中的一种。下面将对定时/计数器的 4 种工作方式逐一进行讨论。为便于说明,以下以定时/计数器 T0 为例进行介绍。

1. 方式 0

当 M1M0 = 00 时,定时/计数器工作在方式 0。定时/计数器工作在方式 0 时的逻辑结构如图 4.6 所示。

T0 工作在方式 0 时,是一个 13 位的定时/计数器。在方式 0 下,16 位加 1 计数器(TH0 和 TL0)只用了 13 位,其中 TH0 为高 8 位,TL0 为低 5 位(高 3 位未用),量程为 2^{13} = 8 192。当 TL0 低 5 位溢出时自动向 TH0 进位,而 TH0 溢出时,置位 TCON 中的 TF0 标志,向 CPU 发出中断请求。

当设置 C/$\overline{T}$ 为 1 时,T0 为 13 位定时器,对机器周期计数;若设置 C/$\overline{T}$ 为 0 时,T0 为 13 位

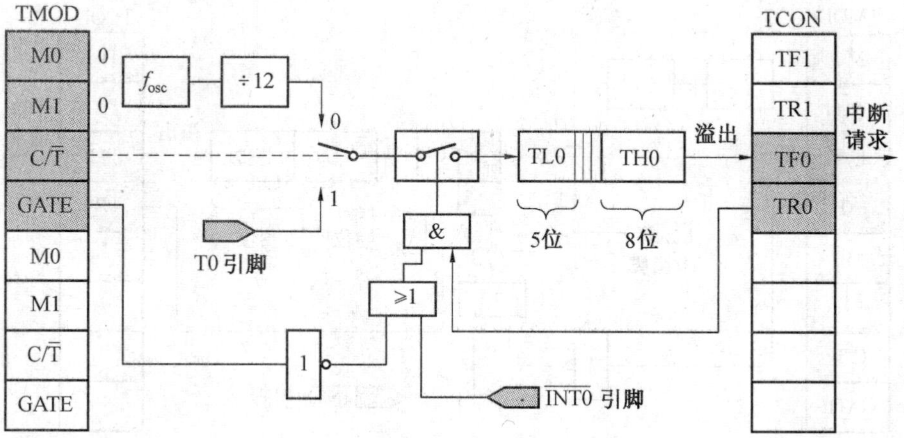

图 4.6　定时/计数器方式 0 逻辑结构图

计数器,对引脚 T0 输入的脉冲计数。

由于定时/计数器是加 1 计数器,所以不论是用于定时,还是用于计数,都需要设置初值,加 1 计数器在初值的基础上进行加 1 计数,直到计数器溢出,表明定时时间到或计数次数到。下面分别讨论定时方式和计数方式的初值计算、初值装入。

(1) 计数方式 0 的初值计算

设需要统计的脉冲个数为 X,初值为 Y。计数器在初值 Y 的基础上进行加 1 计数,当计入 X 个脉冲后,计数器发生溢出,即 $X + Y = 2^{13}$,所以初值 $Y = 2^{13} - X$。

(2) 定时方式 0 的初值计算

由于定时/计数器工作在定时方式时,加 1 计数器对机器周期计数,因此,当初值设为 X,定时时间设为 T 时,则有 $T = (2^{13} - X) \times$ 机器周期。

(3) 方式 0 下的初值装入

不论是定时还是计数,当计算出初值后,需要将初值送入 TH0 和 TL0 中。由于方式 0 下的初值为 13 位二进制数,所以需将初值的高 8 位装入 TH0,低 5 位装入 TL0。

(4) 初值重新装入

在方式 0 下,当计数器发生溢出时,计数器的值自动复位为 0,若要进行新的一轮计数,则必须重置计数初值。所以在编写应用程序时,一定要格外重视,以免出错。

(5) 最大计数次数及定时时间

在方式 0 下,最大的计数次数为 8 192;最大的定时时间为 8 192 × 机器周期(假设晶振频率为 12 MHz,则 1 个机器周期为 1 μs,那么最大的定时时间为 8.192 ms。

2. 方式 1

当 M1M0 = 01 时,定时/计数器工作在方式 1。定时/计数器工作在方式 1 时的逻辑结构如图 4.7 所示。

T0 工作在方式 1 时,是一个 16 位的定时/计数器,最大计数值为 65 536,最大定时时间为 65.536 ms(晶振频率为 12 MHz)。由于 T0 工作在方式 1 时的结构和操作与方式 0 完全相同,不同之处就是二者计数位数不同,故不再赘述。

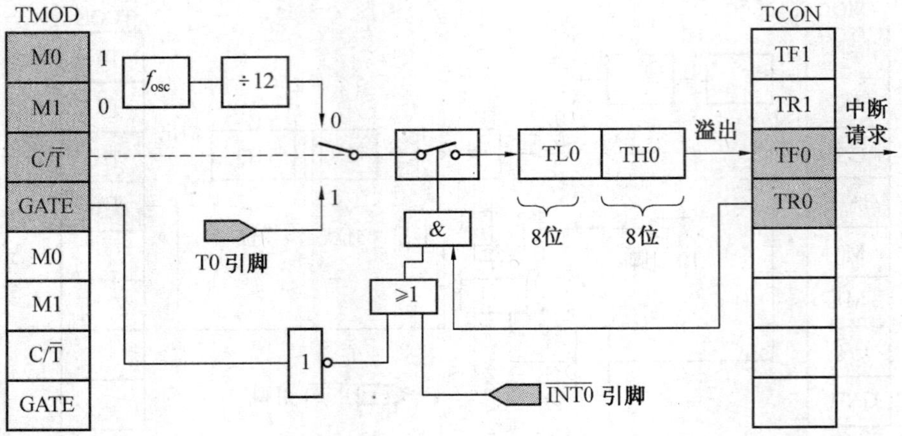

图 4.7　定时/计数器方式 1 逻辑结构图

3. 方式 2

当 M1M0 = 10 时，定时/计数器工作在方式 2。定时/计数器工作在方式 2 时的逻辑结构如图 4.8 所示。

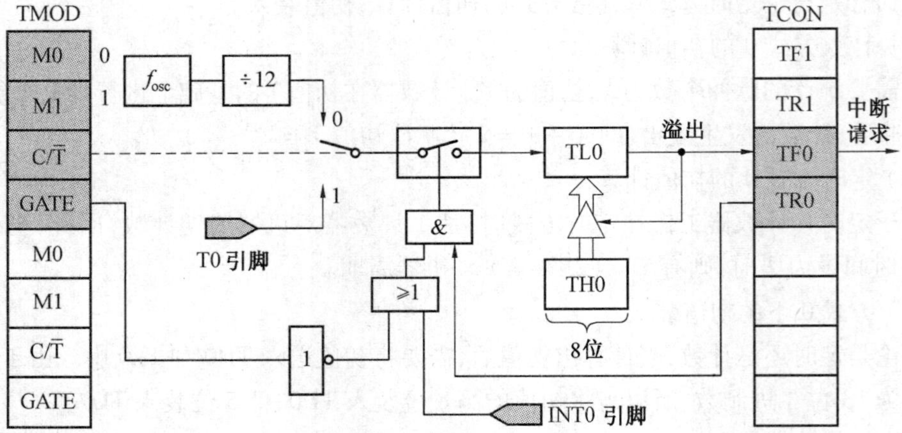

图 4.8　定时/计数器方式 2 逻辑结构图

在方式 0 和方式 1 中，当计数溢出时，计数器复位为 0，因此要进行新一轮计数或定时操作时，必须重置计数初值，既影响到定时精度，又导致编程麻烦。

方式 2 也被称为 8 位初值自动重装的 8 位定时/计数器，TH0 保存初值，TL0 为 8 位计数器。当 TL0 计数发生溢出时，在溢出标志 TF0 置 1 的同时，TH0 中保存的初值将自动装入 TL0，使 TL0 从初值开始重新计数。这样，就避免了人为软件重装初值所带来的时间误差，从而提高了定时的精度。

由于方式 2 为 8 位定时/计数器，无论在定时时间上，还是计数次数上，都比方式 0 和方式 1 要短或少。方式 2 下最大计数次数为 256，最大定时时间为 0.256 ms(晶振频率为 12 MHz)。

4. 方式 3

当 M1M0 = 11 时，定时/计数器工作在方式 3。定时/计数器工作在方式 3 时的逻辑结构如图4.9所示。

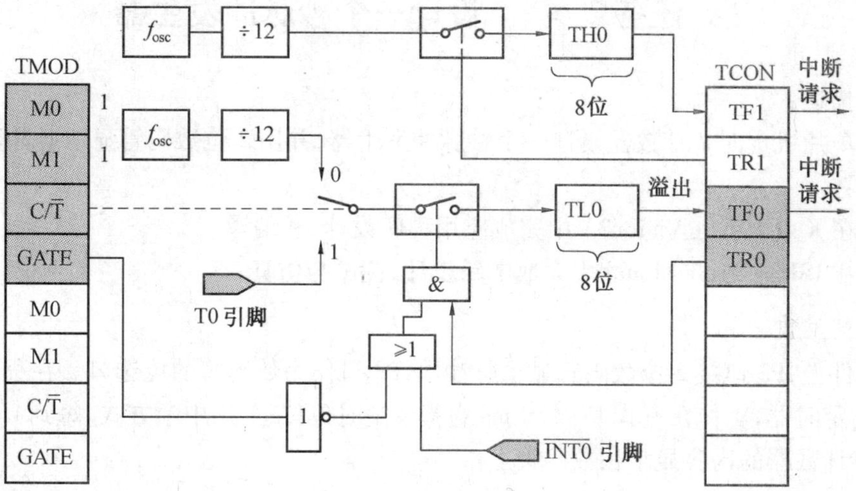

图4.9　定时/计数器方式3逻辑结构图

方式3只适用于定时/计数器T0,若将T1设置为方式3时,T1不工作。

在方式3时,T0被分成两个独立的计数器TL0和TH0。TL0占用T0的TR0、TF0、C/$\overline{T}$、GATE、T0引脚(P3.4)以及$\overline{INT0}$(P3.2)引脚。在这种情况下,TL0为8位的定时/计数器,其功能及操作与方式1完全相同。TH0占用T1的TF1、TR1,此时,TH0只能用作定时器使用。

在方式3下,T1仍可以设置为方式0、方式1和方式2。但由于TR1、TF1已被T0占用,因此,T1仅由控制位C/$\overline{T}$切换定时与计数功能,当计数发生溢出时,只能将输出送至串行口。当T0设置为方式3时,T1通常用作串行口的波特率发生器。

4.2.4　定时/计数器应用技术

AT89C51单片机的定时/计数器是一个十分重要的功能部件,几乎所有的单片机应用系统都会用到定时/计数器——实现定时控制和计数控制。

由于AT89C51单片机的定时/计数器是可编程的,因此在定时或计数之前要通过软件进行设置,即初始化。初始化步骤如下:

(1) 确定工作方式后,对工作方式寄存器TMOD进行设置。

(2) 计算初值,将初值送入TH0、TL0或TH1、TL1中。

(3) 根据需要对中断允许寄存器IE、中断优先寄存器IP进行设置,即开放中断、设置优先级。

(4) 启动定时/计数器T0或T1工作。

当定时/计数器发生溢出时,如何确认,是采用中断方式处理,还是采用查询方式,也需要选择其中的一种方式。同时,初值是否需要重新装入也需要考虑。

下面通过两个案例说明定时/计数器的用法。

< 任务 2 >　设计一个秒脉冲发生器

任务描述:

应用单片机定时/计数器设计一个秒脉冲发生器,并用2位数码管显示脉冲数。

要求:

(1) 在 Keil IDE(μVision2) 中完成应用程序设计,并编译。

(2) 在 ISIS 7 Professional 中完成电路设计、调试与仿真。

1. 设计分析

在硬件上,P2 口接 2 位数码管显示脉冲数,P3 口作为数码管的位选口。在程序设计上,T0 设定为定时器,工作在方式 1,以 50 ms 为基本定时单位,采用中断方式,每到 1 s 软件计数器加 1,秒计数器的内容显示在数码管上。

2. 电路设计

P2 口接2位一体共阳数码管,P3.0、P3.1 作为数码管的位选,按设计要求选取元器件,见表4.9。在 Proteus 中设计秒脉冲发生器电路,如图 4.10 所示。

表 4.9　秒脉冲发生器元器件列表

元器件名称	参数	数量	元器件名称	参数	数量
单片机	AT89C51	1	按钮 BUTTON		1
晶体振荡器	12 MHz	1	两位一体数码管		1
瓷片电容 CAP	30 pF	2	电阻 RES	10 kΩ	1
电解电容 CAP - ELEC	20 μF	1			

3. 程序设计

```
#include < reg51.h >
#define uchar unsigned char
#define uint unsigned int
uchar tab[ ] = {0xc0,0xf9,0xa4,0xb0,0x99,0x92,0x82,0xf8,0x80,0x90};
uchar second = 0,counter = 0,second_1 = 0,second_0 = 0;
void display(void);
void delay(void);
//* * * * * * * * * * * * * * * * 主函数 * * * * * * * * * * * * * * * *//
main( )
{
    TMOD = 0X01;
    TL0 = 0X3C;
    TH0 = 0XB0;
    ET0 = 1;
```

```
    EA = 1;
    TR0 = 1;
    while(1)
    {
        display( );
    }
}
//* * * * * * * * * * * * * * * * 延时函数 * * * * * * * * * * * * * * * *//
void display(void)
{
    P2 = tab[second_1];
    P3 = 0x01;
    delay( );
    P3 = 0x00;
    P2 = tab[second_0];
    P3 = 0x02;
    delay( );
    P3 = 0x00;
}
//* * * * * * * * * * * * * * * * *T0 中断函数 * * * * * * * * * * * * * * * * *//
void timer0( ) interrupt 1
{
    ET0 = 0;
    TL0 = 0X3C;
    TH0 = 0XB0;
    counter ++;
    if(counter = = 20)
    {
        counter = 0;
        second ++;
        if(second = = 60){second = 0;}
            second_1 = second/10;
            second_0 = second%10;
    }
    ET0 = 1;
}
void delay(void)
{
    uint i;
    for(i = 500;i > 0;i --);
}
```

4. 电路仿真

将在keil中编译形成的"秒脉冲发生器电路. hex"文件,加载到AT89C51单片机中,运行程序,仿真结果如图4.10所示。

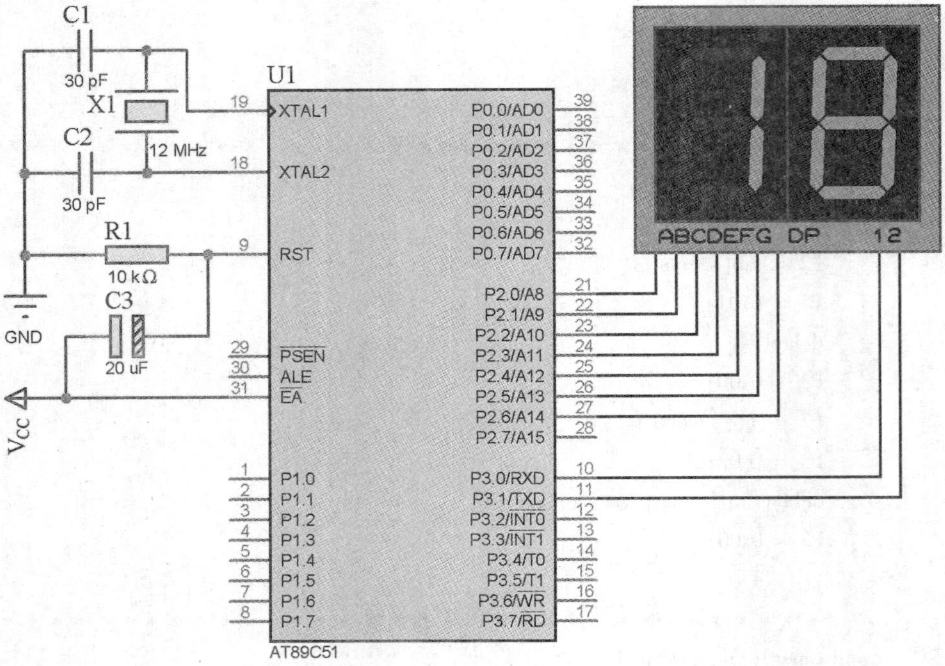

图4.10　秒脉冲发生器仿真图

< 任务3 >　设计一个简易电子秒表

任务描述:

应用单片机定时/计数器设计一个简易电子秒表,用2位数码管显示计时时间,计时范围0.1 ~ 9.9 s。当第1次按下计时功能键时,秒表开始计时,并显示时间;第2次按下计时功能键时,停止计时,计算两次按下计时功能键的时间,并送入数码管显示;第3次按下计时功能键时,秒表清0、显示器归0,等待下一次按下计时功能键。

要求:

(1) 在Keil IDE(μVision2)中完成应用程序设计,并编译。

(2) 在ISIS 7 Professional中完成电路设计、调试与仿真。

1. 设计分析

在硬件上,P0口接2位数码管显示时间,P2口作为数码管的位选口,计时功能键接P3.0。在程序设计上,T0设定为定时器,工作在方式1,以50 ms为基本定时单位,采用中断方式,每到100 ms软件计数器加1,计时时间显示在数码管上。

2. 电路设计

P2口接2位一体共阳数码管,P2.6、P2.7作为数码管的位选,计时功能键接P3.0,按设计要求选取元器件，见表 4.10。在 Proteus 中设计简易电子秒表电路，如图 4.11 所示。

表 4.10　简易电子秒表元器件列表

元器件名称	参数	数量	元器件名称	参数	数量
单片机	AT89C51	1	按钮 BUTTON		1
晶体振荡器	12 MHz	1	两位一体数码管		1
瓷片电容 CAP	30 pF	2	电阻 RES	10 kΩ	1
电解电容 CAP - ELEC	20 μF	1	电阻排	8 × 4.7 kΩ	1

3. 程序设计

```
#include < reg51.h >
#define uchar unsigned char
sbit  key = P3^0;
sbit  ge = P2^7;
sbit  shi = P2^6;
uchar  time = 0,count = 0;
uchar dis[ ] = {0xc0,0xf9,0xa4,0xb0,0x99,0x92,0x82,0xf8,0x80,0x90};
uchar code dis_dot[ ] = {0x40,0x79,0x24,0x30,0x19,0x12,0x02,0x78,0x00,0x10};
//* * * * * * * * * * * * * * * * 延时函数 * * * * * * * * * * * * * * * * *//
void delay(uchar m)
{
    uchar i,j;
    for(i = 0;i < m;i ++)
        for(j = 0;j < 125;j ++);
}
//* * * * * * * * * * * * * * * * 显示函数 * * * * * * * * * * * * * * * * *//
void display(void)
{
    P0 = dis[time%10];                    // 显示个位
    ge = 1;
    delay(3);
    ge = 0;
    P0 = dis_dot[time/10];                // 显示十位
    shi = 1;
    delay(3);
    shi = 0;
}
//* * * * * * * * * * * * * * * * 主程序 * * * * * * * * * * * * * * * * *//
void main( )
{
    TMOD = 0x01;                          // 定时器初始化
    TH0 = 0x3c;                           // 定时 50 ms
```

```
        TL0 = 0xb0;
        IE = 0x82;
        while(1)
        {
        while(key = = 1)                        // 判断键是否按下
        display( );                             // 键没按下则调用显示
        TR0 = 1;                                // 第一次按键,刚启动定时器
        EA = 1;
        while(key = = 0)                        // 等待按键抬起
        display( );
        while(key = = 1)                        // 判断是否有第二次按键
        display( );
        EA = 0;                                 // 第二次按键,则暂停计数
        while(key = = 0);
        display( );
        while(key = = 1)                        // 判断是否有第三次按键
        display( );
        time = 0;
        while(key = = 0)                        // 第三次按键,则计数清零
        display( );
        }
    }
    //* * * * * * * * * * * * * * * * * T0 中断函数 * * * * * * * * * * * * * * * * *//
    void T0_time( ) interrupt 1
    {
        count ++;
        if(count = = 2)                         // 是否计到 100 ms
            {
                time ++;                        // 到 100 ms,则加 1
                count = 0;
                if(time = = 99) time = 0;   // 加到 99 时清零
            }
        TH0 = 0x3c;
        TL0 = 0xb0;
    }
```

4. 电路仿真

将在keil中编译形成的"简易电子秒表电路. hex"文件,加载到AT89C51单片机中,运行程序,仿真结果如图 4.11 所示。

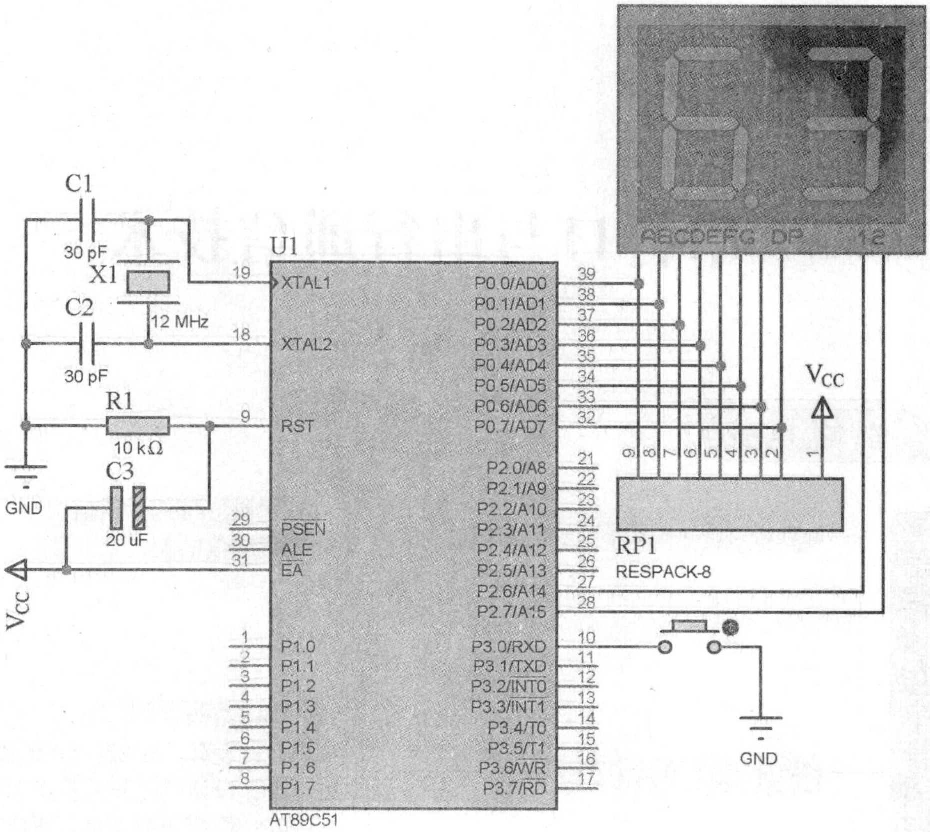

图4.11　简易电子秒表仿真图

习　题

1. 什么是中断？中断有什么特点？

2. AT89C51有几个中断源？如何设定它们的优先级？

3. 简述外部中断的两种触发方式。

4. 简述特殊功能寄存器TCON、SCON、IE、IP的作用及设置。

5. 简述定时与计数功能的区别。

6. 简述特殊功能寄存器TOMD、TCON的作用及设置。

7. 简述定时/计数器的四种工作方式。

8. 设系统的晶振频率为12 MHz，定时/计数器在四种工作方式下的最大定时时间各是多少？如何获取更长的定时时间？

9. 应用单片机定时/计数器设计一个简易电子秒表，用4位数码管显示计时时间，计时范围0.1～999 s。当第1次按下计时功能键时，秒表开始计时，并显示时间；第2次按下计时功能键时，停止计时，计算两次按下计时功能键的时间，并送入数码管显示；第3次按下计时功能键时，秒表清0、显示器归0，等待下一次按下计时功能键。

第5章

串行口与串行通信技术

学习导航

- 串行口与串行通信技术
  - 串行通信基本知识
    - 串行通信与并行通信
    - 串行通信的制式
  - AT89C51单片机串行口
    - 串行口结构
    - 任务1 设计一个8路LED流水灯
    - 任务2 设计一个开关量指示电路
    - 任务3 构建一个点对点通信系统
    - 任务4 构建一个主从式多机通信系统
  - 串行通信总线标准与接口电路
    - RS-232C通信总线标准与接口电路
    - RS-485通信总线标准与接口电路
    - 任务5 构建主从式远程多机通信系统

学习目标

知识目标	1. 串行通信基本知识 2. 串行口结构 3. 特殊功能寄存器SCON、PCON的作用及设置 4. AT89C51单片机串行口的四种工作方式 5. RS-232C通信总线标准与接口电路 6. RS-485通信总线标准与接口电路
能力目标	1. 能够应用单片机的串行口扩展并行I/O口 2. 能够根据任务要求设置AT89C51单片机串行口的工作方式，设计接口电路和编写通信程序，实现单片机之间的通信 3. 能够根据任务要求构建远程主从式通信系统 4. 能够根据任务要求设计出单片机与PC机的通信接口电路

随着单片机的广泛应用和计算机网络技术的普及,单片机的通信功能表现得更加重要。

AT89C51 单片机有一个可编程的串行口,可用软件设成四种不同的工作方式,根据应用需要,可选择其中的一种工作方式。利用单片机的串行口,不仅可以实现单片机与单片机、单片机与 PC 机之间点对点的通信,还可以方便地构成单片机多机通信系统。单片机的串行口为其在计算机网络中的应用提供了条件。

5.1　串行通信基本知识

5.1.1　串行通信与并行通信

计算机之间的通信有并行和串行两种方式。在单片机应用系统中,信息的交换多采用串行通信方式。

1. 并行通信方式

并行通信是将数据的各位用多条数据线同时传送,每一位数据都需要一条传输线,如图 5.1 所示。8 位数据总线的通信系统,一次传送 8 位数据,需要 8 条数据线,此外,还需要若干控制信号线。这种通信方式仅适合于短距离的数据传输。

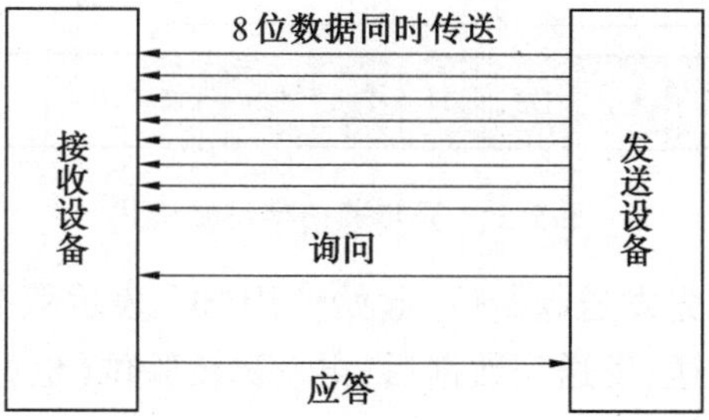

图 5.1　并行通信方式

并行通信的特点是控制简单、传输速度快,但由于传输线较多,所以长距离传送成本高,而且通信双方的各位同时接收和发送存在困难。

2. 串行通信方式

串行通信是将数据分成一位一位的形式在一条传输线上依次传送,这种传送方式只需要一条数据线、一条公共信号底线和若干条控制信号线。因为一次只能传送一位,所以对于一个字节的数据,至少要传送 8 次才能完成一个字节数据的传送,如图 5.2 所示。

串行通信的必要过程是:发送时,需把并行数据转换成串行数据发送到传输线上,接收时,要把串行数据再转换成并行数据,这样计算机才能处理,因为计算机内部的数据总线是并行的。

串行通信的特点是传输线少,长距离传送成本低,但数据的传送控制比并行通信复杂。

串行通信又分成两种方式:异步通信和同步通信。

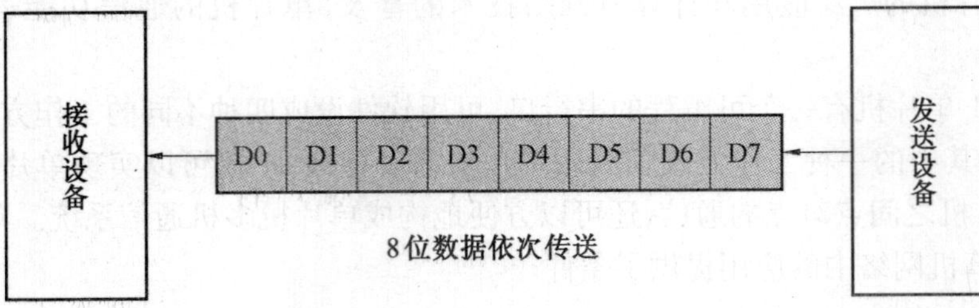

图 5.2　串行通信方式

3. 异步通信方式

异步通信是指通信的发送与接收设备使用各自的时钟控制数据的发送和接收过程。

在异步通信方式中,数据是以字符(构成的帧)为单位进行传输的,字符与字符之间的间隙(时间间隙)是任意的,但每个字符中的各位是以固定的时间传送的,即字符之间不一定有“位间隙”的整数倍关系,但同一字符内的各位之间的距离均为“位间隔”的整数倍。

异步通信方式中,一帧信息由四部分组成:起始位、数据位、校验位和停止位,如图 5.3 所示。

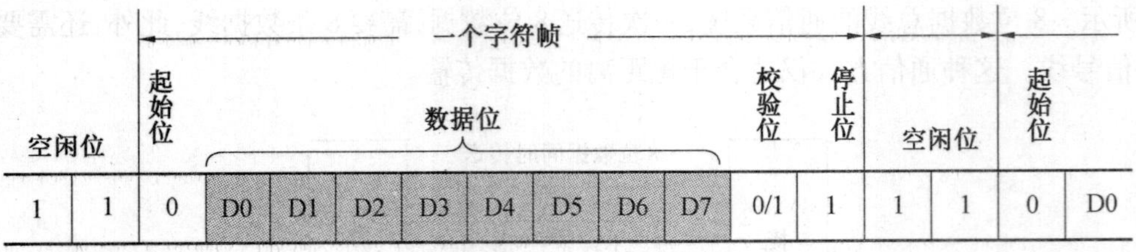

图 5.3　异步通信字符帧格式

在异步通信方式中,首先发送起始位,起始位用“0”表示数据传送的开始;然后再发送数据,从低位到高位逐位传送;发送完数据后,再发送校验位(也可以省略);最后发送停止位“1”,表示一帧信息发送完毕。

起始位占用一位,用来通知接收设备一个字符将要发送,准备接收。线路上不传送数据时,应保持为“1”。接收设备不断检测线路的状态,若在连续收到“1”以后,又收到一个“0”,就准备接收数据。

数据位可根据情况取5位、6位、7位或8位,但通常情况下为8位,发送时低位在前,高位在后。

校验位(通常是奇偶校验)占用一位,在数据传送中也可不用,由用户自己决定。

停止位用于向接收设备表示一帧字符信息发送完毕。停止位通常可取1位、1.5位或2位。

在异步通信方式中,两相邻字符帧之间可以没有空闲位,也可以有若干空闲位,由用户决定。

异步通信的特点是不要求收发双方时钟严格一致,实现容易,设备开销小,但每个字符要附加2 ~ 3位,用于起始位、校验位和停止位,各帧之间还可能有间隙,因此传输效率不高。

在单片机与单片机之间,单片机与计算机之间通信时,通常采用异步串行通信。

4. 同步通信方式

同步通信时要建立发送方时钟对接收方时钟的直接控制,使双方达到完全同步。

在同步通信中,数据开始传送前先用同步字符使收发双方取得同步,然后传送数据。同步传送时,字符与字符之间没有间隙,也不用起始位和停止位,仅在数据块开始时用同步字符SYN(ASCII码为16H)指示,CRC是校验码。同步通信数据帧格式如图5.4 所示。

SYN	SYN	数据	…	数据	CRC	CRC

图 5.4　同步通信数据帧格式

在同步传送时,要求用时钟来实现发送端和接收端之间的同步,为了保证接收正确,发送方除了传送数据外,同时还要传送时钟信号。同步传送的优点是传送速率高,但硬件比较复杂。

异步通信方式由于不传送同步时钟,所以实现起来比较简单。但因每个字符都要建立一次同步,传输速度较低,适合于低速的串行通信。

5. 波特率(Band Rate)

波特率,即数据传送率,表示每秒传送二进制数码的位数,它的单位是波特(位/秒)。在串行通信中,波特率是一个很重要的指标,它反映了串行通信的速率。

假如在异步传送方式中,数据的传送率是240 字符/秒,每个字符由一个起始位、八个数据位和一个停止位组成,则传送波特率为

$$10 \times 240 = 2\,400 \text{ 位/秒} = 2\,400 \text{ 波特}$$

一般异步通信的波特率在50 ~ 9 600 波特之间,同步通信可达56 K 波特或更高。

5.1.2　串行通信的制式

在串行通信中,按照数据传送方向,串行通信有单工、半双工和全双工三种制式。

1. 单工制式

在单工制式下,通信线的一端接发送器,一端接接收器,只允许一个方向传输数据,不能实现反向传输,如图5.5 所示。

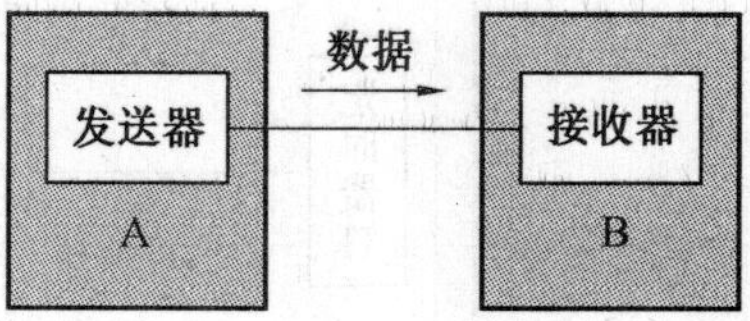

图5.5　单工

2. 半双工制式

在半双工制式下,系统的每个通信设备都由一个发送器和一个接收器组成,使用一条(或一对)传输线,如图5.6 所示。半双工制式允许两个方向传输数据,但不能同时传输,需要分时进行,如当 S1 闭合时,数据从 A 到 B;当 S2 闭合时,数据从 B 到 A。

3. 全双工制式

全双工制式通信系统的每端都有发送器和接收器,使用两条(或两对)传输线,允许两个方向同时进行数据传输,如图5.7 所示。

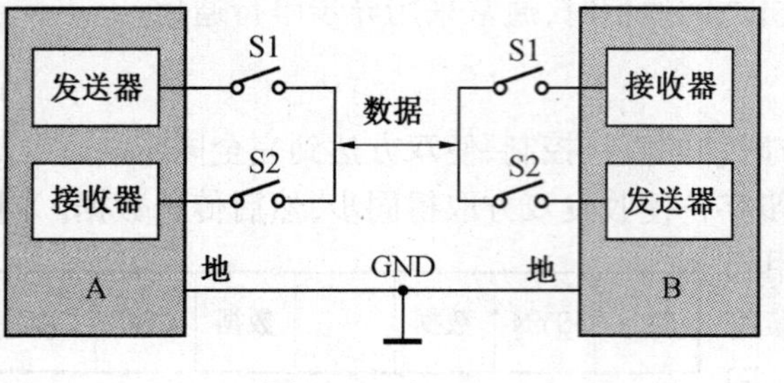

图 5.6　半双工

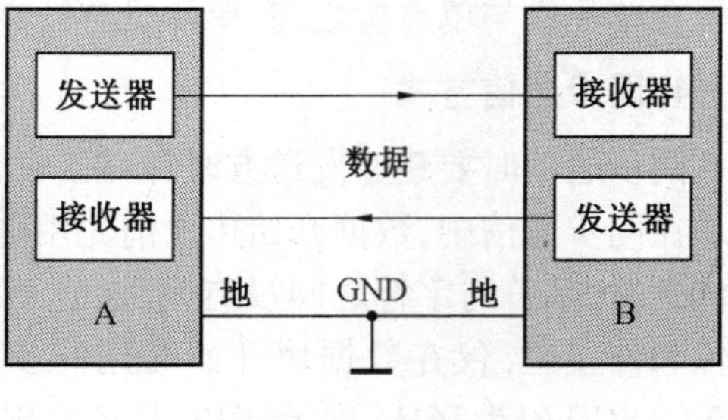

图 5.7　全双工

5.2　AT89C51 单片机串行口

AT89C51 单片机的串行口是一个可编程全双工的串行通信接口,具有 UART(通用异步收发器)的全部功能,既可以同时进行数据的接收和发送,也可以作为同步移位寄存器使用。串行口有 4 种工作方式,通过编程设置,使其处于任一种工作方式,以满足不同的应用场合。

5.2.1　串行口结构

AT89C51 单片机的串行口主要由两个独立的 SBUF(一个发送缓冲器、一个接收缓冲器)、发送控制器、接收控制器、输入移位寄存器及若干控制门电路组成,串行口的结构如图 5.8 所示。

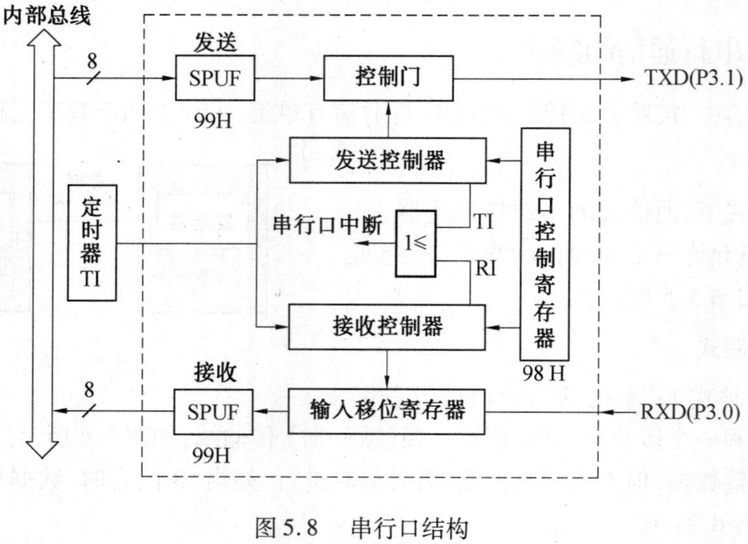

图 5.8　串行口结构

1. 串行口数据缓冲器 SBUF

SBUF 是两个在物理上独立的接收、发送寄存器,一个用于存放接收到的数据,另一个用于存放待发送的数据,它们可以同时发送和接收数据。两个 SBUF 共用一个地址 99H,通过对 SBUF 的读、写操作来区别访问哪一个。当 CPU 执行写 SBUF 操作时,访问的是发送缓冲器;当 CPU 执行读 SBUF 操作时,访问的是接收缓冲器。

串行口接收或发送数据,是通过引脚 RXD(P3.0)和引脚 TXD(P3.1)与外界进行通信,因此,串行口可构成全双工的通信制式。

2. 串行口控制寄存器 SCON

串行口控制寄存器 SCON 是特殊功能寄存器,字节地址为 98H,可位寻址。SCON 用来设定串行口的工作方式、接收/发送控制以及设置状态标志等,其格式见表 5.1。

表 5.1　串行口控制寄存器 SCON

SCON	D7	D6	D5	D4	D3	D2	D1	D0
(98H)	SM0	SM1	SM2	REN	TB8	RB8	TI	RI

SM0、SM1:串行口工作方式选择位。

串行口有 4 种工作方式,它们由 SM0、SM1 设定,具体见表 5.2。

表 5.2　串行口工作方式

SM0	SM1	方　式	功　能	波特率
0	0	方式 0	8 位同步移位寄存器方式	$f_{OSC}/12$
0	1	方式 1	10 位 UART	可变
1	0	方式 2	11 位 UART	$f_{OSC}/64$ 或 $f_{OSC}/32$
1	1	方式 3	11 位 UART	可变

SM2:多机通信控制位,主要用于方式 2 和方式 3。在方式 2 和方式 3 处于接收方式时,若 SM2 = 1 且接收到的第 9 位数据 RB8 为 0 时,不激活 RI;若 SM2 = 1 且 RB8 = 1,则置 RI = 1。在在方式 2 和方式 3 处于发送方式时,若 SM2 = 0,则不论接收到的第 9 位数据 RB8 是 0 还是 1,TI、RI 都以正常方式被激活。在方式 1 下,当 SM2 = 0 时,RB8 是接收到的停止位;若 SM2 = 1,则只有收到有效的停止位,才会激活 RI。在方式 0 下,SM2 应为 0。

REN:允许串行接收位,由软件允许/禁止。REN = 1 允许串行接收;REN = 0,禁止串行接收。

TB8:在方式 2 和方式 3 下,TB8 是发送的第 9 位数据,可用软件置 1 和置 0。

RB8:在方式 2 和方式 3 下,RB8 是接收到的第 9 位数据;在方式 1 时,如 SM2 = 0,RB8 是接收到的停止位;在方式 0 时,不使用 RB8。

TI:发送中断标志。由硬件在方式 0 串行发送第 8 位结束时置位,或在其他方式串行发送停止位的开始时置位。TI 必须由软件清 0。

RI:接收中断标志。由硬件在方式 0 接收到第 8 位结束时置位,或在其他方式接收到停止位时置位,必须由软件清 0。

3. 电源及波特率选择寄存器 PCON

PCON 主要是为 CHMOS 型单片机的电源控制而设置的专用寄存器,字节地址为 87H。在 HMOS 的 AT89C51 单片机中,PCON 除了最高位以外,其他位都是虚设的。PCON 的格式见表 5.3。

表 5.3 电源及波特率选择寄存器 PCON

PCON	D7	D6	D5	D4	D3	D2	D1	D0
(87H)	SMOD	×	×	×	GF1	GF0	PD	IDL

SMOD:波特率选择位。串行口工作在方式 1、2 和 3 时,串行通信的波特率与 SMOD 有关。当 SMOD = 1 时,串行通信波特率乘 2,当 SMOD = 0 时,串行通信波特率不变。

由于 PCON 的其他各位用于电源管理,在此不再赘述。

5.2.1 串行口的工作方式及应用技术

1. 方式 0 及应用

在方式 0 下,串行口作为同步移位寄存器使用,数据从 RXD(P3.0) 引脚串行输入或输出,TXD(P3.1) 引脚输出移位时钟脉冲,波特率为振荡频率的 1/12,即每一个机器周期输出或输入一位。这种方式通常用于扩展 I/O 口。

(1) 方式 0 输出

在 TI = 0 的情况下,当一个数据写入串行口发送缓冲器时,串行口就把 SBUF 中的 8 位数据以 $f_{osc}/12$ 的波特率从 RXD 引脚串行输出,TXD 引脚输出同步信号,发送完毕置中断标志 TI = 1。若中断是开放的,就可以申请串行口发送中断;若中断没有开放,则可用查询的方式查询 TI 是否为 1,以确定是否发送 8 位数据。当 TI = 1 时,可用软件使 TI 清 0,然后再发送下一个数据。

(2) 方式 0 输入

在 RI = 0 的情况下,用软件置位 REN 后,就启动串行口开始接收数据,此时 RXD 引脚为数据接收端,TXD 引脚输出同步信号,波特率也是 $f_{osc}/12$。当串行口收到 8 位数据时,将中断标志 RI 置 1。若中断是开放的,同样可以发出串行口接收中断申请;若中断没有开放,则可用查询的方式查询 RI 是否为 1,以确定是否接收完 8 位数据。RI = 1 表示接收的数据已装入 SBUF,CPU 可以从 SBUF 中读取数据。RI 必须由软件清 0,以准备接收下一个数据。

<任务 1> 设计一个 8 路 LED 流水灯

任务描述:

8 路流水灯由 8 个 LED 发光二极管构成,在 AT89C51 单片机的串行口控制下,8 路流水灯循环点亮。

要求:

(1) 在 Keil IDE(μVision2) 中完成应用程序设计,并编译。

(2) 在 ISIS 7 Professional 中完成电路设计、调试与仿真。

1. 设计分析

单片机的串行口设定为方式 0,用 1 片 74HC164(串入并出移位寄存器) 扩展一个 8 位并行接口电路接 8 个发光二极管。用 C51 提供的库函数"unsigned char _crol_(unsigned char val ,unsigned char n)"(左移 n 位函数)、"unsigned char _cror_(unsigned char val ,unsigned char n)”（右移n位函数）实现数据循环移位。

2. 电路设计

单片机串行口数据输出端RXD(P3.0)与74HC164的串行数据输入端相连、移位脉冲输出端TXD(P3.1)与74HC164的时钟脉冲输入端相连、P1.0与74HC164的清除信号输入端相连,清除并行端口的数据,74HC164的并行数据输出端口接8个发光二极管D0 ~ D7。按设计要求选取元器件,见表5.4。在Proteus中设计8路LED流水灯电路,如图5.9所示。

表5.4　8路LED流水灯电路元器件列表

元器件名称	参数	数量	元器件名称	参数	数量
单片机	AT89C51	1	发光二极管	LED - RED	2
晶体振荡器	12 MHz	1	发光二极管	LED - BLUE	2
瓷片电容CAP	30 pF	2	发光二极管	LED - YELLOW	2
电解电容CAP - ELEC	20 μF	1	发光二极管	LED - GREEN	2
开关DIPSW_8		1	电阻排R × 8	330 Ω	1
电阻RES	10 kΩ	1			

3. 程序设计

```
#include < reg51. h >
#include < intrins. h >
#define uchar unsigned char
sbit clr = P1^0;
//* * * * * * * * * * * * * * * * * 延时函数 * * * * * * * * * * * * * * * * *//
void delay( )
{
    uchar i,j;
    for(i = 0;i < 255;i ++)
        for(j = 0;j < 255;j ++);
}
//* * * * * * * * * * * * * * * * * 主函数 * * * * * * * * * * * * * * * * *//
void main( )
{
    uchar i,temp;
    clr = 0;
    _nop_( );
    _nop_( );
    _nop_( );
    clr = 1;
    while(1)
    {
        temp = 0xfe;                    // 初值为11111110
        for(i = 0;i < 7;i ++)
```

```
        {
            SBUF = temp;                    //temp 值送入 SBUF
            while(TI = = 0)
            {;}                             // 未移位输出完数据,等待
            TI = 0;                         // 清 TI 标志
            delay( );                       // 延时
            temp = _crol_(temp,1);          // temp 值循环左移 1 位
        }
    }
}
```

4. 电路仿真

将“8 路 LED 流水灯电路. hex”文件加载到 AT89C51 单片机中,运行程序,仿真结果如图 5.9 所示。

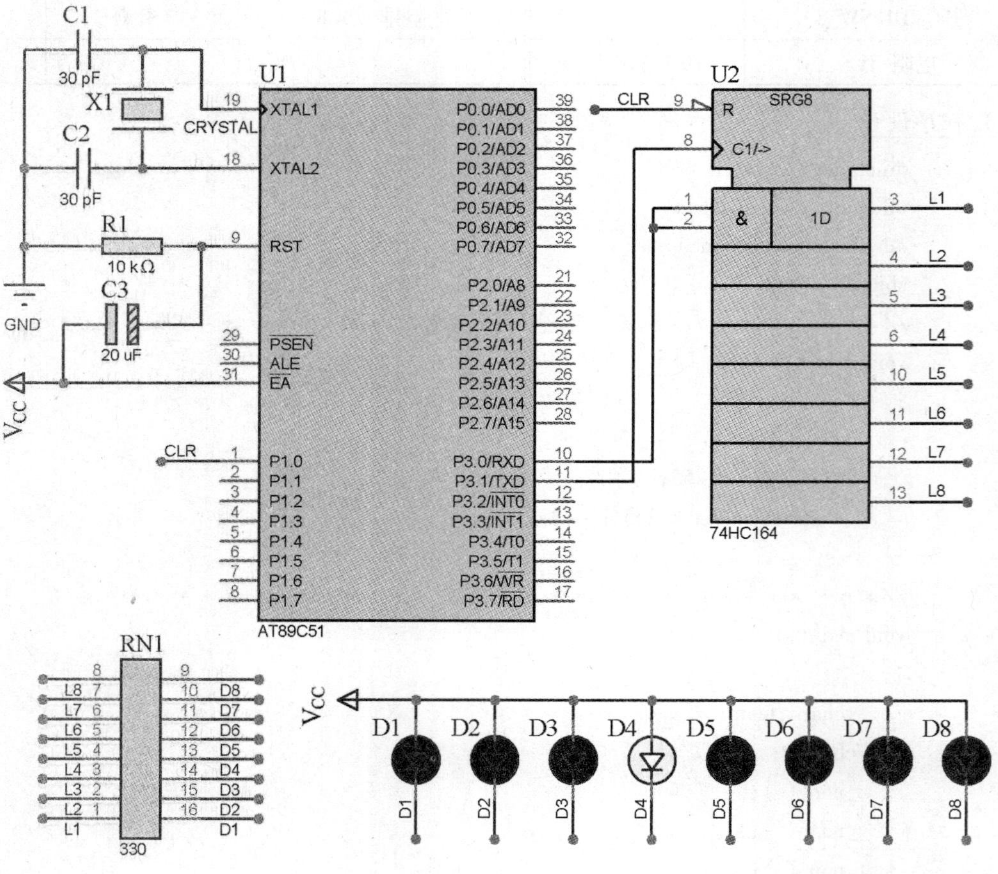

图 5.9　8 路 LED 流水灯仿真图

< 任务2 >　设计一个开关量指示电路

任务描述:

8个开关的状态通过74HC165送入单片机的串行口,然后将采集到的结果通过发光二极管显示。当某一开关闭合时,采集到的数据为“0”,与其对应的发光二极管亮;当某一开关断开时,采集到的数据为“1”,与其对应的发光二极管不亮。

要求:

(1) 在 Keil IDE(μVision2) 中完成应用程序设计,并编译。

(2) 在 ISIS 7 Professional 中完成电路设计、调试与仿真。

1. 设计分析

单片机的串行口设定为方式0(输入),用1片74LS165(并入串出移位寄存器)扩展一个8位并行接口电路接8个开关。用单片机的P1口接8个发光二极管,指示开关的状态。

2. 电路设计

单片机串行口数据输出端RXD(P3.0)、移位脉冲输出端TXD(P3.1)分别与74LS165的串行数据输出端(9脚)、时钟脉冲输入端相连(2脚),P2.0与预置控制端(1脚)连接。74LS165的8个数据输入端D0 ~ D7接8个开关,P1口接8个发光二极管。按设计要求选取元器件,见表5.5。在Proteus中设计开关状态指示电路,如图5.10所示。

表 5.5　开关状态指示电路元器件列表

元器件名称	参数	数量	元器件名称	参数	数量
单片机	AT89C51	1	按钮 BUTTON		1
晶体振荡器	12 MHz	1	发光二极管	LED - RED	2
瓷片电容 CAP	30 pF	2	发光二极管	LED - BLUE	2
电解电容 CAP - ELEC	20 μF	1	发光二极管	LED - GREEN	2
开关 DIPSW_8		1	发光二极管	LED - YELLOW	2
电阻 RES	10 kΩ	1	电阻 RES	330 Ω	8

3. 程序设计

```
#include < reg51.h >
#include < intrins.h >
#define uchar unsigned char
sbit clk = P2^0;
void delay(uchar ms)
{
    uchar i,j;
    for(i = 0;i < ms;i ++)
        for(j = 0;j < 110;j ++);
}
```

```
void main( )
{
    uchar temp;
    while(1)
    {
        clk = 0;
        _nop_( );
        _nop_( );
        _nop_( );
        clk = 1;                // 发送移位脉冲
        REN = 1;                // 允许串行口接收数据
        while(RI = = 0) ;       // 等待发送
        temp = SBUF;            // 读取数据
        RI = 0;                 // 清除 RI
        P1 = temp;
        delay(200);
    }
}
```

4. 电路仿真

将"开关状态指示电路. hex" 文件加载到 AT89C51 单片机中，运行程序，仿真结果如图 5.10 所示。

2. 方式 1 及应用

在方式 1 下，串行口为 10 位异步通信接口，其中，起始位 1 位(0)，8 个数据位，一个停止位(1)，波特率可变(由 SMOD 位和定时器 T1 的溢出率决定)。RXD 引脚为数据发送端，TXD 引脚为数据接收端。方式 1 的帧格式如图 5.11 所示。

(1) 方式 1 发送

串行口以方式1发送时，数据由TXD引脚输出。在发送中断标志TI = 0时，任何一次"写入 SBUF" 的操作，都可启动一次发送，串行口自动在数据前插入一个起始位(0) 向 TXD 引脚输出，然后在移位脉冲作用下，数据依次由 TXD 引脚发出，在数据全部发送完毕后，置 TXD = 1(作为停止位)、TI = 1(用以通知 CPU 数据已发送完毕)。

(2) 方式 1 接收

串行口以方式 1 接收时，数据从 TXD 引脚输入。在允许接收的条件下(REN = 1)，当检测到 RXD 端出现由"1" 到"0" 的跳变时，即启动一次接收。当 8 位数据接收完，并满足下列条件：

① RI = 0;

② SM2 = 0 或接收到的停止位为 1 时，则将接收到的 8 位数据装入 SBUF，停止位装入 RB8，并置位 RI。如果不满足上述两个条件，就会丢失已接收到的一帧信息。

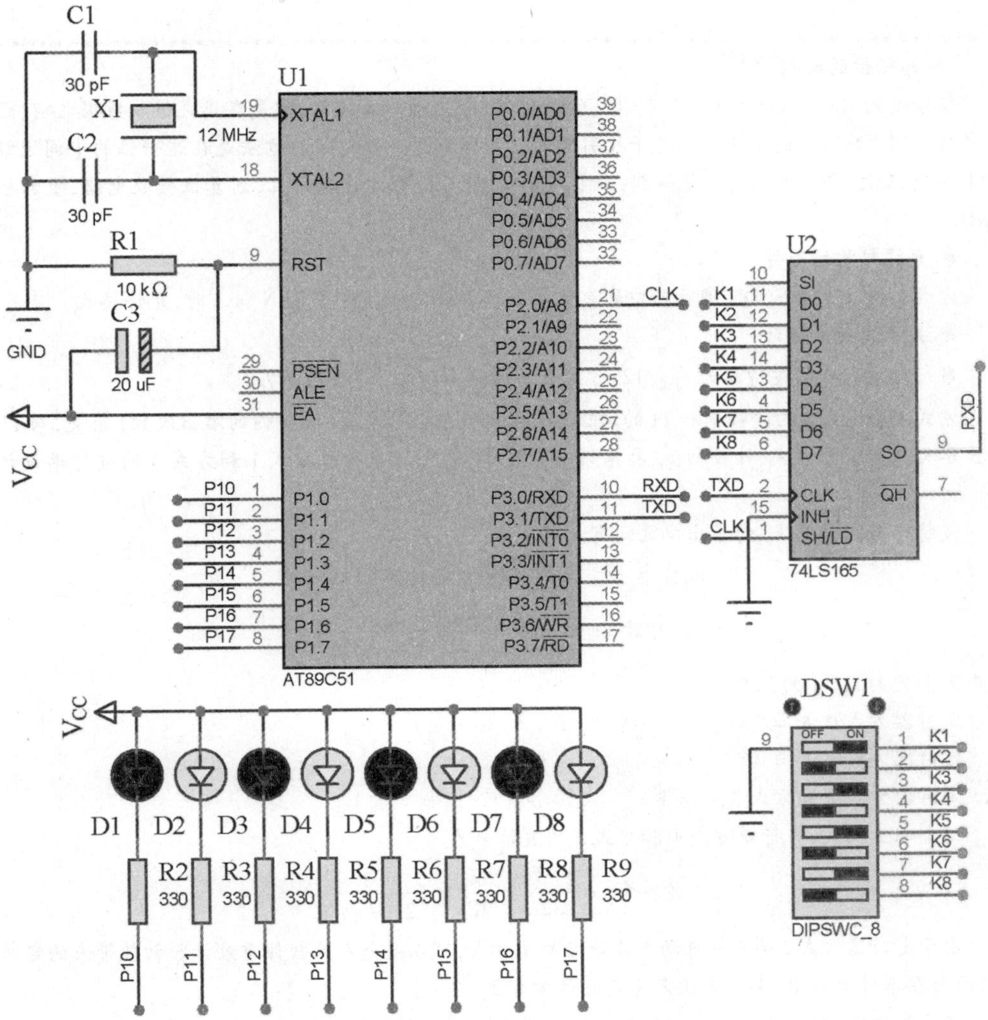

图 5.10　开关状态指示仿真图

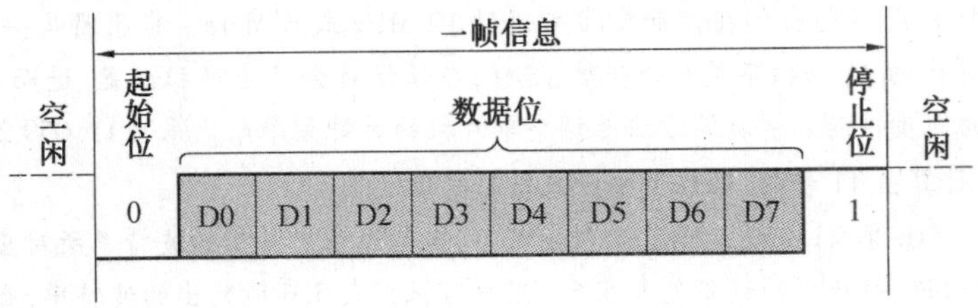

图 5.11　串行口方式 1 帧格式

◈ **起始位的检测**

当检测到 RXD 端出现由“1”到“0”的跳变时，即启动一次接收，但是在正式接收数据之前，还需判断这个“1”到“0”的跳变是否是干扰引起的误动作。进一步判断的方法是在这一位的中间连续对 RXD 采样三次，取两次相同的值辨别，如果不是 0，即不是对方的起始位，则复位接收电路，重新检测 RXD。

◈ **允许接收的条件**

方式 1 接收是由 SCON 寄存器中的允许接收位 REN 控制的，当 REN = 1 时，允许接收。

◈ **关于波特率设计**

串行口方式 0 的波特率为 $f_{OSC}/12$；方式 2 的波特率为 $(2^{SMOD}/64) \times f_{OSC}$。

方式 1 和方式 3 的波特率和 T1 的溢出率(溢出率是指定时器 1 秒钟内的溢出次数)有关，而 T1 的溢出率又与其工作方式、计数初值、晶振频率有关，下面介绍串行口方式 1 和方式 3 的波特率设计方法。

波特率与定时器 T1 的溢出率之间有如下关系：

$$\text{波特率} = (2^{SMOD}/32) \times \text{定时器 T1 溢出率}$$

$$\text{定时器 T1 溢出率} = \frac{f_{OSC}}{12}\left(\frac{1}{2^K - \text{初值}}\right)$$

式中 K 为定时器 T1 的位数。

定时器方式 0，$K = 13$；

定时器方式 1，$K = 16$；

定时器方式 2 和方式 3，$K = 8$。

结合以上两式，串行口方式 1 和方式 3 的波特率为

$$\text{波特率} = \frac{2^{SMOD}}{32} \times \frac{f_{OSC}}{12} \times \left(\frac{1}{2^K - \text{初值}}\right)$$

由于定时器方式 2 为 8 位自动重装计数初值方式，可以避免人为软件重装计数初值带来的定时误差，因而在串行通信中 T1 通常设定为定时器方式 2。

在计算机通信中，波特率通常都是一些固定的值，如 1 200、2 400、4 800、9 600 等，所以人们都是根据所要使用的波特率来求定时器初值，而不是依据定时器初值求波特率。

在使用单片机串行口进行通信时，单片机的晶振的选择是一个非常关键的要素，一般选择晶振的频率为 11.059 2 MHz，而不是我们在前面常常采用的 12 MHz 或 6 MHz。其原因是：若晶振采用 12 MHz 或 6 MHz，计算出的 T1 初值不是一个整数，这样，在通信时会产生累积误差，进而产生波特率误差，影响串行通信的同步性能。解决的方法是调整单片机的时钟频率 f_{OSC}，采用 11.059 2 MHz 晶振，这样就能非常准确地计算出 T1 初值，保证了串行通信的同步性能。

系统晶振为 12 MHz 和 11.059 2 MHz 两种情况下，串行通信时常用的波特率所对应定时器 T1 工作在定时方式 2 的初值、所产生的误差见表 5.6。用户可根据表 5.6 所列出的波特率，直接得到 T1 的初值，而不必去自己计算。

表 5.6　串行通信常用波特率所对应的定时初值表

波特率 /bps	晶振 /MHz	初值		误差 /%	晶振 /MHz	初值		误差(%)	
		SMOD = 0	SMOD = 1			SMOD = 0	SMOD = 1	SMOD = 0	SMOD = 1
300	11.059 2	0xA0	0x40	0	12	0x98	0x30	0.16	0.16
600	11.059 2	0xD0	0xA0	0	12	0xCC	0x98	0.16	0.16
1 200	11.059 2	0xE8	0xD0	0	12	0xE6	0xCC	0.16	0.16
1 800	11.059 2	0xF0	0xE0	0	12	0xEF	0xDD	2.12	-0.79
2 400	11.059 2	0xF4	0xE8	0	12	0xF3	0xE6	0.16	0.16
3 600	11.059 2	0xF8	0xF0	0	12	0xF7	0xEF	-3.55	2.12
4 800	11.059 2	0xFA	0xF4	0	12	0xF9	0xF3	-6.99	0.16
7 200	11.059 2	0xFC	0xF8	0	12	0xFC	0xF7	8.51	-3.55
9 600	11.059 2	0xFD	0xFA	0	12	0xFD	0xF9	8.51	-6.99
14 400	11.059 2	0xFE	0xFC	0	12	0xFE	0xFC	8.51	8.51
19 200	11.059 2	—	0xFD	0	12	—	0xFD	—	8.51
28 800	11.059 2	0xFF	0xFE	0	12	0xFF	0xFE	8.51	8.51

在串行口工作在方式 1 时,需要进行一些设置,主要是设置产生波特率的定时器 T1、串行口控制和中断控制。具体操作的步骤如下:

① 确定 T1 的工作方式(设置 TMOD 寄存器);

② 计算 T1 的初值,送入 TH1、TL1;

③ 启动 T1 计时(置 TR1 = 1);

④ 设置串行口为工作方式 1(设置 SCON 寄存器);

⑤ 串行口工作采用中断方式时,要进行中断设置(IE、IP 寄存器)。

< 任务 3 >　构建一个点对点通信系统

任务描述:

有甲和乙两个 AT89C51 单片机,甲单片机读入其 P1 口的开关状态后通过串行口发送到乙单片机,乙单片机将接收到的数据送入 P1 口,通过发光二极管显示。

要求:

(1) 在 Keil IDE(μVision2) 中完成应用程序设计,并编译。

(2) 在 ISIS 7 Professional 中完成电路设计、调试与仿真。

1. 设计分析

单片机甲、乙的串行口都设定为方式 1,单片机甲设置为只能发送,不能接收;单片机乙设置为只能接收,不能发送。单片机甲、乙的晶振都选择为 11.059 2 MHz,波特率设置为 9 600 bps。

2. 电路设计

单片机甲、乙的串行口引脚 RXD(P3.0) 和 TXD(P3.1) 相互交叉相连。单片机甲的 P1 口接 8 个开关,单片机乙的 P1 口接 8 个发光二极管。按设计要求选取元器件,见表 5.7。在 Proteus 中设计单片机双机串行通信电路,如图 5.12 所示。

表 5.7　单片机双机串行通信电路元器件列表

元器件名称	参数	数量	元器件名称	参数	数量
单片机	AT89C51	2	发光二极管	LED - RED	2
晶体振荡器	11.059 2 MHz	2	发光二极管	LED - BLUE	2
瓷片电容 CAP	30 pF	4	发光二极管	LED - YELLOW	2
电解电容 CAP - ELEC	20 μF	2	发光二极管	LED - GREEN	2
开关 DIPSW_8		1	电阻 RES	330 Ω	8
按钮 BUTTON		2	电阻 RES	10 kΩ	1

3. 程序设计

```
//* * * * * * * * * * * * * * 单片机甲通信程序 * * * * * * * * * * * * * *//
#include < reg51.h >
#define uchar unsigned char
#define uint unsigned int
void main( )
{
    uchar i = 0;
    TMOD = 0X20;                    //T1 定时器、方式 2
    TH1 = 0XFD;                     // 波特率 9 600 bps
    TL1 = 0XFD;
    SCON = 0X40;                    // 方式 1,只能发送,不能接收
    PCON = 0X00;
    TR1 = 1;                        // 启动 T1
    P1 = 0XFF;
    while(1)
    {
        i = P1;                     // 读开关状态
        SBUF = i;                   // 发送数据
        while(TI = = 0);            // 若 TI = 0,则未发送完数据等待
        TI = 0;                     // 清除 TI 标志
    }
}
//* * * * * * * * * * * * * * 单片机乙通信程序 * * * * * * * * * * * * * *//
#include < reg51.h >
#define uchar unsigned char
#define uint unsigned int
```

```
void main( )
{
    uchar i = 0;
    TMOD = 0X20;                  //T1 定时器、方式 2
    TH1 = 0XFD;                   // 波特率 9 600 bps
    TL1 = 0XFD;
    SCON = 0X50;                  // 方式 1,只能发送,不能接收
    PCON = 0X00;
    TR1 = 1;                      // 启动 T1
    while(1)
    {
        while(RI = = 0);          // 若 RI = 0,则未接收到数据,等待
            RI = 0;               // 清除 RI 标志
            i = SBUF;             // 读取接收的数据
            P1 = i;               // 数据送 P1 口
    }
}
```

4. 电路仿真

将"单片机甲通信程序.hex"文件和"单片机乙通信程序.hex"文件分别加载到 AT89C51 单片机甲、乙中,运行程序,仿真结果如图 5.12 所示。

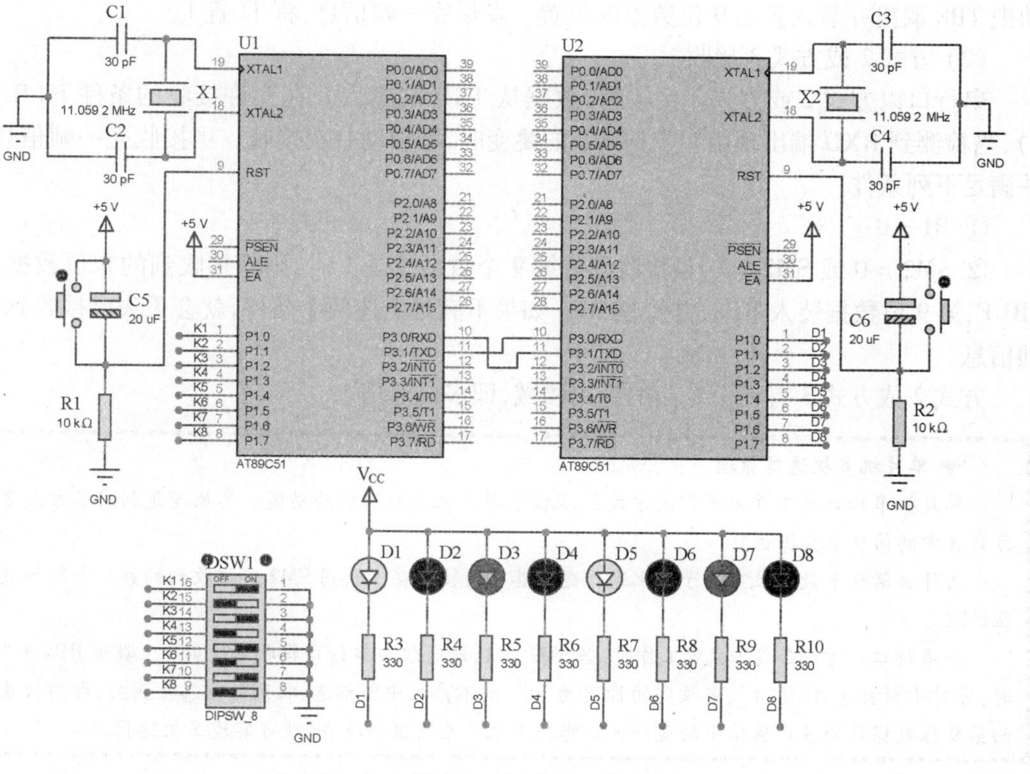

图 5.12　单片机双机串行通信仿真图

3. 方式2和方式3及应用

在方式2和方式3下，串行口为11位异步通信接口，一帧信息为11位，其中，起始位1位(0)，8个数据位(第一位为最低位)，1位附加的可程控为1或0的第9位数据，一个停止位(1)。方式2和方式3的唯一区别是波特率不同。RXD引脚数据发送端，TXD引脚数据接收端。方式2和方式3的帧格式如图5.13所示。

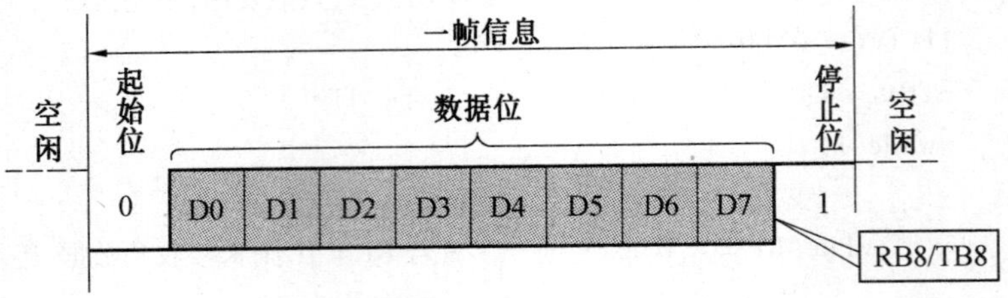

图5.13　串行口方式2或方式3帧格式

(1) 方式2或方式3发送

方式2或方式3发送时，数据由TXD端输出，发送一帧信息为11位，附加的第9位数据是SCON中的TB8，因而必须在启动发送之前把要发送的第9位数据值装入SCON中的TB8位。第9位数据起什么作用，串行口不作规定，完全由用户来安排，因此，它可以是奇偶校验位，也可以是其他控制位，可以用软件使该位置1或清0。

在发送中断标志TI=0时，任何一条“写入SUBF”的操作，都可启动一次发送，串行口自动把TB8取出并装入到第9位数据的位置。发送完一帧信息，将TI置1。

(2) 方式2或方式3接收

串行口以方式2或方式3接收时，数据从TXD端输入。在允许接收的条件下(REN = 1)，当检测到RXD端出现由“1”到“0”的跳变时，即启动一次接收。当接收完一帧信息后，并满足下列条件：

① RI = 0；

② SM2 = 0或SM2 = 1，且接收到的第9个数据位是1时，则将接收到的8位数据装入SBUF，第9位数据装入RB8，并置位RI。如果不满足上述两个条件，就会丢失已接收到的一帧信息。

方式2或方式3有一个专门的应用领域，即多机通信。

◆ 单片机多机通信原理

单片机串行口的工作方式2或方式3，提供了单片机多机通信的功能。其原理是利用了方式2或方式3中的第9个数据位。

为什么第9个数据位可用于多机通信呢？其关键技术在于利用SM2和接收到的第9个附加数据位的配合。

当串行口以方式2或方式3工作时，若SM2 = 1，此时仅当串行口接收到的第9位数据RB8为“1”时，才对中断标志RI置“1”，若收到的RB8为“0”，则不产生中断标志，收到的信息被丢失，即用接收到的第9位数据作为多机通信中的地址/数据标志位。应用这个特点，就可实现多机通信。

◆ **单片机多机通信协议**

单片机构成的多机系统常采用总线型主从式结构。所谓主从式，即由多个单片机组成的系统，只有一个是主机，其余的都是从机，从机要服从主机的调动、支配。

多机通信时，通信协议要遵守以下原则：

① 主机向从机发送地址信息，其第 9 个数据位必须为 1；主机向从机发送数据信息（包括从机下达的命令），其第 9 位规定为 0。

② 从机在建立与主机通信之前，随时处于对通信线路监听的状态。在监听状态下，必须令 SM2 = 1，因此只能收到主机发布的地址信息（第 9 位为 1），非地址信息被丢失。

③ 从机收到地址后应进行识别，是否主机呼叫本机，如果地址符合，确认呼叫本机，从机应解除监听状态，令 SM2 = 0，同时把本机地址发回主机作为应答，只有这样才能收到主机发送的有效数据。其他从机由于地址不符，仍处于监听状态，继续保持 SM2 = 1，所以无法接收主机的数据。

④ 主机收到从机的应答信号，比较收与发的地址是否相符，如果地址相符，则清除 TB8，正式开始发布数据和命令；如果不符，则发出复位信号（发任一数据，但 TB8 = 1）。

⑤ 从机收到复位命令后再次回到监听状态，再置 SM2 = 1，否则正式开始接收数据和命令。

<任务 4>　构建一个主从式多机通信系统

任务描述：

主从式多机通信系统有一个主机和两个从机，其中 1# 从机的地址设为 01H，2# 从机的地址设为 02H。主机根据控制开关的状态，发送要访问的从机地址，地址相符的从机则点亮发光二极管以示和主机进行通信，然后主机向从机发送数据，从机将接收到的数据进行显示。

要求：

(1) 在 Keil IDE（μVision2）中完成应用程序设计，并编译。

(2) 在 ISIS 7 Professional 中完成电路设计、调试与仿真。

1. 设计分析

单片机主机和从机串行口都设置为方式 3，波特率为 9 600 bps。主机发送地址时，TB8 为 1，主机发送数据时，TB8 为 0。从机在监听状态时 SM2 设置为 1，接收到的地址若和本机地址相符，点亮发光二极管以示和主机联络成功，并置 SM2 为 0，准备接收数据，否则 SM2 仍然维持为 1 不变，不接收数据。从机接收完数据后，将接收到的数据送显示，然后从机将 SM2 设置为 1，返回到监听状态。主机根据按钮开关的状态，和相应的从机进行通信。

2. 电路设计

主机的 RXD 和从机的 TXD 相连，TXD 和从机的 RXD 相连，主机的 P1 口接 2 个按钮开关，一个代表 1# 从机，另一个代表 2# 从机；从机 P1 口接 LED 数码管，用来显示接收到的数据，P2.0 脚接发光二极管指示和主机的通信状态。按设计要求选取元器件，见表 5.8。在 Proteus 中设计单片机多机串行通信电路，如图 5.14 所示。

表 5.8　单片机多机串行通信电路元器件列表

元器件名称	参数	数量	元器件名称	参数	数量
单片机	AT89C51	3	发光二极管	LED - YELLOW	2
晶体振荡器	11.059 2 MHz	3	电阻 RES	330 Ω	14
瓷片电容 CAP	30 pF	6	LED 数码管	共阳极	2
电解电容 CAP - ELEC	20 μF	3	电阻 RES	10 kΩ	3
按钮 BUTTON		4			

3. 程序设计

```
//* * * * * * * * * * * * * * * * * 主机通信程序 * * * * * * * * * * * * * * * * *//
#include < reg51. h >
#define uchar unsigned char
#define uint unsigned int
#define ADDR1 0x01
#define ADDR2 0x02
sbit P1_0 = P1^0;
sbit P1_1 = P1^1;
//* * * * * * * * * * * * * * * * * 延时程序 * * * * * * * * * * * * * * * * *//
delay( )
{
    uint i,j;
    for(i = 0;i < 2000;i ++)
        for(j = 0;j < 200;j ++);
}
//* * * * * * * * * * * * * * * * * 主机主程序 * * * * * * * * * * * * * * * * *//
void main( )
{
    uchar i = 0;
    TMOD = 0X20;                              // T1 定时器、方式 2
    TH1 = 0XFD;                               // 波特率 9 600 bps
    TL1 = 0XFD;
    SCON = 0xd8;                              // 方式 3,允许接收,TB8 = 1
    PCON = 0X00;
    TR1 = 1;                                  // 启动 T1
    while(1)
    {
        if( (P1_0 | P1_1) = = 0){continue;}   // 如果 2 个按钮同时按下,则继续检测
        if(P1_0 = = 0)                        // 检测 1# 按钮状态
        {                                     // 1# 按钮按下处理
            TB8 = 1;
            SBUF = ADDR1;                     // 发送 1# 从机地址
```

```
            while(! TI);                       // 查询发送标志,未发送完等待
            TI = 0;                            // 清除发送标志
            while(! RI);                       // 等待从机应答
            RI = 0;                            // 清除接收标志
            if(SBUF = = ADDR1)
            {
                TB8 = 0;
                SBUF = 0xf9;                   // 发送数据 1 的段码
                while(! TI);                   // 等待发送完毕
                TI = 0;                        // 清除发送标志
                delay( );                      // 延时
            }
        }
        if(P1_1 = = 0)
        {
            TB8 = 1;
            SBUF = ADDR2;                      // 发送 1# 从机地址
            while(! TI);                       // 查询发送标志,未发送完等待
            TI = 0;                            // 清除发送标志
            while(! RI);                       // 等待从机应答
            RI = 0;                            // 清除接收标志
            if(SBUF = = ADDR2)
            {
                TB8 = 0;
                SBUF = 0xa4;                   // 发送数据 2 的段码
                while(! TI);                   // 等待发送完毕
                TI = 0;                        // 清除发送标志
                delay( );                      // 延时
            }
        }
    }
}
//* * * * * * * * * * * * * * * * * 1# 从机通信程序 * * * * * * * * * * * * * * * * *//
#include < reg51.h >
#define uchar unsigned char
#define uint unsigned int
#define ADDR1 0x01
sbit P1_7 = P1^7;
//* * * * * * * * * * * * * * * * * 1# 从机延时程序 * * * * * * * * * * * * * * * * *//
delay( )
{
uint i,j;
```

```
for(i = 0;i < 2000;i ++)
    for(j = 0;j < 2000;j ++);
}
//* * * * * * * * * * * * * * * * *1# 从机主程序 * * * * * * * * * * * * * * * * *//
void main( )
{
    uchar i = 0;
    TMOD = 0X20;                              //T1 定时器、方式 2
    TH1 = 0XFD;                               // 波特率 9 600 bps
    TL1 = 0XFD;
    SCON = 0xf0;                              // 方式 3,允许接收,SM2 = 1
    PCON = 0X00;
    TR1 = 1;                                  // 启动 T1
    while(1)
    {
        while(! RI);                          // 接收地址
        RI = 0;                               // 清除接收标志
        if(SBUF = = ADDR1)
        {
            P1_7 = 0;                         // 点亮发光二极管,联络成功
            SM2 = 0;                          // 准备接收数据
            SBUF = ADDR1;                     // 发送本机地址
            while(! TI);                      // 等待发送完毕
            TI = 0;                           // 清除发送标志
            while(! RI);                      // 等待接收主机发送的数据
            RI = 0;                           // 清除接收标志
            P2 = SBUF;                        // 显示接收信息
            delay( );                         // 延时
            SM2 = 1;                          // 返回监听状态
            delay( );
            P1_7 = 1;
            P2 = 0xff;                        // 关显示
        }
    }
}
//* * * * * * * * * * * * * * * * *2# 从机通信程序 * * * * * * * * * * * * * * * * *//
    #include < reg51.h >
    #define uchar unsigned char
    #define uint unsigned int
    #define ADDR2 0x02
    sbit P1_7 = P1^7;
//* * * * * * * * * * * * * * * * *2# 从机延时程序 * * * * * * * * * * * * * * * * *//
```

```
        delay( )
        {
        uint i,j;
        for(i = 0;i < 2000;i ++)
             for(j = 0;j < 2000;j ++);
        }
//****************2# 从机主程序****************//
    void main( )
    {
        uchar i = 0;
        TMOD = 0X20;                           //T1 定时器、方式 2
        TH1 = 0XFD;                            // 波特率 9 600 bps
        TL1 = 0XFD;
        SCON = 0xf0;                           // 方式 3,允许接收,SM2 = 1
        PCON = 0X00;
        TR1 = 1;                               // 启动 T1
        while(1)
        {
    while(! RI);                               // 接收地址
    RI = 0;                                    // 清除接收标志
    if(SBUF = = ADDR2)
        {
            P1_7 = 0;                          // 点亮发光二极管,联络成功
            SM2 = 0;                           // 准备接收数据
            SBUF = ADDR2;                      // 发送本机地址
            while(! TI);                       // 等待发送完毕
            TI = 0;                            // 清除发送标志
            while(! RI);                       // 等待接收主机发送的数据
            RI = 0;                            // 清除接收标志
            P2 = SBUF;                         // 显示接收信息
            delay( );                          // 延时
            SM2 = 1;                           // 返回监听状态
            delay( );
            P1_7 = 1;
            P2 = 0xff;                         // 关显示
            }
        }
    }
```

4. 电路仿真

将"主机通信程序. hex"文件、"1# 从机通信程序. hex"文件、"2# 从机通信程序. hex"文件分别加载到主机、1# 从机、2# 从机中,运行程序,仿真结果如图 5. 14 所示。

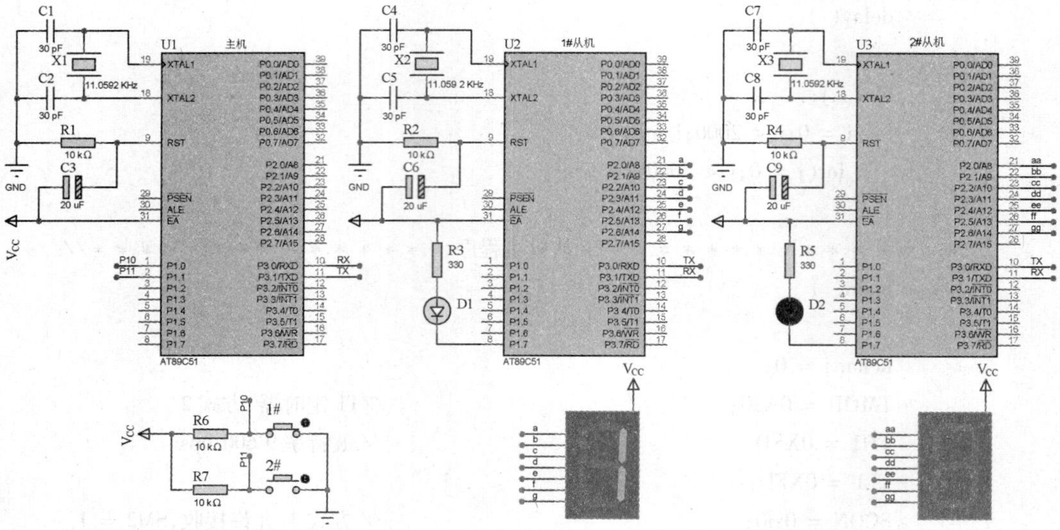

图 5.14　单片机多机串行通信仿真图

5.3　串行通信总线标准与接口电路

在单片机应用系统中,数据通信主要采用串行异步通信。在设计通信接口电路时,并不是简单地将单片机串行口引脚通过传输信号线连接起来就大功告成了,这样构成的通信电路在实际应用中是不可能正常工作的,其原因有多个方面,如信号在传输过程中混入了噪声和干扰如何解决?长距离通信时,由于单片机串行口的驱动能力不足导致通信质量差如何解决?单片机和 PC 机如何进行通信?这些问题在设计通信接口电路时都必须要考虑。

串行异步通信常用的标准接口有 RS-232C、RS-422 和 RS-485 等。采用标准接口,能方便快捷地把各种计算机、外部设备、测量仪器等有机地连接起来,构成一个测控系统。

5.3.1　RS-232C 通信总线标准与接口电路

1. RS-232C 通信总线标准

RS-232C 是目前最常用的串行通信总线接口标准,用来实现计算机与计算机之间、计算机与外设之间的数据通信。该标准包括了按位串行传输的电气和机械方面的规定,适用于数据终端设备(DTE)和数据通信设备(DCE)之间的接口。

RS-232C 是美国电子工业协会(EIA)1962 年公布、1969 年最后修订而成的,其中 RS 表示 Recommended Standard,232 是该标准的标志号,C 表示最后一次修订。

(1)RS-232C 信号特性

RS-232C 的电气标准采用的是负逻辑,规定 +3 ~+15 V 之间的任意电压表示逻辑"0",-3 ~-15 V 之间的任意电压表示逻辑"1"。数据采用串行传输,最高的数据速率为 19.2 kbps。RS-232C 标准的电缆长度最大为 15 m。

由于 RS-232C 采用负逻辑,因此,RS-232C 接口不能和 TTL/CMOS 电平接口直接相连,两者必须进行电平转换。

(2)RS - 232C 信息格式标准

RS - 232C 规定:数据帧的开始为起始位"0",数据位数为5 ~ 8 位,1 位奇偶检验位,数据帧的结束位为停止位"1"。数据帧之间用"1" 表示空闲位。

(3)RS - 232C 接口信号规定

一个完整的RS - 232C接口有22根线,采用标准的25线D形连接器(DB25)(保留3个管脚)。目前广泛应用的是一种9芯的RS - 232C接口(DB9),外观也是D形的。DB9连接器各引脚的排列如图5.15所示,各引脚的定义见表5.9。

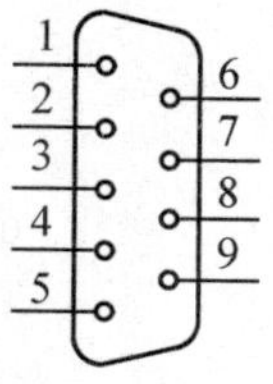

图5.15　DB9连接器

表5.9　DB9连接器引脚定义

引脚	信号名称	功　能	信号方向
1	DCD	载波检测	DCE → DTE
2	RXD	接收数据(串行输入)	DCE → DTE
3	TXD	发送数据(串行输出)	DTE → DCE
4	DTR	DTE 就绪(数据终端准备好)	DTE → DCE
5	SG(GND)	信号地	
6	DSR	DCE 就绪(数据建立就绪)	DCE → DTE
7	RTS	请求发送	DTE → DCE
8	CTS	允许发送	DCE → DTE
9	RI	振铃指示	DCE → DTE

标准的RS - 232C最初用于计算机远程通信时的调制解调器上,表5.9中的所有信号都要用到。现在我们用RS - 232C标准进行两个单片机之间通信时,只需用到表中的三条线:RXD、TXD和GND。

2. RS - 232C 接口芯片 MAX232

目前,计算机都配置有RS - 232C接口(DB9)。由于单片机信号为TTL电平,因此单片机和PC机想通信时,必须要进行信号电平转换。

MAX232芯片是MAXIM公司生产的、包含两路接收器和驱动器的IC芯片,它能将TTL/COMS电平和RS - 232C电平进行相互转换,因此被广泛地应用在单片机与计算机通信接口电路中。MAX232芯片的引脚定义如图5.16所示,MAX232芯片内部功能及外围电路连接如图5.17所示。

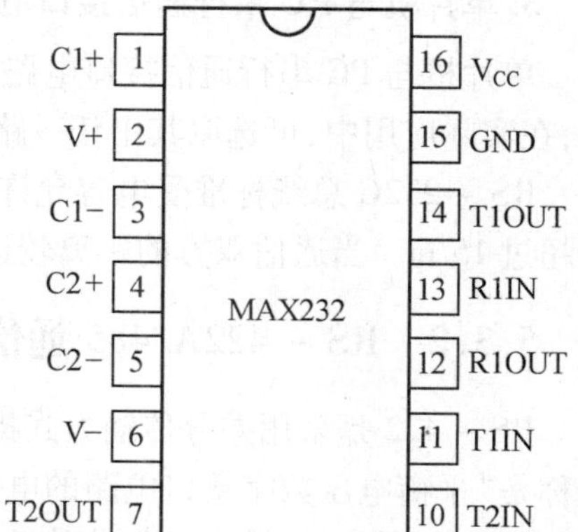

图5.16　MAX232引脚图

在实际应用中,MAX232芯片对电源噪声很敏感,因此,芯片必须接对地去耦电容C5,其值可取0.1 μF。另外,电容C1 ~ C4也可以选用非极性瓷片电容代替电解电容,而且在设计具体电路

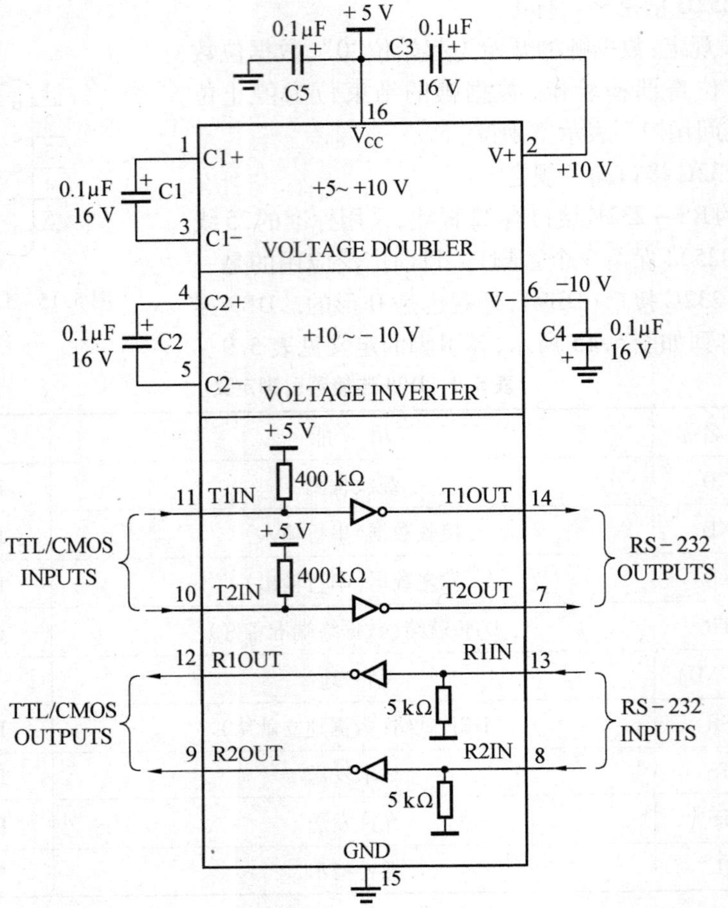

图 5.17　MAX232 内部功能图

时,电容 C1 ~ C4 要尽量靠近 MAX232 芯片,以提高抗干扰能力。

3. 单片机与 PC 串行通信接口电路

单片机与 PC 串行通信接口电路如图 5.18 所示。MAX232 芯片中有两路发送、接收电路,在实际应用中,可选取其中任一路使用。

RS - 232C 总线标准受电容允许值的约束,不适合长距离通信,使用时传输距离一般不要超过 15 m。当通信双方的距离较远时,可采用 RS - 422/485 通信标准。

5.3.2　RS - 422A/485 通信总线标准与接口电路

RS - 422 是采用差分传输方式提高通信距离和可靠性的一种通信标准。RS - 422 标准全称是“平衡电压数字接口电路的电气特性”,它定义了接口电路的特性。在 RS - 422 串行通信标准中,数据信号采用差分传输方式,也称为平衡传输。在应用中,可采用平衡双绞线传输一对差分信号。

RS - 422 对发送驱动器和接收器都做了规定:发送驱动器两个输出端之间的电压在 + 2 ~ + 6 V时是一个逻辑状态, - 2 ~ - 6 V时是另一个逻辑状态。当接收器两个输入端之间的电压大于 + 200 mV 时,输出逻辑“1”,小于 - 200 mV 时,输出逻辑“0”。接收器接收平

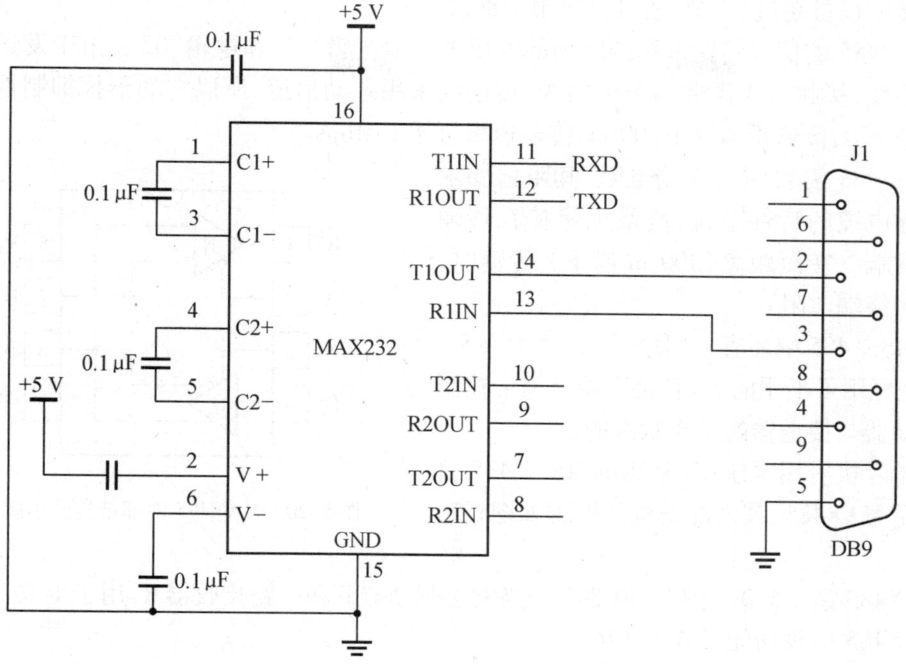

图 5.18　单片机与 PC 串行通信接口电路

衡线上的电压绝对值范围通常在 200 mV ~6 V 之间。

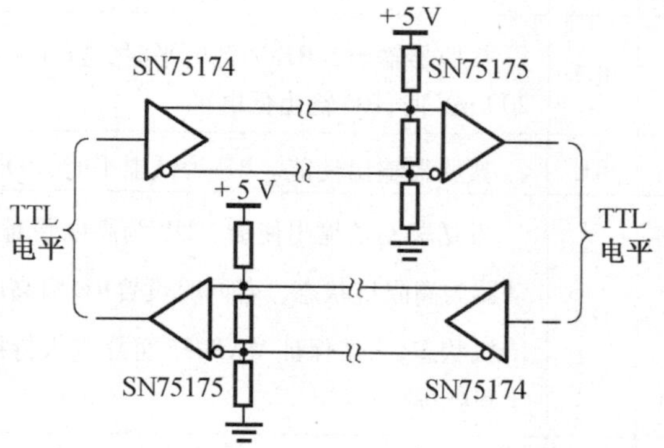

图 5.19　RS－422 双机通信接口电路

RS－422 在发送端使用 2 根信号线传送同一信号(2 根线的极性相反),在接收端对差分信号进行处理得到有效的数据信号。由于是采用差分传输方式传送数据,所以这种方式可以有效地抑制共模干扰,提高通信距离,例如当传输速率为 100 kbps 时,通信距离可达 1 200 m。RS－422 的传输速率与传输线的长度成反比,在 100 kbps 速率以下才能达到最大传输距离。

RS－422 需要一终端电阻,其阻值约等于传输电缆的特性阻抗,终端电阻接在传输电缆的最远端。在短距离(300 m 以下)传输时,可以不接终端电阻。

采用 RS－422 实现两点之间远程全双工通信时,其连接方式如图 5.19 所示。在图 5.19 中,SN75174、SN75175 是平衡差分线驱动器、接收器,采用 ＋5 V 的单电源供电,SN75174 和 SN75175 可通过双绞线传输信号。SN75175 可以区分 0.2 V 以上的电位差,因此,可有效地抑制共模干扰。

RS－485 是从 RS－422 基础上发展而来的,所以 RS－485 的电气标准与 RS－422 完全相同。RS－422 适用于全双工通信方式,而 RS－485 则适用于半双工方式通信。RS－485 是一种多发送器标准,在通信线路上最多可以使用 32 对差分驱动器/接收器。如果在一个网路中连接的设备超过 32 个，还可以使用中继器。

RS - 485 的信号传输采用两线间的电压来表示逻辑“1”和逻辑“0”。由于发送方需要两条传输线，接收方也需要两条传输线，传输线采用差动信道，所以它的干扰抑制性极好。RS - 485 最大传输距离为 1 200 m，传输速率可达 1 Mbps。

RS - 485 需要两个终端电阻，其阻值要求等于传输电缆的特性阻抗，终端电阻接在传输电缆的两端。在短距离（300 m 以下）传输时，可以不接终端电阻。

在 RS - 485 中还有一“使能”端，而在 RS - 422 中是可用可不用的。“使能”端是用于控制发送驱动器与接送器的工作状态的。

在单片机应用系统中，常用的 RS - 485 接口芯片是 MAX485，其内部结构及引脚如图5.20 所示。

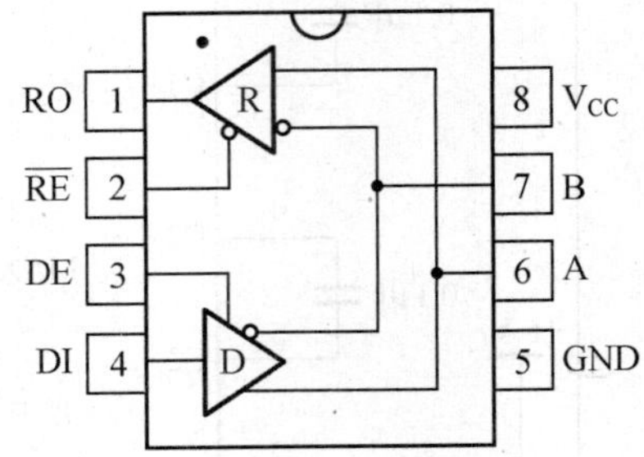

图 5.20　MAX485 内部结构及引脚图

MAX485 是 + 5.0 V 供电，内部有一路发送驱动器 D 和一路接收器 R，用于半双工串行通信。MAX485 引脚功能见表 5.10。

表 5.10　MAX485 引脚功能

引脚	名称	功　　能
1	RO	接收器输出。$\overline{RE}$ 为低电平时，若（A - B）≥ 50 mV 时，RO 输出高电平；若（A - B）≤ - 200 mV 时，RO 输出低电平
2	$\overline{RE}$	接收器输出使能。$\overline{RE}$ 为低电平时，RO 输出有效；$\overline{RE}$ 为高电平时，RO 为高阻抗状态
3	DE	发送驱动器输出使能。DE 为高电平时，发送驱动器输出有效；DE 为低电平时，发送驱动器为高阻抗状态。若同时设置$\overline{RE}$ 为高电平、DE 为低电平，可以使 MAX485 进入低功耗待机状态，为了保证 MAX485 可靠进入待机状态，应使$\overline{RE}$ 高电平、DE 为低电平的时间不少于 600 ns
4	DI	发送驱动器输入。DE 为高电平时，DI 上的低电平强制同相输出为低电平，反相输出为高电平。同样，DI 上的高电平强制同相输出为高电平，反相输出为低电平
5	GND	地
6	A	接收器同相输入和驱动器同相输出
7	B	接收器反相输入和驱动器反相输出
8	V_{CC}	电源

采用 MAX485 芯片实现两点之间远程半双工串行通信接口电路如图 5.21 所示。其中，Rt 为终端匹配电阻，典型值为 120 Ω。传输线采用普通的双绞线。MAX485 芯片对电源噪声也很敏感，同样，芯片必须接对地去耦电容，其值可取 0.1 μF。

标准 RS - 485 接收器的输入阻抗为 12 kΩ（1 个单位负载），标准驱动器可最多驱动 32 个单位负载。由 MAX485 芯片构成的典型半双工 RS - 485 网络如图 5.22 所示。可以应用

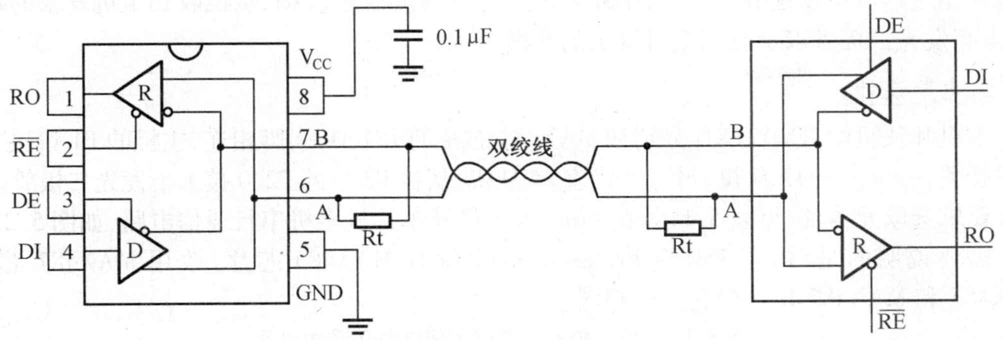

图 5.21　MAX485 远程半双工串行通信接口电路

图 5.22 所示网络构成一个主从式多机通信系统。

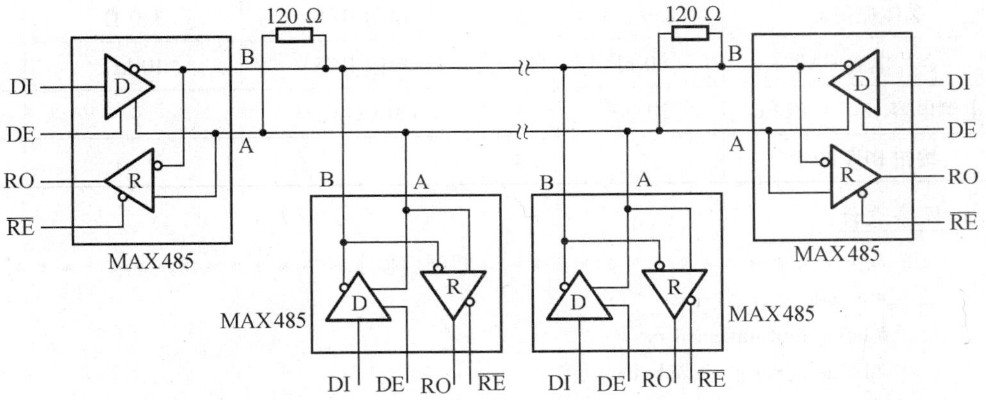

图 5.22　典型半双工 RS - 485 网络

< 任务 5 >　构建一个小型主从式远程多机通信系统

任务描述：

构建一个小型主从式单片机远程通信系统，1 个主机、2 个从机，主机和从机采用 MAX485 芯片通过双绞线连接。主机通过 2 个按钮分别向 2 个从机发送信息，从机收到主机的呼叫后，使通过各自端口所连接的发光二极管闪烁，以示收到主机的信息。

要求：

(1) 在 Keil IDE(μVision2) 中完成应用程序设计，并编译。

(2) 在 ISIS 7 Professional 中完成电路设计、调试与仿真。

1. 设计分析

单片机主机和从机串行口都设置为方式 3，波特率为 9 600 bps。主机和从机的串行口各自接一个 MAX485 芯片，然后通过双绞线连接起来，在通信线路的两端接 2 个终端电阻，阻值为 120 Ω。主机的 MAX485 设置为发送状态，即 $\overline{RE}$ 和 DE 都接高电平；2 个从机的 MAX485 设置为接收状态，即 $\overline{RE}$ 和 DE 都接地。主机不断地检测控制按钮的状态，然后根据控制按钮的状态向相应的从机发送数据；从机不断查询串行口的接收标志 RI，从机收到主机发来的数据后，点亮发光二极管以示收到主机发来的数据。

2. 电路设计

主机和从机的 RXD、TXD 分别和 MAX485 芯片的 RO、DI 引脚相连，主机的 P1 口接 2 个按钮开关，一个代表 1# 从机，另一个代表 2# 从机；从机 P2 口的 P2.0 接 1 个发光二极管。按设计要求选取元器件，见表 5.11。在 Proteus 中设计单片机多机串行通信电路，如图 5.23 所示。需要说明的是，由于 ISIS 7 Professional 中没有 MAX485 芯片，改用 MAX487 芯片，MAX487 和 MAX485 功能用法完全相同。

表 5.11　单片机多机串行通信电路元器件列表

元器件名称	参数	数量	元器件名称	参数	数量
单片机	AT89C51	3	发光二极管	LED - YELLOW	2
晶体振荡器	11.059 2 MHz	3	电阻 RES	330 Ω	2
瓷片电容 CAP	30 pF	6	电阻 RES	10 kΩ	3
电解电容 CAP - ELEC	20 μF	3	MAX487		3
按钮 BUTTON		4			

3. 程序设计

```
//* * * * * * * * * * * * * * * * 主机通信程序 * * * * * * * * * * * * * * * *//
#include < reg51.h >
#define uint unsigned int
#define uchar unsigned char
sbit P1_0 = P1^0;
sbit P1_1 = P1^1;
main( )
{
    TMOD = 0x20;                    //T1 定时器，方式 2
    TH1 = 0xfd;                     // 波特率 9 600 bps
    TL1 = 0xfd;
    SCON = 0xd0;                    // 方式 3，允许接收，TB8 = 1
    PCON = 0x00;
    TR1 = 1;                        // 启动 T1
while(1)
    {                if(P1_0 = = 0) // 检测 1# 按钮状态
        {                           // 1# 按钮按下
            SBUF = 0x01;            // 向 1# 从机发送数据
            while(TI = = 0);        // 未发送完等待
            TI = 0;                 // 清除发送标志
            while(P1_0 = = 0);      // 若 1# 按钮仍然是闭合状态，等待
        }
        if(P1_1 = = 0)              // 检测 1# 按钮状态
        {                           // 2# 按钮按下
```

```
            SBUF = 0x02;                // 向 2# 从机发送数据
            while(TI = = 0);            // 未发送完等待
            TI = 0;                     // 清除发送标志
            while(P1_1 = = 0);          // 若 2# 按钮仍然是闭合状态,等待
        }
    }
}
//* * * * * * * * * * * * * * * * 1# 从机通信程序 * * * * * * * * * * * * * * * *//
#include < reg51. h >
#define uint unsigned int
#define uchar unsigned char
#define ADDR1 0x01
sbit P2_0 = P2^0;
//* * * * * * * * * * * * * * * * 1# 从机延时程序 * * * * * * * * * * * * * * * *//
void delay( )
{
    uchar i,j;
    for(i = 0;i < 200;i ++)
        for(j = 0;j < 100;j ++);
}
//* * * * * * * * * * * * * * * * 1# 从机主程序 * * * * * * * * * * * * * * * *//
main( )
{
    uchar i = 0,j;
    TMOD = 0x20;
    TH1 = 0xfd;
    TL1 = 0xfd;
    SCON = 0xd0;
    PCON = 0x00;
    TR1 = 1;
    while(1)
        {
            while(RI = = 0);
            RI = 0;
            i = SBUF;
            if(i = = ADDR1)
            {
                for(j = 0;j < 100;j ++)
                    {
                    P2_0 = ~ P2_0;
                    delay( );
                    }
            }
        }
    }
```

```
//* * * * * * * * * * * * * * * * * * 2# 从机通信程序 * * * * * * * * * * * * * * * * * *//
#include < reg51.h >
#define uint unsigned int
#define uchar unsigned char
#define ADDR2 0x02
sbit P2_0 = P2^0;
//* * * * * * * * * * * * * * * * * * 2# 从机延时程序 * * * * * * * * * * * * * * * * * *//
void delay( )
{
    uchar i,j;
    for(i = 0;i < 200;i ++)
        for(j = 0;j < 100;j ++);
}
//* * * * * * * * * * * * * * * * * * 2# 从机主程序 * * * * * * * * * * * * * * * * * *//
main( )
{
    uchar i = 0,j;
    TMOD = 0x20;
    TH1 = 0xfd;
    TL1 = 0xfd;
    SCON = 0xd0;
    PCON = 0x00;
    TR1 = 1;
    while(1)
        {
            while(RI = = 0);
            RI = 0;
            i = SBUF;
            if(i = = ADDR2)
            {
                for(j = 0;j < 100;j ++)
                {
                    P2_0 = ~ P2_0;
                    delay( );
                }
            }
        }
}
```

4. 电路仿真

将“主机远程通信程序. hex”文件、“1# 从机远程通信程序. hex”文件、“2# 从机远程通信程序. hex”文件分别加载到主机、1# 从机、2# 从机中，运行程序，仿真结果如图 5.23 所示。

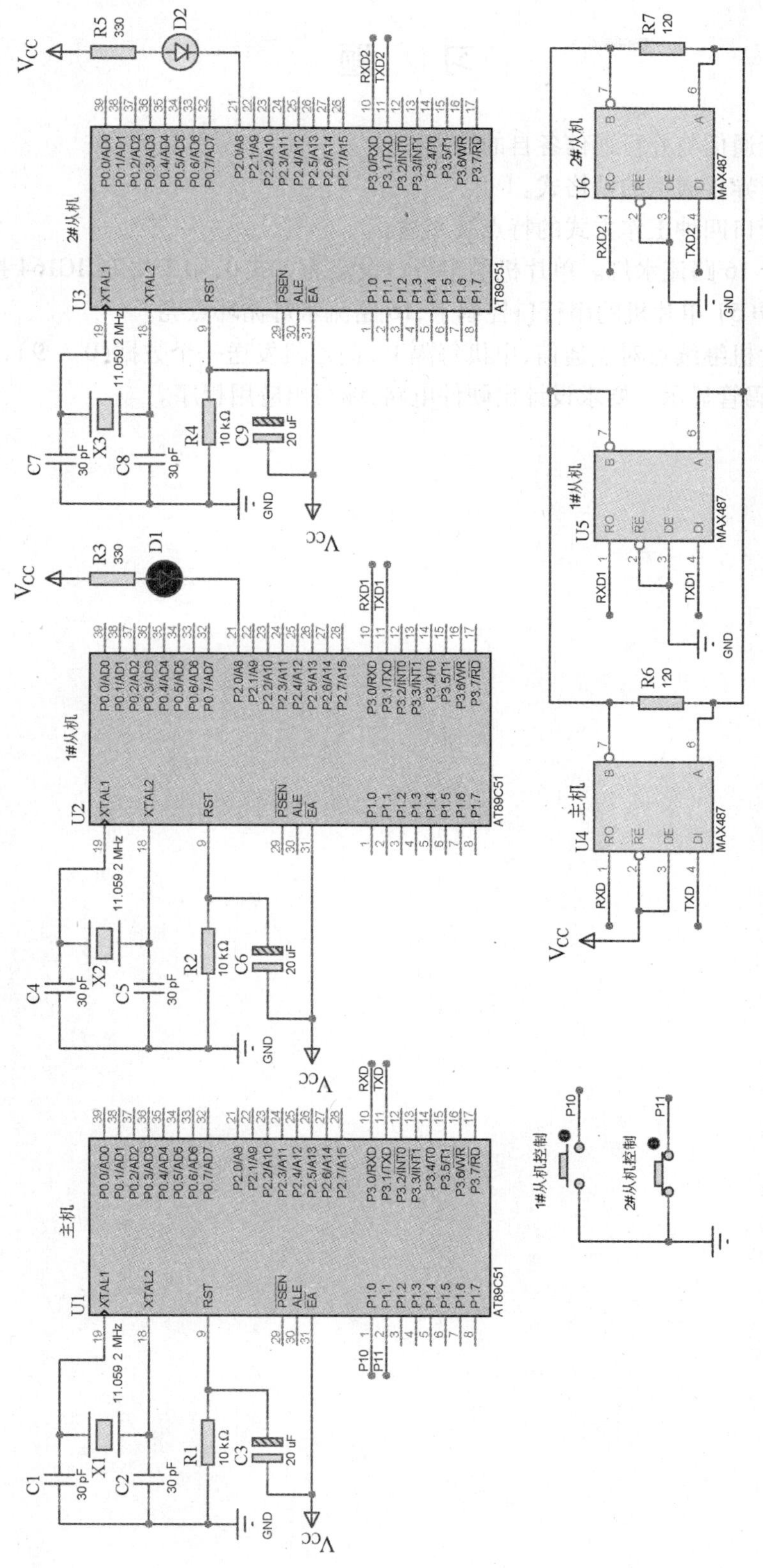

图 5.23　单片机多机远程串行通信仿真图

习　题

1. 简述串行通信与并行通信各自的特点。

2. 简述串行异步通信的帧格式。

3. 简述串行口四种工作方式的特点及用途。

4. 设计一个16路流水灯。单片机的串行口设定为方式0，用2片74HC164接16个发光二极管，在AT89C51单片机的串行口控制下，16路流水灯循环点亮。

5. 两个单片机继续点对点通信，甲机每隔1 s向乙机发送一个数据(0 ~ 9)，乙机接收到信息后，通过数码管显示。要求设计出硬件电路，编写出应用程序。

第6章

单片机系统模拟量输入输出技术

学习导航

- 单片机系统模拟量输入输出技术
  - 单片机系统模拟量输入
    - A/D转换器ADC0804
    - ADC0804的外围电路
    - A/D转换器ADC0808
    - ADC0808的时钟电路
    - 任务1 制作一个简易数字电压表
    - 任务2 设计一个多路模拟量采集系统
  - 单片机系统模拟量输出
    - D/A转换器DAC0832
    - DAC0832与单片机的连接方式
    - 任务3 设计一个波形发生器

学习目标

知识目标	1．ADC0804的功能 2．ADC0804与单片机接口电路 3．ADC0808/0809的功能 4．ADC0808/0809与单片机接口电路 5．DAC0832的功能 6．DAC0832与单片机接口电路
能力目标	1．能够根据任务要求选择A/D转换器、设计接口电路并编写应用程序 2．能够根据任务要求选择D/A转换器、设计接口电路并编写应用程序 3．能够设计出具有处理模拟量功能的单片机应用系统

我们知道,计算机所能处理的数据是数字量。而在自然界中,许多现象都是连续变化的模拟量(如温度、压力、流量、液位、速度等),若需要计算机处理模拟量信号,则必须将模拟量转换成数字量后,才能送入计算机进行处理。同样,计算机只能输出数字量,若用计算机去控制执行机构,常常需要输出模拟量,这就要求计算机系统应具有模拟量输出的功能。

完成模拟量到数字量的转换是通过 A/D 转换器实现的,而数字量到模拟量的转换则是由 D/A 转换器实现的。本节将介绍几种常用的 A/D、D/A 转换器,以及单片机系统的模拟量输入输出技术。

6.1 单片机系统模拟量输入的实现

A/D 转换器是将模拟电压或电流转换成数字量的器件,它是一个模拟系统和计算机之间的接口。在数据采集和控制系统中,A/D 转换器得到了广泛的应用。

A/D 转换器的类型很多,常用的主要有逐次比较式和双积分式。在选择 A/D 转换器之前,通常要考虑分辨率、精度、转换时间等因素,以保证选用的 A/D 转换器能够满足系统的设计要求。

6.1.1 A/D 转换器的主要技术指标

A/D 转换器的主要技术指标如下:

(1) 分辨率。A/D 转换器对输入信号的分辨能力。A/D 转换器的分辨率以输出二进制数的位数表示。从理论上讲,n 位输出的 A/D 转换器可以分辨出 2^n 个不同等级的输入模拟电压,能分辨输入电压的最小值为满量程输入的 $1/2^n$。在最大输入电压一定时,输出位数越多,则分辨率越高。例如,A/D 转换器输出 8 位二进制数,输入电压最大值为 5 V,则这个 A/D 转换器应能分辨输入电压的最小值为 $5\ \text{V}/2^8 = 19.53\ \text{mV}$。由此可见,分辨率是 A/D 转换器对微小输入量变化的敏感程度。

(2) 转换误差。A/D 转换器实际输出的数字量与理论输出数字量之间的差别。

转换误差一般用最低有效位 LSB 来表示。例如,给出相对误差 $\leqslant \pm \text{LSB}/2$,则表明实际输出的数字量和理论上应得到的数字量之间的误差小于最低有效位的二分之一。

(3) 转换精度。反映了一个实际 A/D 转换器与理论 A/D 转换器在量化上的差值,可以表示成绝对精度和相对精度。转换精度常用数字量的位数作为度量绝对精度的单位,如精度最低位 LSB 的 ±1/2 位,即 ±1/2 LSB。如果满量程为 10 V,10 位 A/D 转换器的绝对精度为 4.88 mV。若表示为绝对精度与满量程的百分比则为相对精度,如 10 位 A/D 转换器的相对精度为 0.1 %。注意转换精度和分辨率是两个不同概念,转换精度为转换后所得结果相对实际值的准确度,而分辨率指的是对转换结果发生影响的最小输入量。

(4) 转换时间。完成一次模拟量到数字量转换所需要的时间。

(5) 数据输出方式。输出的数字量是并行方式还是串行方式。

(6) 对基准电源要求。基准电源的精度对整个系统的精度有很大的影响,在设计时应考虑是否要外接精密基准电源。

在实际应用中,对 A/D 转换器的选择,主要是根据系统对精度的要求、转换时间等方面综合考虑而确定的。

温度为 0 ~ 1 000 ℃，对应输出电压为 0 ~ 5 V，经 A/D 转换后进行显示，要求保留 1 位小数。请选择满足要求的 A/D 转换器。

0 ~ 1 000 ℃ 对应 0 ~ 5 V 的模拟量，则 0.005 V/℃，由此可得 0.1℃ 对应 0.000 5 V 模拟量。为了实现显示 0.1 ℃ 的要求，A/D 转换器必须能分辨 0.000 5 V 的模拟量。由 $1/2^n < 0.000\,5$ 得出，$n > 14$，故需选用 14 位以上的 A/D 转换器。

6.1.2　典型 A/D 转换器与外围连接电路

常用的 A/D 转换器主要有逐次比较式和双积分式，位数有 8 位、10 位、12 位和 16 位等。由于 AT89C51 为 8 位单片机，所以在系统对精度要求不高时，通常选用 8 位的 A/D 转换器为宜。

最常用的 8 位 A/D 转换器是由美国芯片制造商 National Semiconductor（国家半导体公司）生产的 ADC 系列芯片，其中 ADC0804 和 ADC0808/0809 最为常用，它们都是逐次比较式 8 位 A/D 转换器。下面针对这两款 A/D 转换器进行介绍。

1. ADC0804

ADC0804 是一个 8 位 CMOS 型逐次比较式 A/D 转换器，其主要特性如下：

（1）分辨率：8 位。

（2）非调整误差：±1 LSB。

（3）转换时间：100 μs。

（4）输入方式：单通道。

（5）具有三态数据输出锁存器。

（6）输入电压：0 ~ 5 V。

（7）单一 +5 V 供电。

ADC0804 的特点是内部有时钟电路，只要外接一个电阻和一个电容就可自行提供时钟信号；允许模拟输入信号是差动的或不共地的电压信号。

ADC0804 的引脚分布如图 6.1 所示。ADC0804 的引脚定义见表 6.1。

表 6.1　ADC0804 引脚定义及功能

引脚	名称	功　能
1	$\overline{CS}$	片选信号输入端，低电平有效。$\overline{CS}$ 有效表明被选中，可启动工作
2	$\overline{RD}$	外部读取转换结果的控制信号。当 $\overline{RD}$ 为高电平时，DB0 ~ DB7 为高阻抗状态；当 $\overline{RD}$ 为低电平时，转换结果通过 DB0 ~ DB7 输出
3	$\overline{WR}$	A/D 转换器启动控制信号。当 $\overline{WR}$ 引脚由高电平变为低电平时，转换器被清零；当 $\overline{WR}$ 引脚由低电平变为高电平时，启动 A/D 转换
4	CLKIN	时钟信号输入端

续表 6.1

引脚	名称	功　能
19	CLKR	内部时钟发生器的外接电阻端。在 ADC0804 内部有时钟发生器,采用内部时钟时,在 CLKIN、CLKR 和地之间需连接 RC 电路。ADC0804 的工作频率为 100 ~ 1 460 kHz,其典型值为 640 kHz。若使用内部时钟,其振荡频率为 1/(1.1*RC*),用户可依此选择电阻 *R* 和电容 *C* 的参数
5	$\overline{INTR}$	A/D 转换结束信号,低电平表示本次 A/D 转换已完成,只有转换结果被取走后,$\overline{INTR}$ 才会变为高电平
6、7	V_{IN+}、V_{IN-}	差动模拟电压输入端。若输入为单端正电压,VIN - 应接地;若差动输入,则输入信号直接加入 VIN + 和 VIN -
8	AGND	模拟信号地
9	$V_{REF/2}$	参考电压 1/2 输入,决定量化单位。若 ADC0804 的参考电压为 + 5 V,则该引脚可以悬空。若电路中需要使用的参考电压小于 + 5 V,即参考电压值的 1/2 小于 2.5 V,这时可将该引脚连接到需要的参考电压值(如 4 V) 的 1/2 电压上(如 2 V)。在 ADC0804 芯片内部会自动判断参考电压的选择,当 VREF/2 引脚的电源值低于 2.5 V 时,芯片会自动选择由 VREF/2 引脚电压放大 2 倍以后的电压值作为参考电压
10	DGND	数字信号地
11 ~ 18	DB0 ~ DB7	数据线,A/D 转换结果的 8 位数字量输出端
20	V_{CC}	芯片供电电源或参考电压输入

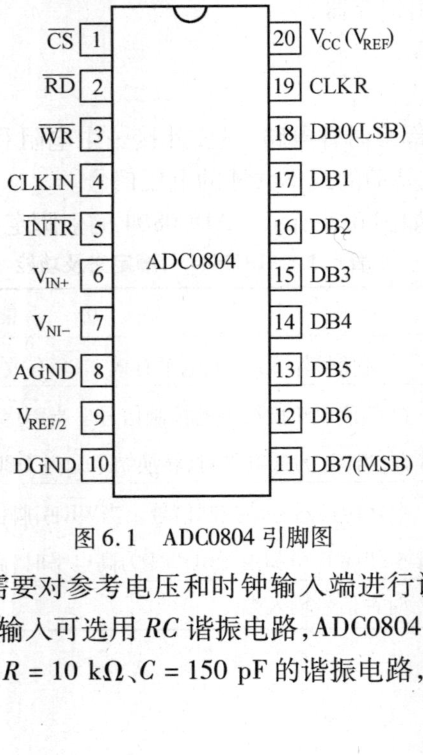

图 6.1　ADC0804 引脚图

ADC0804 在使用时,只需要对参考电压和时钟输入端进行设计即可,其典型接法如图 6.2 所示。通常情况下,时钟输入可选用 *RC* 谐振电路,ADC0804 进行 A/D 转换的时钟频率典型值为 640 kHz,这里选用 $R = 10\ \text{k}\Omega$、$C = 150\ \text{pF}$ 的谐振电路,利用公式 1/(1.1 *RC*) 计算后，此时的时钟频率约为 606 kHz。

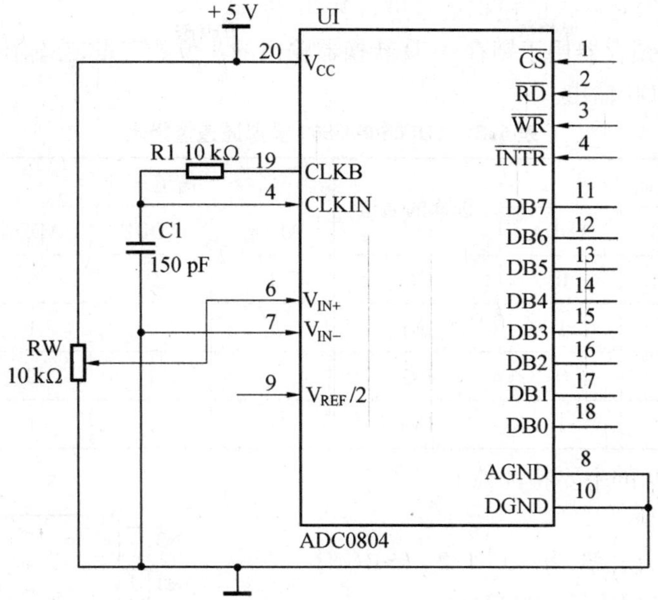

图 6.2　ADC0804 典型外围连接电路

2. ADC0808/0809

ADC0808/ADC0809 是 8 通道 8 位 A/D 转换器，可对 8 路 0 ~ 5 V 的模拟信号分时进行转换，ADC0808/ADC0809 的内部逻辑结构如图 6.3 所示。ADC0808/ADC0809 主要由三部分组成：输入通道、逐次比较式 A/D 转换器和三态输出锁存器，各部分功能如下：

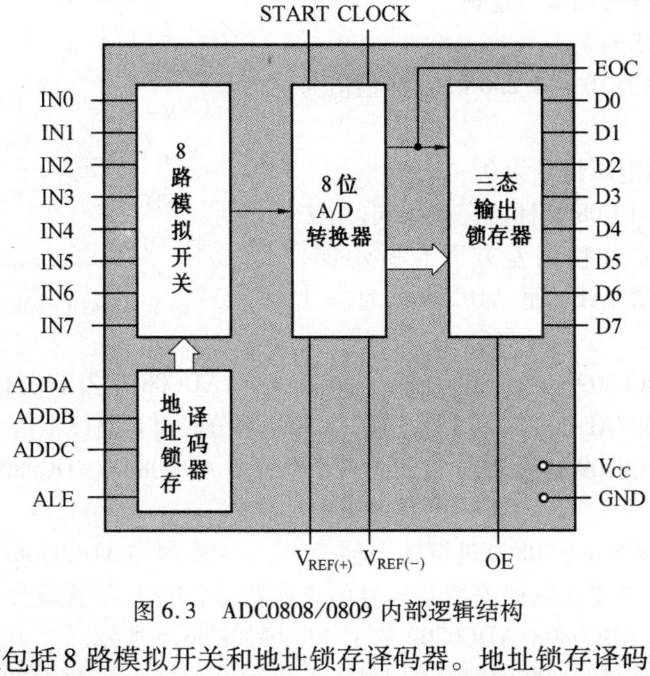

图 6.3　ADC0808/0809 内部逻辑结构

（1）输入通道包括 8 路模拟开关和地址锁存译码器。地址锁存译码器根据输入的通道地址（ADDC、ADDB 和 ADDA）控制 8 路模拟开关选通 8 路模拟输入信号中的一路。通道地址（ADDC、ADDB 和 ADDA）和 8 路模拟通道（IN0 ～ IN7）的关系见表 6.2。

（2）A/D 转换器对输入的模拟信号进行 A/D 转换。

（3）三态输出锁存器用于锁存 A/D 转换器输出的 8 位数字量，在输出允许的情况下，可通过数据线 D7 ～ D0 输出。

表 6.2　ADC0808/0809 模拟通道选择表

信道地址			选择的通道	信道地址			选择的通道
ADDC	ADDB	ADDA		ADDC	ADDB	ADDA	
0	0	0	IN0	1	0	0	IN4
0	0	1	IN1	1	0	1	IN5
0	1	0	IN2	1	1	0	IN6
0	1	1	IN3	1	1	1	IN7

ADC0808/0809 的主要特性如下：

（1）分辨率 8 位。

（2）非调整误差为 ± 1/2 LSB（对 ADC0808）或 ±1 LSB（ADC0809）。

（3）转换时间 100 μs。

（4）单一 +5 V 供电。

（5）具有锁存控制的 8 路模拟开关，可以输入 8 路模拟信号。

（6）具有三态数据输出锁存器可直接与微处理器相连，不需要另加接口逻辑。

（7）功耗 ≤ 15 mW。

（8）时钟频率为 10 ～ 1 280 kHz，典型值为 640 kHz。

（9）输入模拟电压信号为 0 ～ 5 V。

ADC0808 和 ADC0809 性能完全相同，用法也一样，只是在非调整误差方面有所不同，ADC0808 为 ± 1/2 LSB，而 ADC0809 为 ± 1 LSB。

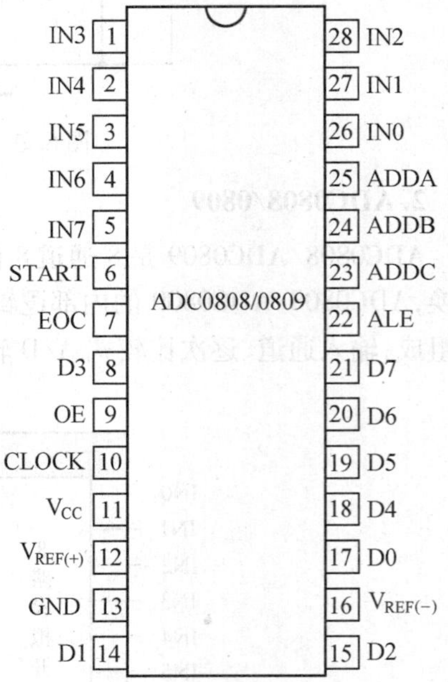

图 6.4　ADC0808/0809 引脚图

ADC0808/ADC0809 和 ADC0804 相比，ADC0808/ADC0809 内部没有时钟电路，需要外接时钟源；ADC0808/ADC0809 是 8 通道输入，即能够分时对 8 路模拟信号进行 A/D 转换。

ADC0808/ADC0809 的引脚分布如图 6.4 所示。ADC0808/ADC0809 的引脚定义见表 6.3。

在应用 ADC0808/ADC0809 进行 A/D 转换时，一定要遵循 ADC0808/ADC0809 的工作时序，特别是编程时，更要注意相关控制信号的先后顺序，否则，尽管硬件电路正确也得不到 A/D 转换的结果。ADC0808/ADC0809 的工作时序如图 6.5 所示。

由于 ADC0808/ADC0809 内部没有时钟发生器，所以只能由外部提供时钟信号。通常情况下,利用单片机的 ALE 引脚作为分频电路的输入,分频电路的输出作为 ADC0808/ADC0809 的 CLOCK 信号即可。由 D 触发器构成的 4 分频电路如图 6.6 所示,这里假设单片机的晶振频率为 12 MHz,ALE 经过 4 分频后,电路所产生的时钟信号频率在 600 kHz 左右,接近 ADC0808/ADC0809 的典型值 640 kHz。需要注意的是,在实际应用中,分频电路的设计要考虑到系统所使用的晶振频率,如果选择的是 6 MHz,则可使用 2 分频电路;如果是 24 MHz,则需用 8 分频电路。

表 6.3　ADC0808/0809 引脚定义及功能

引脚	名称	功　能
5 ~ 1、28 ~ 26	IN7 ~ IN0	8 个通道模拟信号输入端
25 ~ 23	ADDA、ADDB、ADDC	模拟通道地址输入端。用于选择 8 路模拟输入信号
10	CLOCK	时钟输入端
4	ALE	信道地址锁存允许。当 ALE = 1 时,允许改变信道地址;当 ALE = 0 时,信道地址被锁存,防止在 A/D 转换期间改变信道地址
6	START	A/D 转换启动信号。START 上升沿复位 ADC0808/0809,下降沿启动芯片开始 A/D 转换。在 A/D 转换期间,START 应保持低电平
21 ~ 18、8、15、14、17	D7 ~ D0	数据线,A/D 转换结果的 8 位数字量输出端
9	OE	输出允许信号。当 OE = 1 时,D7 ~ D0 引脚出现 A/D 转换数据;当 OE = 0 时,D7 ~ D0 呈现高阻抗状态
7	EOC	A/D 转换结束信号。EOC = 0 表示正在转换,EOC = 1 表示转换结束
12、16	$V_{REF(+)}$、$V_{REF(-)}$	参考电压输入端。一般情况下,$V_{REF(+)}$ 和 V_{CC} 连接,$V_{REF(-)}$ 和 GND 连接
11、13	V_{CC}、GND	芯片供电电源或参考电压输入和地线引脚

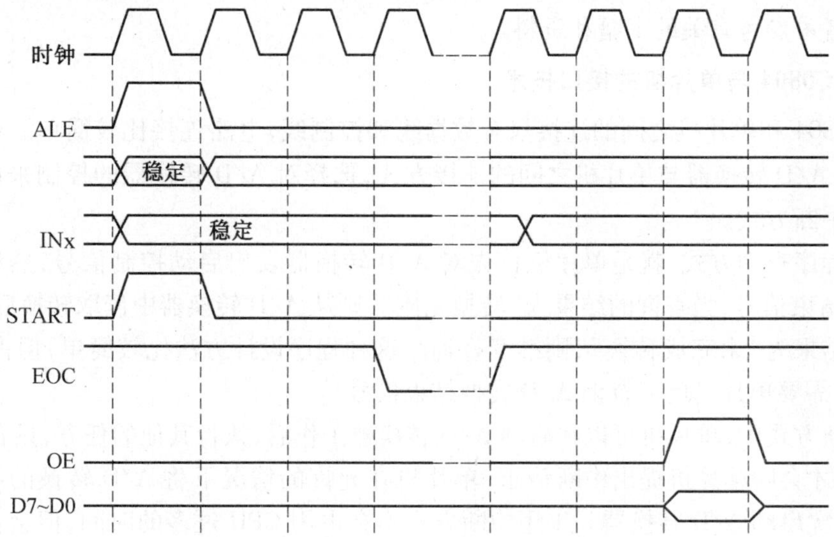

图 6.5　ADC0808/ADC0809 的工作时序

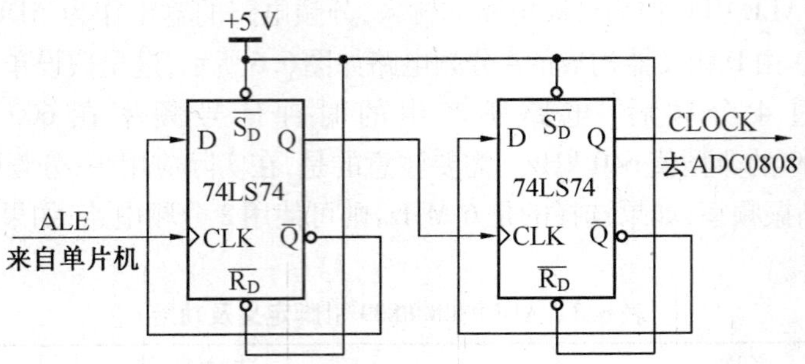

图 6.6　ADC0808/ADC0809 时钟电路

> 单片机的 ALE 引脚的功能是为“三总线”器件提供地址锁存信号,这个信号的频率比较稳定,是单片机晶振频率的1/6(在单片机进行片外RAM的读写操作过程中会丢失一个脉冲信号,如果单片机系统中没有其他的“三总线”器件,丢失的这个脉冲信号不会影响A/D转换结果)。由于ADC0808/ADC0809允许的时钟频率为10～1 280 kHz,典型值是640 kHz,这样就可以将ALE信号经过一定倍数的分频得到ADC0808/ADC0809需要的时钟信号。
>
> 当ADC0808/ADC0809处于较高频率的时钟下进行A/D转换时,转换的结果有时会出现错误,所以在使用A/D转换芯片时,最好使其工作在典型值上。

6.1.3　A/D 转换器与单片机系统模拟量输入

ADC0804 和 ADC0808/ADC0809 与单片机的连接方式有两种:直接连接(I/O)方式和“三总线”连接方式。

如果在单片机系统中有其他类型的“三总线”器件,而不得不使用“三总线”时,ADC0804 和 ADC0808/ADC0809 与单片机之间可以直接用“三总线”进行连接。由于现在的大部分单片机系统不采用“三总线”结构,所以在这里不再进行介绍“三总线”连接方式,感兴趣的读者可参考有关的书籍和资料。

1. ADC0804 与单片机的接口技术

ADC0804 和单片机之间的连接只有数据线和控制线,电路连接比较简单。在程序设计方面,根据 A/D 转换器与单片机之间的连接方式,选择对 A/D 转换器的控制采用程序查询方式还是中断方式。

所谓程序查询方式,就是单片机首先对 A/D 转换器发出启动控制信号,然后反复查询 A/D 转换结束信号,当查询的结果为“转换完成”,则从 A/D 转换器中读取转换后的数据;如果查询的结果为“未完成转换”,则继续查询。这种程序设计方法比较简单,但占用 CPU 较多的时间(需要单片机反复查询 A/D 转换结束信号)。

在中断方式中,单片机可以在启动 A/D 转换器工作后,执行其他的任务,只有当 A/D 转换结束时,才会向单片机提出中断请求,单片机在允许的情况下将 A/D 转换的结果读取出来,然后再次启动 A/D 转换器。采用中断方式不会占用 CPU 过多的时间,但会占用单片机的 I/O 口线和一个中断源。

上述的两种方式各有其特点,用户可根据实际情况进行选择。

<任务 1>　制作一个简易数字电压表

任务描述：

设计一个数字电压表，测量 0 ~ 5 V 的电压，用 4 位 LED 数码管显示测量值。测量最小分辨率为 0.019 6 V，测量误差为 ±0.02 V。

要求：

(1) 在 Keil IDE(μVision2) 中完成应用程序设计，并编译。

(2) 在 ISIS 7 Professional 中完成电路设计、调试与仿真。

1. 设计分析

由于 ADC0804 是 8 位的 A/D 转换器，数值的变化范围是 0 ~ 255，模拟电压的输入范围是 0 ~ 5 V，每一个数码的变化对应的电压值的变化为 5 V/256 = 0.019 6 V，可以满足系统的要求，所以 A/D 转换器选用 ADC0804。4 位数码管采用动态扫描方式显示测量的电压值。对 A/D 转换器的控制采用中断方式。

2. 电路设计

P0 口接 4 位一体共阳极数码管，输出段码，P2 口控制数码管的位选，P1 口接 ADC0804 的数据线，P3 口接 ADC0804 控制信号线。模拟电压由线性电位器 POT - HG 通过 5 V 电压提供。按设计要求选取元器件，见表 6.4。在 Proteus 中设计简易数字电压表电路，如图 6.7 所示。

表 6.4　简易数字电压表元器件列表

元器件名称	参数	数量	元器件名称	参数	数量
单片机	AT89C51	1	4 位一体数码管	7SEGMPX4CA	1
晶体振荡器	12 MHz	1	ADC0804		1
瓷片电容 CAP	30 pF	2	瓷片电容 CAP	150 pF	1
电解电容 CAP - ELEC	20 μF	1	可调电位器	POT - HG	1
按钮 BUTTON		1	电阻 RES	1 kΩ	2
电阻 RES	10 kΩ	2	电阻排	330 Ω	1

3. 程序设计

程序设计的两个关键是：模拟电压值的计算和显示码的转换。

◈ 模拟电压值的计算

模拟电压值的计算可通过下面的计算公式得到：

$$V = D \times 0.0196$$

式中，V 为计算出的模拟电压值，D 为 A/D 转换器输出的 8 位数字量。

在编程时，若将读取到的 A/D 转换结果去乘以一个 0.019 6，得到的结果是一个带有小数的数，在计算机中称为浮点数。而对于 8 位单片机来说，不具有浮点运算能力，如果一定要计算浮点数，就将占有单片机大量的内存单元和 CPU 时间。在这里可以采用一种简单的算法:将从 A/D 转换器读取的数字量直接乘以196,即进行整数运算,运算的结果是实际值的10 000 倍,单片机对整数的运算其速度还是很快的,不会占用 CPU 过多的时间。

◈ 显示码的转换

将从 A/D 转换器读入的数字量直接乘以 196,即进行整数运算,运算的结果是实际值的10 000倍,然后分别用10 000、1 000、100、10 去除,得到电压(数字量)的个位(整数位)、十分位、百分位、千分位,然后在整数位上点亮小数点即可。

简易数字电压表程序如下:

```
include < reg51. h >
#define uchar unsigned char
#define uint unsigned int
sbit  P2_0 = P2^0;
sbit  P2_1 = P2^1;
sbit  P2_2 = P2^2;
sbit  P2_3 = P2^3;
sbit  OE = P3^0;
sbit  CS = P3^5;
sbit  WWR = P3^6;
sbit  RRD = P3^7;
uchar  code  leddata_dot[ ] = {0x40,0x79,0x24,0x30,0x19,0x12};
uchar  code  leddata[ ] = {0xC0,0xF9,0xA4,0xB0,0x99,0x92,0x82,0xF8,0x80,0x90};
uchar ad_volt;
//* * * * * * * * * * * * * * * * 延时函数 * * * * * * * * * * * * * * * *//
void delay( uchar n)
{   uchar i,j;
        for(i = 0;i < n;i ++)
            for(j = 0;j < 125;j ++);
}
//* * * * * * * * * * * * * * * * 外部中断函数 * * * * * * * * * * * * * * * *//
void int0( ) interrupt 0
{
    CS = 0;
    RRD = 0;
    ad_volt = P1;                          //读取 A/D 转换结果
    CS = 1;
    RRD = 1;
}
//* * * * * * * * * * * * * * 启动 ADC0804 转换函数 * * * * * * * * * * * * * *//
void ad_start( )
{
    CS = 0;                                //  片选有效
    WWR = 0;
    WWR = 1;                               //启动 ADC0804
```

```
    CS = 1;
}
//**************** 主程序 ****************//
main( )
{
    uint temp;
    IE = 0x81;                          //CPU 中断允许,外部中断 0 中断允许
    while(1)
    {
        ad_start( );
        temp = ad_volt;                 // 得到 A/D 转换结果
        temp = temp * 196;              // 放大 10 000 倍
        P0 = leddata_dot[temp/10000];   // 得到整数位并送显示
        P2_0 = 1;                       // 选通整数位数码管
        delay(3);                       // 延时
        P2_0 = 0;                       // 关显示
        temp = temp%10000;
        P0 = leddata[temp/1000];        // 得到小数点后的第一位并送显示
        P2_1 = 1;                       // 选通小数点后的第一位数码管
        delay(3);                       // 延时
        P2_1 = 0;                       // 关显示
        temp = temp%1000;
        P0 = leddata[temp/100];         // 得到小数点后的第二位并送显示
        P2_2 = 1;                       // 选通小数点后的第二位数码管
        delay(3);                       // 延时
        P2_2 = 0;                       // 关显示
        temp = temp%100;
        P0 = leddata[temp/10];          // 得到小数点后的第三位并送显示
        P2_3 = 1;                       // 选通小数点后的第三位数码管
        delay(3);                       // 延时
        P2_3 = 0;                       // 关显示
    }
}
```

4. 电路仿真

将在 keil 中编译形成的"简易数字电压表. hex"文件,加载到 AT89C51 单片机中,运行程序,仿真结果如图 6.7 所示。

2. ADC0808/0809 与单片机的接口技术

ADC0808/0809 和单片机之间的连接比 ADC0804 要复杂一些,除了数据线和控制线外,还要考虑 ADC0808/0809 的模拟通道选择所需的地址信号。另外,由于 ADC0808/0809 的转换结束信号 EOC 高电平代表转换结束,低电平表示正在转换,在采用中断方式时需要注意,因为 AT89C51 单片机的外部中断请求为低电平或脉冲下降沿有效。

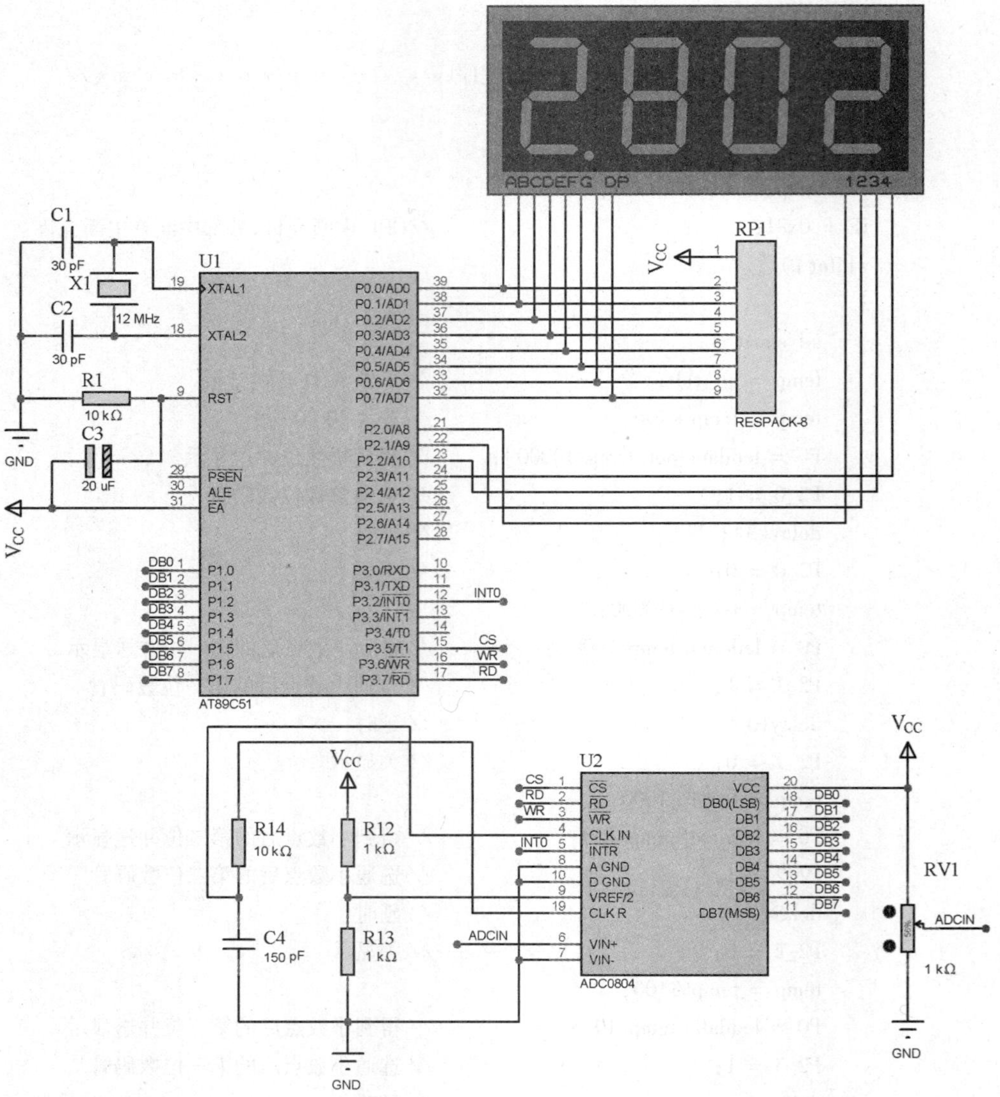

图 6.7　简易数字电压表仿真图

< 任务 2 >　设计一个多路模拟量采集系统

任务描述:

以 ADC0808 为 A/D 转换芯片,完成 8 路模拟量循环采集,测量误差为 ±0.02 V,并用 4 位一体数码管显示,最高位显示模拟通道值,其余 3 位显示 A/D 转换结果。

要求:

(1) 在 Keil IDE(μVision2) 中完成应用程序设计,并编译。

(2) 在 ISIS 7 Professional 中完成电路设计、调试与仿真。

1. 设计分析

ADC0808 和 AT89C51 采用直接连接方式。4 位一体数码管采用动态扫描方式显示测量的模拟量,对 8 路模拟量每隔 1 s 进行一次采集,1 s 的定时由定时/计数器完成,对 A/D 转换器的控制采用程序查询方式完成读取 A/D 转换结果。

2. 电路设计

P1 口接 ADC0808 的数据线,P0 口的 P1.0 ~ P1.2 作为 ADC0808 的模拟通道地址选择控制信号接 ADDA ~ ADDC,P3 口的 P3.0 ~ P3.2 接 ADC0808 控制信号线 OE、START 和 EOC。4 位一体数码管的驱动选用 74LS47,并由 P2 口控制。8 路模拟量由线性电位器 POT - HG 通过 5 V 电压提供,并接 ADC0808 的 IN0 ~ IN7。由于是在 ISIS 7 Professional 仿真,所以采用 ISIS 7 Professional 提供的时钟源作为 ADC0808 的时钟信号。按设计要求选取元器件,见表 6.5。在 Proteus 中设计多路模拟量采集电路,如图 6.8 所示。

表 6.5　多路模拟量采集电路元器件列表

元器件名称	参数	数量	元器件名称	参数	数量
单片机	AT89C51	1	4 位一体数码管	7SEGMPX4CA	1
晶体振荡器	12 MHz	1	ADC0808		1
瓷片电容 CAP	30 pF	2	74LS47		1
电解电容 CAP - ELEC	20 μF	1	可调电位器	POT - HG	8
按钮 BUTTON		1	CLOCK	500 kHz	1
电阻 RES	10 kΩ	1	电阻排	4.7 kΩ	1

3. 程序设计

```
#include < reg51.h >
#include < intrins.h >
#include < absacc.h >
#define uchar unsigned char
#define uint unsigned int
uchar dispcode[4] = {0x80,0x40,0x20,0x10};        //LED 数码管位选控制码
uchar temp;
uchar dispbuf[4];                                  // 存放 A/D 转换结果显示缓冲区
uchar ADCunm[8];                                   // 存放 8 路 A/D 转换结果缓冲区
sbit ADA = P0^0;
sbit ADB = P0^1;
sbit ADC = P0^2;
sbit OE = P3^0;
sbit START = P3^1;
```

```
sbit EOC = P3^2;
bit timeflag; //1s 定时标志位
uchar ad_volt;
uchar t0_count;
uchar counter;
//* * * * * * * * * * * * * * * * 延时函数 * * * * * * * * * * * * * * * * *//
void delay(uchar n)
{   uchar i,j;
      for(i = 0;i < n;i ++)
          for(j = 0;j < 110;j ++);
}
//* * * * * * * * * * * * * * * * 显示函数 * * * * * * * * * * * * * * * * *//
display( )
{
    for(counter = 0;counter < = 3;counter ++)
        {
          P2 = (dispcode[counter] | dispbuf[counter]);// 输出显示控制码
          delay(5);
        }
}
//* * * * * * * * * * * * * * * * 主函数 * * * * * * * * * * * * * * * * *//
main( )
{
    uchar i;
    t0_count = 0;
    TMOD = 0x01;                              // T0 定时方式 1
    TL0 = 0xb0;
    TH0 = 0x3c;                               // 定时 50 ms
    TR0 = 1;                                  // 启动定时器 T0
    ET0 = 1;                                  // 允许 T0 中断
    EA = 1;                                   //CPU 允许中断
    while(1)
    {
      for(i = 0;i < 8;i ++)
          {
          display( );                         // 显示 A/D 转换结果和对应的通道号
          if(timeflag = = 1)
          {
```

```
                timeflag = 0;
                P0 = i;                          // 选择模拟通道 P0 = P0&0xf0 | i;
                START = 1;                       // 启动 A/D 转换器
                _nop_( );
                _nop_( );
                _nop_( );
                START = 0;
                    while(EOC = = 0){;}          // 等待 A/D 转换结束
                        OE = 1;                  //A/D 转换器输出允许
                            _nop_( );
                            _nop_( );
                            ad_volt = P1;        // 读取 A/D 转换结果
                        OE = 0;
                    temp = ad_volt;
                    ADCunm[i] = ad_volt;         // 保存 A/D 转换结果
                    dispbuf[0] = i;              // 存当前 A/D 转换通道号
                    dispbuf[1] = temp/100;       // 存转换结果十进制数百位
                    temp = temp%100;
                    dispbuf[2] = temp/10;        // 存转换结果十进制数十位
                    dispbuf[3] = temp%10;        // 存转换结果十进制数个位
                }
            }
        }
}
//* * * * * * * * * * * * * * * * 定时T0中断函数 * * * * * * * * * * * * * * * *//
void time0( ) interrupt 1
{
    t0_count ++;
    if(t0_count = = 20)
    {
        t0_count = 0;
        timeflag = 1;
    }
    TL0 = 0xb0;                                  // 重装计数初值
    TH0 = 0x3c;
}
```

4. 电路仿真

将在keil中编译形成的“多路模拟量采集系统. hex”文件,加载到AT89C51单片机中,运行程序，仿真结果如图 6.8 所示。

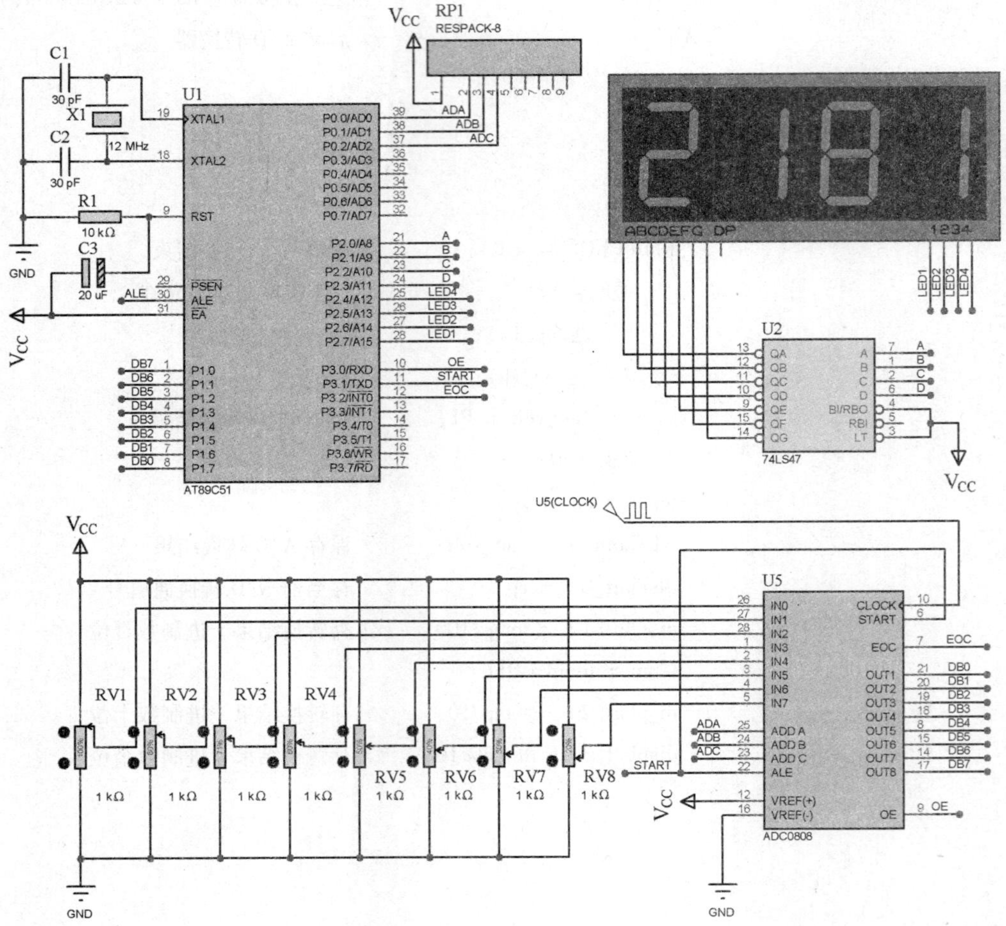

图 6.8　多路模拟量采集仿真图

6.2　单片机系统模拟量输出的实现

在单片机引用系统中，常常需要输出模拟量去控制执行机构，例如控制直流电动机的转速，这就需要单片机系统应具有输出模拟量的功能。

D/A 转换器的功能是完成数字量到模拟量的转换，它是计算机和模拟系统之间的接口。

D/A 转换器的主要性能指标是：分辨率、建立时间、精度、输出范围、数字输入特性、供电电源、工作环境等，这些性能指标通过查阅手册可以得到。

6.2.1　常用的 D/A 转换器与外围连接电路

常用的 D/A 转换器很多，如 National Semiconductor（国家半导体公司）生产的 D/A 转换器，常用的有 DAC0832，MAXIM（美信公司）生产的 D/A 转换器，常用的有 MAX521 等。

下面主要针对DAC0832进行介绍。

1. DAC0832

DAC0832是一款性价比较高的8位D/A转换器,主要由两个8位寄存器和一个8位D/A转换器组成,电流输出型DAC,其内部逻辑结构如图6.9所示。DAC0832的主要特性如下:

(1) 8位分辨率。

(2) 输出为电流信号,电流建立时间1 μs。

(3) 具有双缓冲、单缓冲和直通方式。

(4) 输入电平与TTL兼容。

(5) 基准电压V_{REF}工作范围为 -10 ~ +10 V。

(6) 单电源供电电压为 +5 ~ +15 V。

(7) 功耗为20 mW。

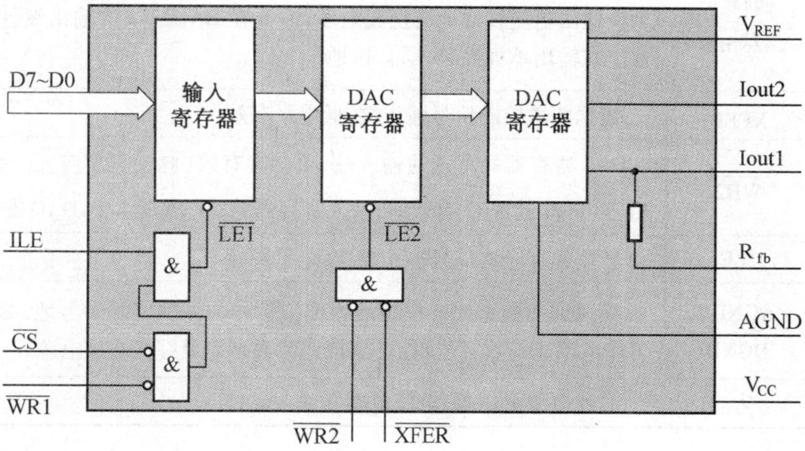

图6.9　DAC0832内部逻辑结构图

DAC0832芯片为20脚双列直插式封装,其引脚分布如图6.10所示。DAC0832的引脚定义见表6.6。

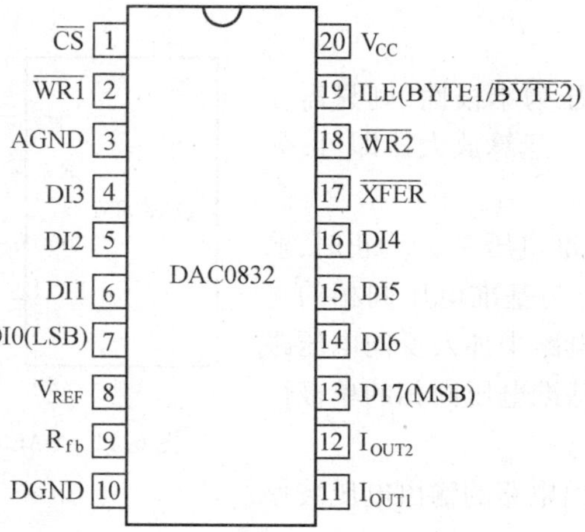

图6.10　DAC0832引脚图

表 6.6 DAC0832 引脚定义及功能

引脚	名称	功 能
1	$\overline{CS}$	片选信号输入端,低电平有效
2	$\overline{WR1}$	输入寄存器的写选通输入端,负脉冲有效(脉冲宽度应大于 500 ns)。当 $\overline{CS}$ = 0,ILE = 1,$\overline{WR1}$ 有效时,DI7 ~ DI0 的状态被锁存到输入寄存器
4 ~ 7、13 ~ 16	DI7 ~ DI0	数据输入端,TTL 电平,有效时间应大于 90 ns
8	V_{REF}	基准电压输入端,电压范围为 - 10 ~ + 10 V
9	R_{fb}	反馈信号输入端。芯片内部此端与 I_{OUT1} 接有 15 kΩ 的电阻
11 ~ 12	I_{OUT1}、I_{OUT2}	电流输出端。I_{OUT1} + I_{OUT2} 为常量,I_{OUT1} 随 DAC 寄存器的内容线性变化。为使输出电流线性地转换成电压,需要在 DAC0832 的输出端外接运算放大器。在输出单极性时,I_{OUT2} 接地
17	$\overline{XFER}$	数据传送控制信号输入端,低电平有效
18	$\overline{WR2}$	DAC 寄存器的写选通输入端,负脉冲有效(脉冲宽度应大于 500 ns)。当 $\overline{XFER}$ = 0 且 $\overline{WR2}$ 有效时,输入寄存器的状态被锁存到 DAC 寄存器中
19	ILE	数据锁存允许信号输入端,高电平有效
3、10	AGND、DGND	模拟地和数字地。模拟地为模拟信号与基准电源参考地;数字地为芯片工作电源地与数字逻辑地(模拟地和数字地最好在基准电源处一点共地)
20	V_{CC}	芯片电源电压端,电压范围 + 5 ~ + 15 V

2. DAC0832 的输出方式

DAC0832 为电流输出型,而在实际应用时常常需要的是模拟电压信号,这就需要将 DAC0832 输出的电流信号转换成电压信号。根据不同的需要,可以使输出的电压为单极性或双极性。

(1) 单极性输出

如果需要输出的电压为单极性,则只需在 DAC0832 的输出端接一个运算放大器即可,如图 6.11 所示。

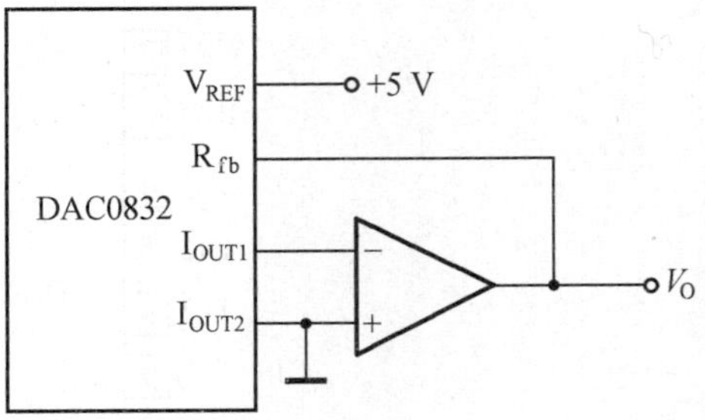

图 6.11 DAC0832 单极性输出电路图

需要注意的是,当基准电压 V_{REF} 为正时,输出电压为负,如果要输出与基准电压同相的电压,可在图 6.11 所示的电路中加入反向电压跟随器。输出电压极性与基准电压同相的单极性输出电路如图 6.12 所示。

DAC0832 单极性输出电路的输出电压波形如图 6.13 所示。

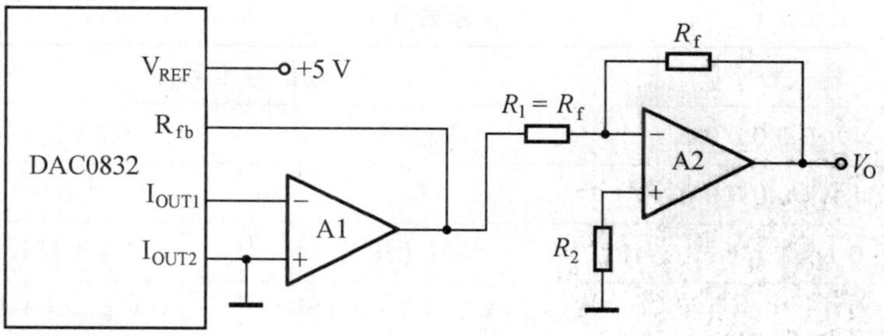

图 6.12　输出电压极性与基准电压同相的单极性输出电路

(2) 双极性输出

在单片机系统中,对于现场执行机构的控制有时要求双极性电压信号,这时模拟输出通道必须输出双极性电压信号。DAC0832 双极性输出电路如图 6.14 所示。

在图 6.14 中,取 $R_1 = R_3 = 2R_2$,运算放大器 A2 的作用是把 A1 的单极性输出电压 V_{OUT1} 转换为双极性输出电压 V_{OUT2}。

设 n 为 D/A 转换器的位数,D 为输入数字量,V_{REF} 为基准参考电压,则有

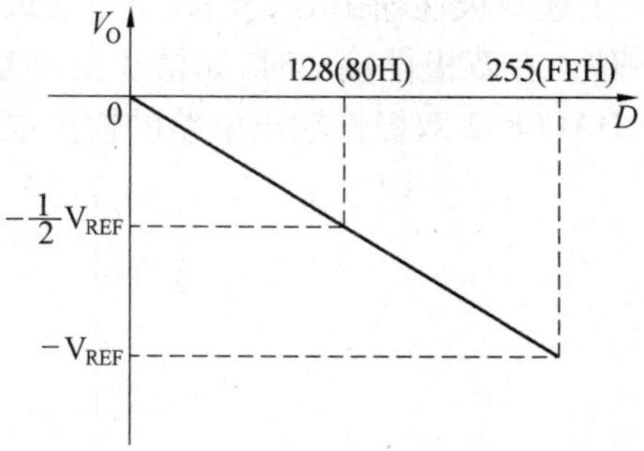

图 6.13　DAC0832 单极性输出电压波形

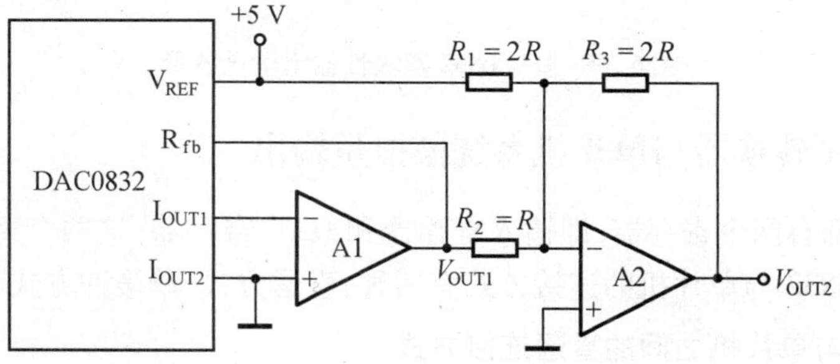

图 6.14　DAC0832 双极性输出电路

$$V_{OUT1} = -V_{REF} \cdot \frac{D}{2^n}$$

由于 $R_1 = R_3 = 2R_2$,所以运算放大器 A2 的输出电压为

$$V_{OUT2} = -\left(\frac{R_3}{R_1}V_{REF} + \frac{R_3}{R_2}V_{OUT1}\right) = V_{REF}\left(\frac{D}{2^{n-1}} - 1\right)$$

DAC0832 的输入数字量与电路的输出电压的对应关系见表 6.7。

表 6.7　输入数字量与输出电压的关系

输入数字量	输出电压 V_{OUT}	
MSB　　LSB	$+V_{REF}$	$-V_{REF}$
1 1 1 1 1 1 1 1	V_{REF} − 1 LSB	$\lvert V_{REF}\rvert$ + 1 LSB

续表 6.7

输入数字量	输出电压 V_{OUT}	
11000000	$V_{REF}/2$	$-\|V_{REF}\|/2$
10000000	0	0
01111111	−1 LSB	+1 LSB
00111111	$-\|V_{REF}\|/2$ − 1 LSB	$-\|V_{REF}\|/2$ + 1 LSB
00000000	$-\|V_{REF}\|$	$+\|V_{REF}\|$

上述双极性输出方式把数字量的最高位作符号位使用，与单极性输出比较，其分辨率降低一位。在双极性接法时，如果改变参考电压的极性，可实现四个象限的输出。

DAC0832 双极性输出电路的输出电压波形如图 6.15 所示。

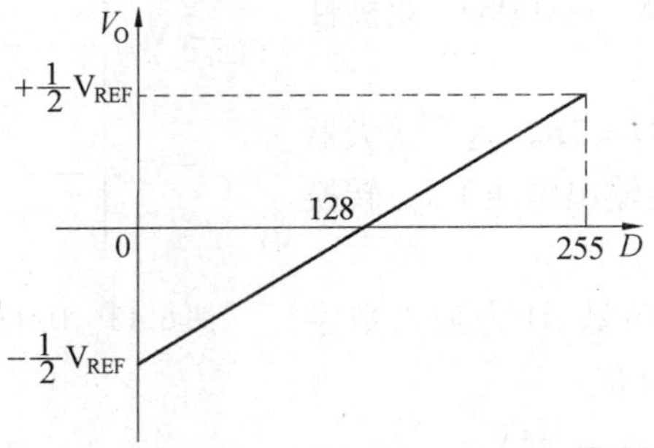

图 6.15　DAC0832 双极性输出电压波形

6.2.2　D/A 转换器与单片机系统模拟量输出

DAC0832 内部有两个寄存器，即输入寄存器和 DAC 寄存器，这两个寄存器都具有锁存功能。因此 DAC0832 与单片机的连接方式有三种：直通方式、单缓冲方式和双缓冲方式。

1. DAC0832 与单片机之间的直通连接方式

直通方式，就是 DAC0832 内部的两个寄存器都处于直通方式而不是锁存方式，单片机只要向 DAC0832 输入一个数字量，DAC0832 的输出端就会产生一个模拟信号。这种方式适合要求输出模拟量变化较快的场合，常用于反馈控制的环路中。

DAC0832 工作在直通方式时，需使 DAC0832 的所有控制信号都处于有效状态，即 $\overline{CS}$、$\overline{XFER}$、$\overline{WR1}$、$\overline{WR2}$ 接地，ILE 接 +5 V。DAC0832 与单片机之间的直通连接方式如图 6.16 所示。

2. DAC0832 与单片机之间的单缓冲连接方式

单缓冲方式，是指 DAC0832 的两个寄存器中，有一个处于直通方式，另一个处于受控的锁存方式，或者使两个寄存器同时处于受控的方式。在应用系统中，若只有一路模拟量输出，或几路模拟量不需要同步输出的场合，一般采用单缓冲连接方式。

由于在 DAC0832 中有两个寄存器，可以通过对控制信号的不同设置实现与单片机之间的单缓冲连接，共有三种连接方式。图 6.17 给出了一种单缓冲连接方式。

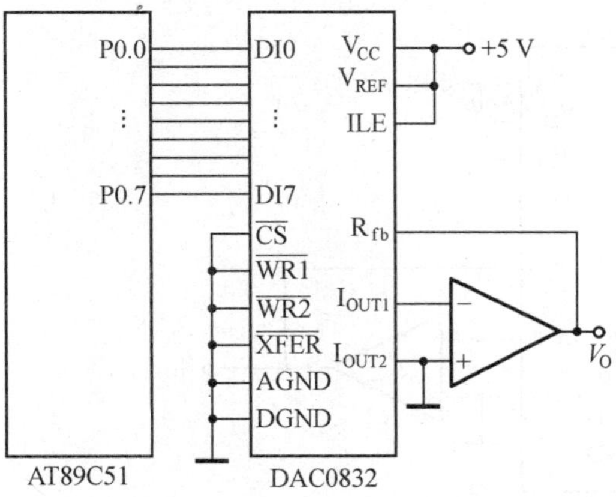

图 6.16　DAC0832 与单片机之间的直通连接方式

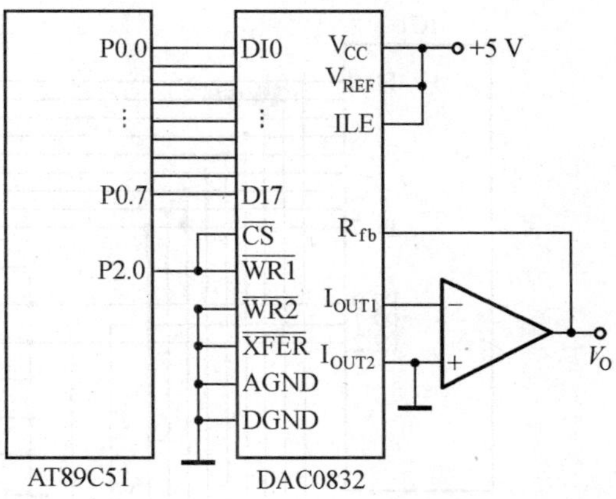

图 6.17　DAC0832 与单片机之间的单缓冲连接方式

在图 6.17 给出的单缓冲连接方式中，$\overline{XFER}$ 和 $\overline{WR2}$ 接地，0832 的 DAC 寄存器为直通方式；单片机的 P2.0 引脚接 $\overline{CS}$ 和 $\overline{WR1}$、ILE 接 + 5 V，0832 的输入寄存器受 P2.0 的控制。

3. DAC0832 与单片机之间的双缓冲连接方式

双缓冲方式，是指 DAC0832 的两个寄存器分别处于受控的锁存方式。为了实现寄存器的可控，应有两个控制信号分别控制 0832 的输入寄存器和 DAC 寄存器。

这种方式可用于需要同时输出多路模拟信号的多个 DAC0832 的系统，当多个数据已分别存入各自的输入寄存器后，再同时使所有 DAC0832 的 $\overline{WR2}$ 和 $\overline{XFER}$ 有效，系统中所有的 DAC0832 同时输出模拟信号。单片机与两片 DAC0832 之间的双缓冲连接方式如图 6.18 所示。

在图 6.18 中，单片机的 P2.0 引脚控制 IC2 的输入寄存器，P2.1 引脚控制 IC3 的输入寄存器，P2.2 引脚控制 IC2 和 IC3 的 DAC 寄存器。当 IC2 和 IC3 的输入寄存器都锁存了待转换的数字量以后，使 P2.2 有效（低电平），则 IC2 和 IC3 将同时启动 D/A 转换，并同时输出模拟量。

< 任务 3 >　设计一个波形发生器

任务描述：

设计一个波形发生器，该波形发生器能产生正弦波和锯齿波，通过按键输入波形的类别，波形的输出频率自定。

要求：

(1) 在 Keil IDE（μVision2）中完成应用程序设计，并编译。

(2) 在 ISIS 7 Professional 中完成电路设计、调试与仿真。

1. 设计分析

根据设计要求，系统中需要使用 D/A 转换器和按键。D/A 转换器用来产生正弦波和锯齿波，而按键则用来选择波形的类别。由于只有一路输出，所以用 1 片 DAC0832 即可，用 1 个按钮来控制系统输出正弦波或锯齿波。

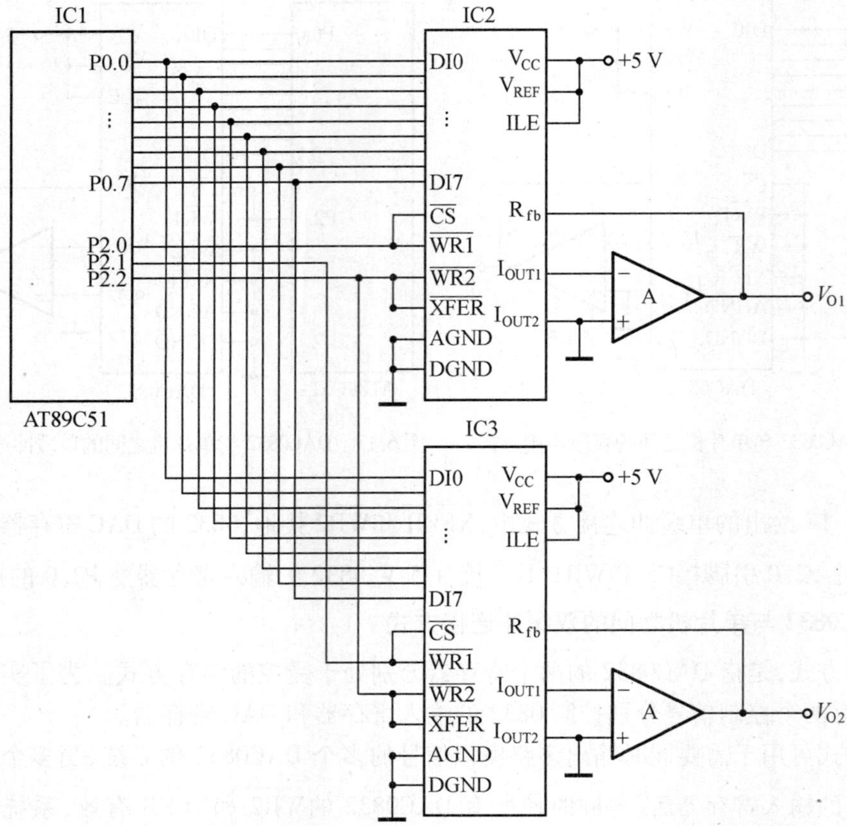

图 6.18　单片机与两片 DAC0832 之间的双缓冲连接方式

2. 电路设计

DAC0832 设置为直通方式，运算放大器选择 LM358N，单片机 P1 口连接 DAC0832 的数据线。P3.0 接控制按钮，用 ISIS 7 Professional 提供的虚拟示波器显示正弦波或锯齿波。按设计要求选取元器件，见表 6.8。在 Proteus 中设计波形发生器电路，如图 6.19 所示。

表 6.8　波形发生器元器件列表

元器件名称	参数	数量	元器件名称	参数	数量
单片机	AT89C51	1	虚拟示波器		1
晶体振荡器	12 MHz	1	ADC0804		1
瓷片电容 CAP	30 pF	2	运算放大器	LM358N	1
电解电容 CAP - ELEC	20 μF	1	按钮 BUTTON		2
电阻 RES	10 kΩ	2			

3. 程序设计

```
#include < reg51.h >
sbit control = P3^0;
```

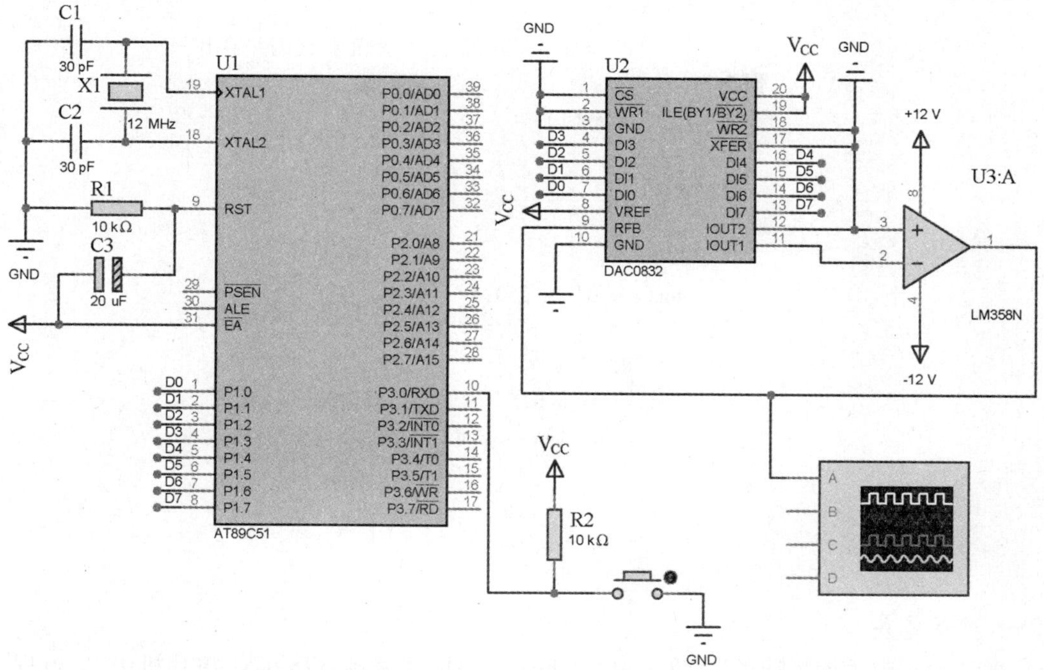

图 6.19　正弦波/锯齿波信号发生器

```
#define step 4
unsigned char code sin[64] =
        {0x80,0x8c,0x98,0xa5,0xb0,0xbc,0xc7,0xd1,
        0xda,0xe2,0xea,0xf0,0xf6,0xfa,0xfd,0xff,
        0xff,0xff,0xfd,0xfa,0xf6,0xf0,0xea,0xe3,
        0xda,0xd1,0xc7,0xbc,0xb1,0xa5,0x99,0x8c,
        0x80,0x73,0x67,0x5b,0x4f,0x43,0x39,0x2e,
        0x25,0x1d,0x15,0xf,0x9,0x5,0x2,0x0,0x0,
        0x0,0x2,0x5,0x9,0xe,0x15,0x1c,0x25,0x2e,
        0x38,0x43,0x4e,0x5a,0x66,0x73};// 正弦代码表
//* * * * * * * * * * * * * * * * 延时函数 * * * * * * * * * * * * * * * *//
void delay(unsigned char m)
{
    unsigned char i;
        for(i = 0;i < m;i ++);
}
//* * * * * * * * * * * * * * * * 主函数 * * * * * * * * * * * * * * * *//
void main(void)
{
    unsigned char i;
    while(1)
        {
            if(control = = 0)
                {
                for(i = 0;i < 64;)
```

```
                {
                    P1 = sin[i];          // 取正弦代码并输出
                    i ++;
                    delay(1);
                }
            }
        else
            {
                for(i = 0;i < 250;)
                {
                    P1 = i;
                    i += step;            // 锯齿波
                    delay(1);
                }
            }
    }
}
```

4. 电路仿真

将在 keil 中编译形成的“波形发生器. hex” 文件,加载到 AT89C51 单片机中,运行程序,仿真结果如图 6.20 所示。

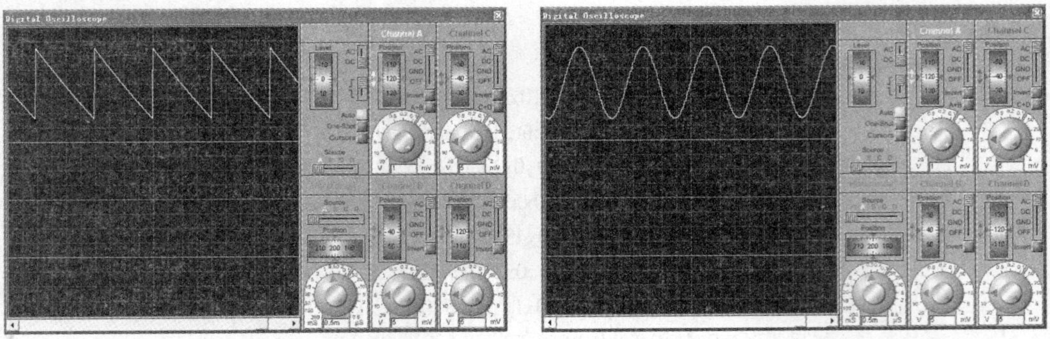

(a) 锯齿波仿真图　　　　(b) 正弦波波仿真图

图 6.20　正弦波 / 锯齿波信号发生器仿真图

习　题

1. 简述 A/D 转换器的主要技术指标。
2. 简述 ADC0804 的主要特性。
3. 简述 ADC0808/0809 的主要特性。
4. AT89C51 单片机与 ADC0804 的数据线、控制信号线及时钟电路应如何连接?
5. AT89C51 单片机与 ADC0808 的数据线、控制信号线及时钟电路应如何连接?
6. DAC0832 与 AT89C51 单片机有几种连接方式? 各适用于什么场合?
7. 设计一个波形发生器,该波形发生器能产生正弦波和锯齿波,通过按键输入波形的类别,波形的周期均为 50 ms。

第7章

单片机应用系统设计与仿真

学习导航

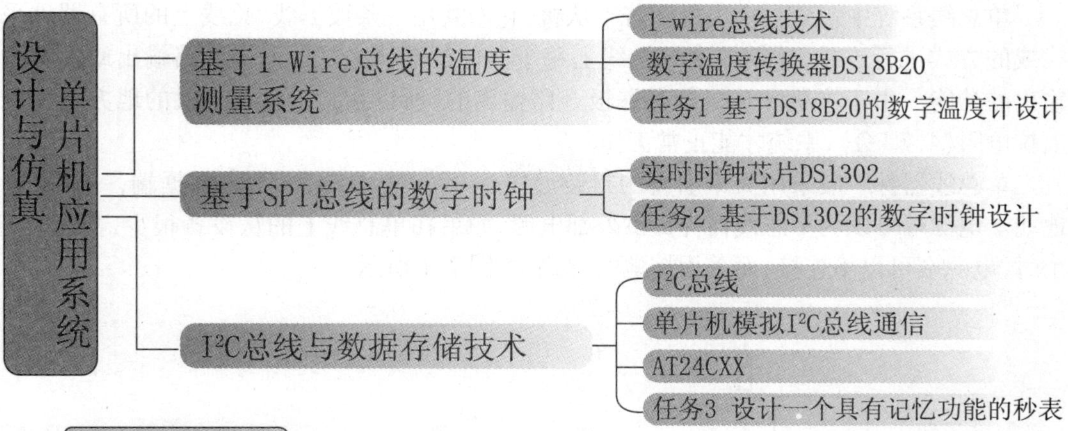

学习目标

知识目标	1. 1-wire 总线技术 2. 集成温度传感器DS18B20 3. DS18B20与单片机接口技术 4. 实时时钟芯片DS1302 5. DS1302的读/写操作 6. DS1302与单片机接口技术 7. I²C总线标准 8. 单片机模拟I²C总线通信 9. 串行EEPROM存储器AT24C02
能力目标	1. 能够应用单片机的内部资源并行I/O口、定时/计数器、中断系统、串行口，以及常用的显示器件、键盘等，设计出满足设计要求的单片机应用系统，提高单片机应用系统设计能力 2. 能够使用1-wire 总线器件、I²C总线器件、SPI总线器件，以单片机为核心组建温度测量、数据存储及实时时钟功能等应用系统，提高单片机综合应用能力

7.1　基于 1 - Wire 总线的温度测量系统

7.1.1　1 - wire 总线技术

1 - Wire BUS（单总线）是 Maxim 全资子公司 Dallas 的一种串行总线技术，该技术采用一根信号线，既传输时钟，又传输数据，而且数据传输是双向的，同时可以通过这根信号线向单总线器件提供电源。它具有节省 I/O 口线资源、结构简单、成本低廉、便于总线扩展和维护等诸多优点。下面将从应用的角度对 1 - Wire BUS 技术加以介绍。

1. 单总线器件的硬件结构

单总线系统中包含一个主机和若干从机，它们共用一条数据线，总线上的所有器件采用线或的方式进行连接，这就要求单总线上每个器件的端口必须为漏极开路输出或具有三态输出的功能。由于主机和从机都是漏极开路输出的，所以在总线靠近主机的地方必须连接上拉电阻（4.7 kΩ），系统才能正常工作。

单总线器件一般采用 3 个引脚的封装形式，一个是电源端，一个是数据端，一个是电源地端。电源端可以为单总线器件提供外部电源，如果在单总线上的从设备很少，甚至只有 1 个时，电源端可以不连接，而采用接地的方式，如图 7.1 所示。

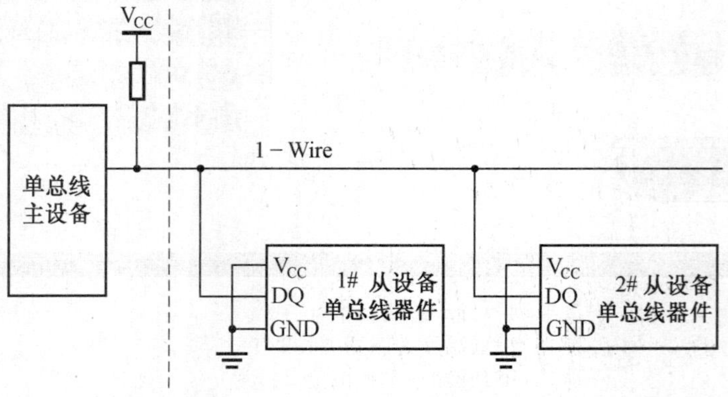

图 7.1　1 - wire 总线的特殊连接方式

单总线器件之所以将 V_{CC} 引脚与地相连，主要是由内部的结构所决定，内部的端口结构如图7.2所示。由图7.2可以看出，单总线器件的电源部分由两个二极管 D1 和 D2、一个电容器 C_P 以及电源检测电路组成。当 V_{CC} 端连接到系统的 V_{CC} 时，总线器件由 V_{CC} 经 D2 向内部进行供电；当 V_{CC} 端与 GND 端连接并连接到系统中的数字地时，单总线器件的供电由 C_P（D1、D2 截止）完成。

假设该设备为从设备，当 1 - wire 总线的 DQ 线为高电平“1”时，总线为器件提供了电源，并通过二极管 D1 对电容 C_P 进行充电，并使电容 C_P 达到饱和；当 1 - wire 总线的 DQ 线为低电平“0”时，电容 C_P 开始向单总线器件内部进行充电，这个供电时间不会太长，但必须足以使单总线器件维持到下一次主设备将 1 - wire 总线拉高。这种“偷电”式供电又称为寄生电源（Parasite Power）。

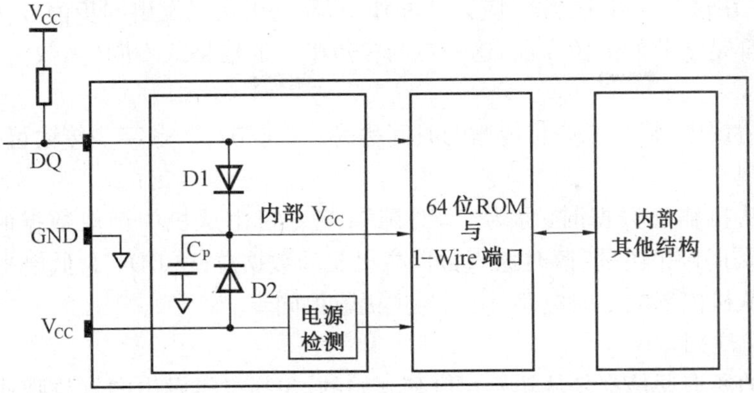

图 7.2　单总线器件 I/O 端口内部结构

为了确保单总线器件正常、可靠地工作，主设备应间隔地输出高电平，且保证能够提供足够的电流，一般为 1 mA 。当主设备使用 + 5 V 电源时，总线的上拉电阻不应大于 5 kΩ，所以通常选用 4.7 kΩ 的上拉电阻。

当主设备使用的电源电流较低或不能提供充足的电源电流时，应采用总线驱动电路，以便将 DQ 线的高电平强拉到 + 5 V，从而可以增加驱动电流。

2. 单总线器件的序列号

每个单总线器件都有一个采用激光刻制的序列号，任何单总线器件的序列号都不会重复。当很多单总线器件连接在同一条总线上时，主设备可以通过搜寻每个器件的序列号进行访问。

单总线器件的序列号由 48 位二进制数组成，与家族码、校验码共同构成单总线器件的 ROM 注册码，如图 7.3 所示。

64 位 ROM 注册码		
8 位 CRC 校验码	48 位序列号	8 位家族码
MSB　　LSB	MSB　　LSB	MSB　　LSB

图 7.3　单总线器件 ROM 注册码的数据格式

在单总线器件 ROM 注册码的数据格式中，最低的 8 位是家族码，然后是 48 位序列号，最高 8 位是 CRC 校验码。

家族码决定了单总线器件的分类，如可寻址开关 DS2045 的家族码为 05H，数字温度传感器 DS18B20 的家族码为 28H 等，一共有 256 种不同类型的单总线器件。

48 位序列号是单总线器件的唯一标识，因为 2^{48} = 281 474 976 710 656，所以只有在生产了如上数量的芯片后，序列号才会重复，这显然是不可能的。

最高的 8 位是前面 56 位的 CRC 校验码。当主设备接受到 64 位 ROM 注册码后，可以计算出前 56 位的循环冗余校验码，与接收到的 8 位 CRC 校验码比较后便可知道本次数据传输的正确性。

3. 1 – wire 总线数据通信协议

单总线的通信协议定义了以下几种类型的信号：复位脉冲、应答脉冲、写“0”、写“1”、读

“0” 和读“1”。在这些信号中,除了应答脉冲外,其他均由主机发出同步信号,并且发送的所有命令和数据都是字节的低位在前,这一点与多数串行通信格式不同(多数为字节的高位在前)。

在单总线协议中,将完成一位传输的时间称为一个时隙,于是字节传输可以通过多次调用位操作来实现。

当主机向从机输出数据时,称为“写时隙”,当主机由从机中读取数据时,称为“读时隙”。无论是“写时隙” 还是“读时隙”,都以主机驱动数据总线(DQ) 为低电平开始,数据线的下降沿触发从机内部的延时电路,使之与主机取得同步。

(1) 初始化序列

单总线上的所有通信都是从初始化序列开始的,包括主机发出的复位脉冲、从机的应答脉冲。单总线初始化序列时序图如图 7.4 所示。

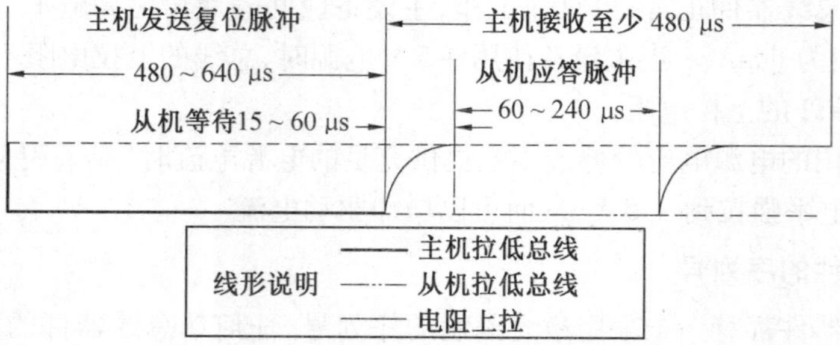

图 7.4　单总线初始化时序图

在初始化序列中,首先主机发出 480 ~ 640 μs 的低电平作为复位脉冲,然后从机释放总线,由上拉电阻将总线拉至高电平,同时主机进入接收状态。在进入接收状态 15 ~ 60 μs 后,主机开始检测 I/O 引脚上的下降沿,以监视单总线上是否有从机存在,以及从机是否产生应答,这个检测的时间一般为60 ~ 240 μs。检测结束后,主机等待从机释放总线。主机的整个接收状态至少应维持 480 μs。

从机接收到主机发送的复位脉冲,在等待 15 ~ 60 μs 后,向总线发出一个应答脉冲(该脉冲是一个 60 ~ 240 μs 的低电平信号,由从机将总线拉低),表示从机已经准备好,可根据各类命令发送或接收数据。

复位脉冲是主机以广播的形式发出的,所以总线上的所有从机只要接收到复位脉冲都会发出应答脉冲。主机一旦检测到应答脉冲,就认为总线上存在从机,并已准备好接收命令或数据,这时主机可以开始发送相关信息。如果主机没有检测到应答脉冲,则认为总线上没有从机,在程序的设计上可以跳过相应的单总线操作,而转入其他的程序。

(2)“写时隙”

单总线通信协议中包括两种“写时隙”:写“0” 和写“1”,主机采用“写时隙” 向从机写入二进制数据“0” 或“1”。所有“写时隙” 至少需要60 μs,而且在两次独立的“写时隙” 之间至少需要 1 μs 的恢复时间。两种“写时隙” 均起始于主机拉低总线(DQ),如图 7.5 所示。

产生写“0” 时隙的方式:在主机拉低总线后,需在整个时隙期间内保持低电平即可(至少 60 μs)。

产生写“1” 时隙的方式:在主机拉低总线后,接着必须在 15 μs 之内释放总线,由上拉电阻将总线拉至高电平,并维持时隙期间。

在"写时隙"起始后 15 ~ 60 μs 期间,单总线的从机采样总线的电平状态:如果在此期间采样值为低电平,则写入的数据为逻辑"0";如果采样值为高电平,则写入的数据为逻辑"1"。

(3) 读时隙

单总线器件仅在主机发出"读时隙"时,才向主机传输数据。所以在主机发出读数据命令后,必须马上产生读时隙,以便从机能够传输数据。所有读时隙至少需要 60 μs,且在两次独立的读时隙之间至少需要 1 μs 的恢复时间。每个读时隙都由主机发起,至少拉低总线 1 μs,如图 7.5 所示。

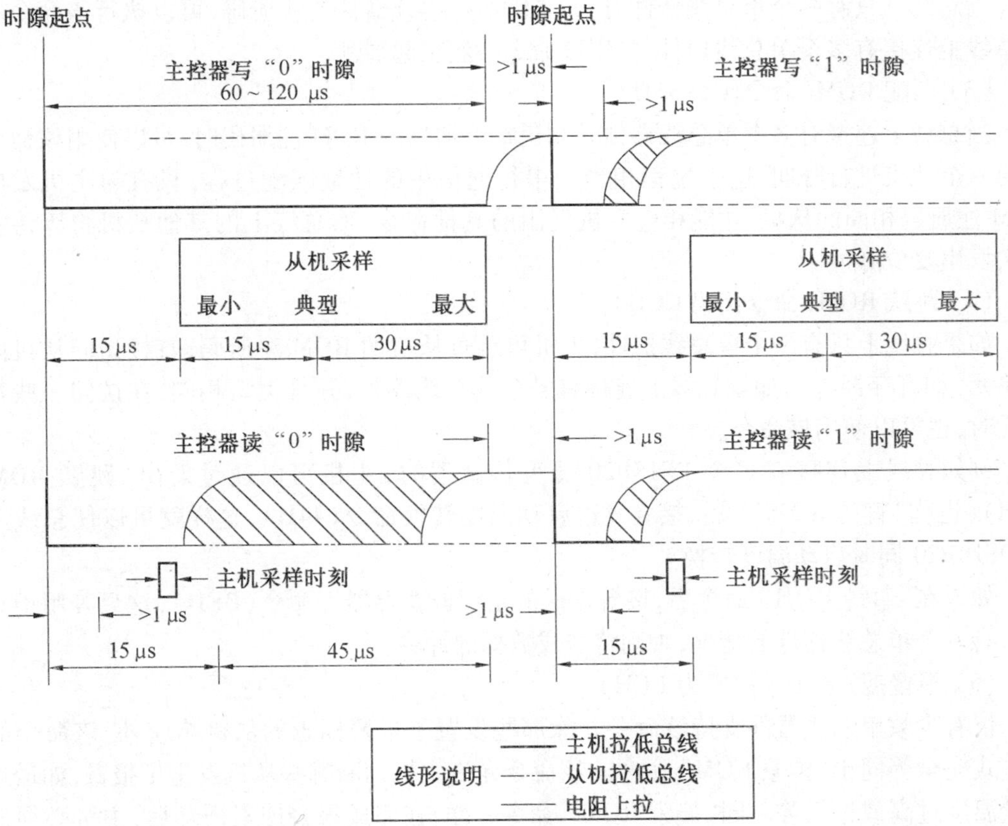

图 7.5　单总线主机"读 / 写时隙"时序图

在主机发起"读时隙"之后,从机才开始在总线上发送"0"和"1"。若从机发送"1"则保持总线为高电平,若发送"0"则拉低总线。当发送"0"时,从机在该时隙结束后释放总线,由上拉电阻将总线拉回至空闲高电平状态。从机发出的数据在起始时隙之后,保持有效时间 15 μs,因而主机在"读时隙"期间必须释放总线,并且在起始时隙后的 15 μs 之内采样总线状态。

4.1 - wire 总线的 ROM 命令

在主机检测到从机的应答脉冲后,便可以向从机发送 ROM 命令(这些 ROM 命令与从机唯一的 64 位注册码有关)。主机通过 ROM 命令得知总线上从机的数量、类型、报警状态以及读取总线器件内数据等相关信息。大部分的从机可以支持5种ROM命令,每种命令的长度为8位二进制数。

(1) 搜索ROM(命令代码F0H)

当系统中存在单总线器件时,可以通过该命令获知从机的注册码,这样主机就可以判断出总线上从机的数量和类型。如果总线上只有一个单总线器件,可以通过"读取ROM"命令直接获得从机的ROM注册码;如果总线上从机数量较多,则需要多次使用该命令,并结合相应搜索算法才能获得其中一个从机的ROM注册码,若需要其他从机的ROM注册码,就要重新搜索。

(2) 读取ROM(命令代码33H)

当总线上只有一个单总线器件时,如果需要获得该器件的注册码,可以执行该命令。如果总线上连接有多个单总线器件,使用该命令必然引起混乱。

(3) 匹配ROM(命令代码55H)

当总线上连接有多个单总线器件并知道每个器件的ROM注册码时,可以使用该命令对任何一个从机进行呼叫,这个过程相当于串行通信中的地址匹配过程,只有与主机发出的ROM注册码相同的从机,才能相应主机发出的其他命令,而总线上的其他从机将等待主机再次发出复位脉冲。

(4) 跳跃ROM(命令代码CCH)

如果总线上只有一个单总线器件,主机可跳过从机的ROM注册码,直接访问从机内其他单元(如寄存器等);如果总线上连接有多个单总线器件,并且类型相同,在访问一些特殊单元时,也可以使用该命令。

例如总线上连接有多个DS18B20温度传感器时,主机可以通过发出"跳跃ROM"(CCH)(也称"直访ROM")后,接着发送启动温度转换命令(44H),这样就可以使总线上所有DS18B20同时启动温度转换。

如果在"直访ROM"命令后,接着发送的是读取暂存器等命令(BEH),这只等用于总线上只有一个单总线器件的情况,否则将造成数据的冲突。

(5) 报警搜索(命令代码为ECH)

仅有少数单总线器件支持该命令。除那些设置了报警标志的从机响应外,该命令的工作方式完全等同于"搜索ROM"命令。该命令允许主机判断哪些从机发生了报警,如最近的测量温度过高或过低等。同"搜索ROM"命令一样,在完成报警搜索循环后,主机必须返回重新搜索。

在使用ROM命令对单总线器件进行操作时,也需要按照一定的格式传输数据,如图7.6所示。

5.1 – wire 总线器件的ROM搜索

ROM注册码的搜索一般采用二叉树型结构,搜索过程沿各个分节点向下进行,直到找到器件的ROM注册码为止,后续的搜索操作沿着节点上的其他路径进行,按着同样的方式,直到找到总线上所有器件的ROM注册码。

在ROM注册码搜索过程中,主机发出复位脉冲后,所有器件都会发出响应脉冲。之后,由主机发出"搜索ROM"命令,这时,所有的单总线器件同时向总线上发送ROM注册码的第

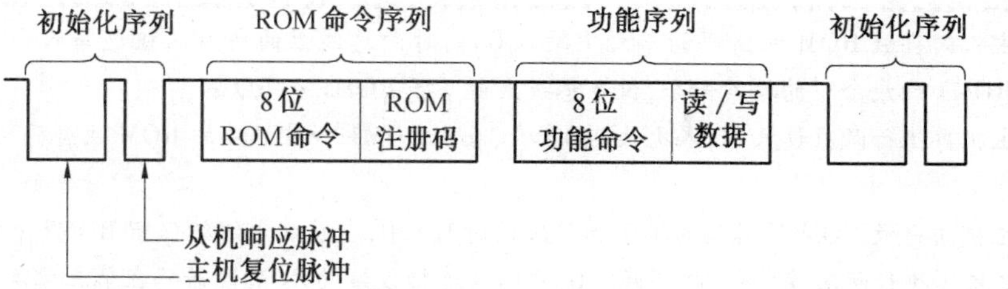

图7.6　单总线数据传输格式

一位(即家族码的最低位),按照单总线通信协议的规定,无论主机是"写操作"还是"读操作",都以主机将总线拉低来启动每一位的操作。当所有从机应答时,单总线上获得的结果相当于所有从机发送数据的逻辑与。在从机发送ROM注册码的第一位后,主机启动下一位操作,从机发送第一位的补码,主机从两次得到的结果可对ROM注册码的第一位做出4种判断,见表7.1。

表7.1　单总线主机判断ROM注册码的算法

第一次	第二次	结　论
0	0	从机ROM注册码中,当前位既有0,又有1,即存在差别
0	1	从机ROM注册码中,当前位为0
1	0	从机ROM注册码中,当前位为1
1	1	总线上没有从机响应

在主机接收两次数据后,就可以根据判断的结果,将存放ROM注册码单元中的相应的数据位写入0或1,同时将该位信息写入从机。

当主机发送一次"搜索ROM"命令后,从机会按照从低到高的顺序,将ROM注册码一次输出,每一位输出两次(一次为原码,一次为补码),所以主机总共将接收128个数据位。

由此看来,ROM注册码的搜索过程只是一个简单的三步循环程序:"读一位"、"读该位的补码"、"写入一个期望的数据位"。总线主机在ROM注册码的每一位都重复这样的三步循环程序。完成后,主机就能够知道该器件的ROM注册码信息,单总线上剩下的设备数量及其ROM注册码通过相同的操作过程即可获得。

◈ 单总线器件的ROM注册码搜索过程

例如,在单总线上连接四个不同的器件,ROM注册码如下所示:

ROM1:00110101……,ROM2:10101010……,ROM3:11110101……,ROM4:00010001……

具体的搜索过程如下:

(1) 主机发出复位脉冲,启动初始化序列。从机设备发出响应的应答脉冲。

(2) 主机在总线上发出ROM搜索命令。

(3) 四个从机分别将ROM注册码的第一位输出到单总线上,ROM1和ROM4输出0,而ROM2和ROM3输出1。总线上的输出结果是所有输出的逻辑与,所以主机从总线上读到的是0;接着四个从机分别将ROM注册码中第一位的补码输出到总线上,此时ROM1和ROM4输出1,而ROM2和ROM3输出0,这样主机读到的该位补码是0,主机由此判断从机ROM注册码中,第一位既有0又有1。

(4) 主机向存放 ROM 注册码的单元中写入 0,同时向总线上的所有从机也写入 0,从而禁止了 ROM2 和 ROM3 响应余下的搜索命令,仅在总线上留下了 ROM1 和 ROM4。

(5) 主机再执行两次读操作,依次收到 0 和 1,表明 ROM1 和 ROM4 的 ROM 注册码的第二位都是 0。

(6) 主机向存放 ROM 注册码的单元和总线同时写入 0,在总线上继续保留 ROM1 和 ROM4。

(7) 主机又执行两次读操作,收到两个 0,表明所连接设备的 ROM 注册码在第三位既有 0 也有 1。

(8) 主机再次向存放 ROM 注册码的单元和总线同时写入 0,从而禁止了 ROM1 响应余下的搜索命令,仅在总线上留下了 ROM4。

(9) 主机读完 ROM4 余下的 ROM 注册码,这样就完成了第一次搜索,并找到了位于总线上的第一个从机。

(10) 重复第(1) 至第(7) 步,开始新一轮的搜索 ROM 命令。

(11) 主机向存放 ROM 注册码的单元和总线同时写入 1,使 ROM4 离线,仅在总线上留下了 ROM1。

(12) 主机读完 ROM1 余下的 ROM 注册码,这样就完成了第二次搜索,找到了第二个从机。

(13) 重复第(1) 至第(3) 步,开始新一轮的搜索 ROM 命令。

(14) 主机向存放 ROM 注册码的单元和总线同时写入 1,这次禁止了 ROM1 和 ROM4 响应余下的搜索命令,仅在总线上留下了 ROM2 和 ROM3。

(15) 主机又执行两次读操作,读到两个 0。

(16) 主机再次向存放 ROM 注册码的单元和总线同时写入 0,这样禁止了 ROM3,而留下了 ROM2。

(17) 主机读完 ROM2 余下的 ROM 注册码,这样就完成了第三次搜索,找到了第三个从机。

(18) 重复第(13) 至第(15) 步,开始新一轮的搜索 ROM 命令。

(19) 主机向存放 ROM 注册码的单元和总线同时写入 1,这次禁止了 ROM2,留下了 ROM3。

(20) 主机读完 ROM3 余下的 ROM 注册码,这样就完成了第四次搜索,找到了第四个从机。

7.1.2 基于 1 - wire 总线的数字温度传感器 DS18B20

1. DS18B20 简介

DS18B20 是美国 Dallas 公司生产的单总线数字式温度传感器。DS18B20 具有体积小、结构简单、操作灵活、使用方便等特点,封装形式多样,适合各种狭小空间内设备的数字测温和控制。

DS18B20 的性能:

(1) 单总线接口,可方便地实现多点测温。

(2) 每个芯片都有唯一的一个 64 位光刻的 ROM 注册码,家族码为 28H。

(3) 无需外部器件,可通过数据线供电,电源电压范围:3.0 ~ 5.0 V。

(4) 温度测量范围 - 55 ~ + 125 ℃,在 - 10 ~ + 85 ℃ 范围内,测量精度可达到 ±0.5 ℃。

(5) 分辨率为可编程的 9 ~ 12 位(包括 1 位符号位),对应的可分辨温度分别为 0.5 ℃、0.25 ℃、0.125 ℃ 和 0.062 5 ℃。

(6) DS18B20 的转换时间与设定的分辨率有关。当设定为 9 位时,最大转换时间为

93.75 ms；当设定为 10 位时，转换时间为 187.5 ms；当设定为 11 位时，最大转换时间为 375 ms；当设定为 12 位时，转换时间为 750 ms。

(7) 温度数据由 2 个字节组成。

(8) 内部含有 EEPROM，其报警上、下限温度值和设定的分辨率在掉电的情况下不丢失。

DS18B20 的引脚定义及封装形式如图 7.7 所示，其内部结构如图 7.8 所示。DS18B20 由 4 部分组成：寄生电源电路、64 位 ROM 与单总线接口、存储器控制逻辑以及暂存寄存器。

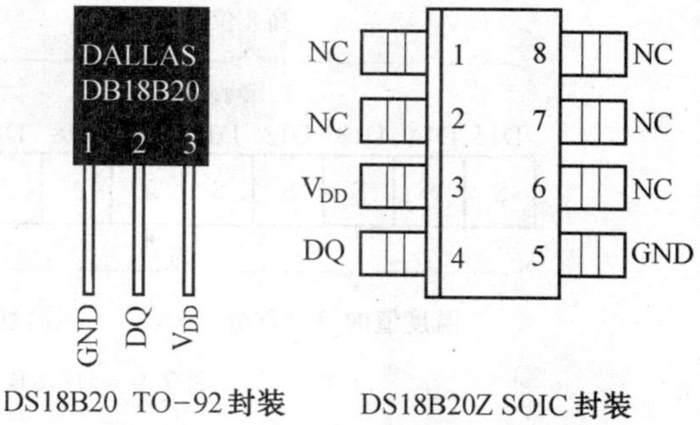

图 7.7　DS18B20 的引脚定义及封装形式

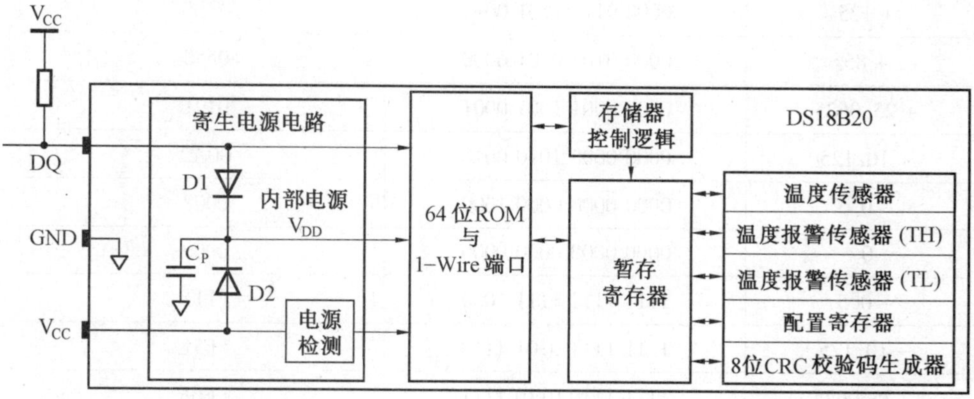

图 7.8　DS18B20 的内部结构

2. DS18B20 的工作原理

DS18B20 的核心功能是一个直接数字式温度传感器。芯片的分辨率可按照用户的需要配置为 9 位、10 位、11 位、12 位，芯片在上电后的默认设置为 12 位。DS18B20 可工作在低功耗的空闲状态。

单总线系统中的主机发出温度转换命令(44H) 后，DS18B20 便开始启动温度测量并把测量的结果进行 A/D 转换。经过 A/D 转化后，所产生的温度数据将存储在暂存寄存器中的两个温度寄存器单元中，数据的格式为符号扩展的二进制补码，同时 DS18B20 返回到空闲状态。

DS18B20 的温度数据输出单位为“摄氏度”。温度数据在两个温度寄存器单元中的存储格式如图 7.9 所示。

标志位(S) 是温度数据的符号扩展位，表示温度的正负：如果温度为正，则 S = 0；如果温度为负，则 S = 1。在实际使用过程中，如果 DS18B20 被设置为 12 位分辨率，则在温度寄存器单元中所有数据位都是有效位；如果 DS18B20 被设置为 11 位分辨率，则 D0 位数据无效；如果 DS18B20 被设置为 10 位分辨率，则 D1、D0 位数据无效；如果 DS18B20 被设置为 9 位分辨率，则 D2、D1、D0 位数据无效。以 12 位分辨率为例，表 7.2 给出了 DS18B20 部分数字量输出与温度值之间的关系。在表 7.2 中，+ 85 ℃ 是 DS18B20 上电复位后在温度寄存器内对应的数字量。

高 8 位　　　　低 8 位

D15	D14	D13	D12	D11	D10	D9	D8	D7	D6	D5	D4	D3	D2	D1	D0
S	S	S	S	S	2^6	2^5	2^4	2^3	2^2	2^1	2^0	2^{-1}	2^{-2}	2^{-3}	2^{-4}

温度值的符号部分　　温度值的整数部分　　温度值的小数部分

图 7.9　DS18B20 的内温度数据格式

表 7.2　DS18B20 部分数字量输出与温度值之间的对应关系

温度/℃	数字量输出(二进制)	数字量输出(十六进制)
+125	0000 0111 1101 0000	07D0
+85	0000 0101 0101 0000	0550
+25.0625	0000 0001 1001 0001	0191
+10.125	0000 0000 1010 0010	00A2
+0.5	0000 0000 0000 1000	0008
0	0000 0000 0000 0000	0000
-0.5	1111 1111 1111 1000	FFF8
-10.125	1111 1111 0101 1110	FF5E
-25.0625	1111 1110 0110 1111	FE6F
-55	1111 1100 1001 0000	FC90

在 DS18B20 完成温度转换后,其温度值将与报警寄存器中的值相比较。在 DS18B20 中有两个报警寄存器,TH 为温度上限值,TL 为温度下限值,这两个寄存器均为 8 位,所以在进行温度比较时,只取出温度值的中间 8 位(D4 ~ D11)进行比较。TH 和 TL 寄存器格式如图 7.10 所示。

D7	D6	D5	D4	D3	D2	D1	D0
S	2^6	2^5	2^4	2^3	2^2	2^1	2^0

图 7.10　TH 和 TL 的格式

如果温度寄存器测量的结果低于 TL 或高于 TH,则设置报警标志,这个比较过程会在每次温度测量时进行。一旦报警标志设置后,器件就会响应系统主机发出的条件搜索命令(ECH)。这样处理的好处是,可以使单总线上的所有器件同时测量温度,如果有些点上的温度超过了设定的阈值,则这些报警的器件就可以通过条件搜索的方式识别出来,而不需要一个一个器件去读取。

无论是温度测量值还是报警阈值,都会存储在 DS18B20 芯片内的寄存器中。DS18B20 的寄存器包括 SRAM(暂存寄存器)和 EEPROM(非易失寄存器)。EEPROM 用于存放报警上限寄存器(TH)、报警下限寄存器(TL)和配置寄存器。如果在使用过程中,没有使用报警功能,TH 和 TL 可作为普通寄存器单元使用。DS18B20 的存储器结构如图 7.11 所示。

字节 0 和字节 1 是温度数字量的低位字节和高位字节,这两个寄存器是只读寄存器,在上电时的默认值为 0550H,即 +85 ℃。

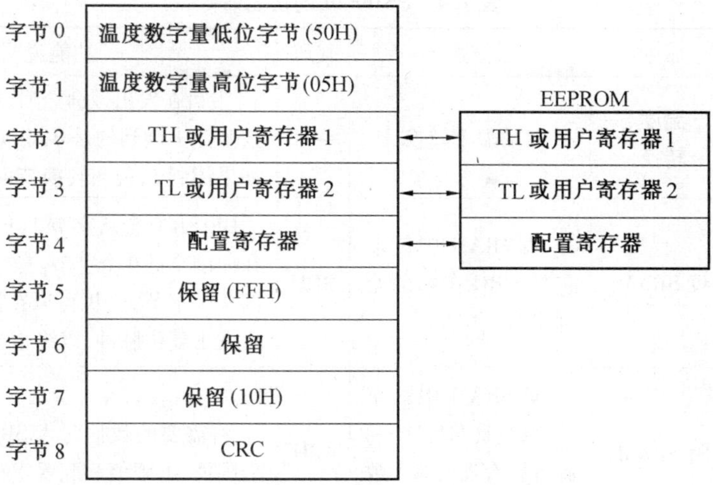

图7.11　D18B20存储器结构

字节2和字节3可用于存放报警阈值或用户寄存器。

字节4是配置寄存器,用于设置DS18B20温度测量分辨率,其格式如图7.12所示。

D7	D6	D5	D4	D3	D2	D1	D0
0	R1	R0	1	1	1	1	1

图7.12　配置寄存器格式

配置寄存器中的D0 ~ D4位在读操作时总为1,在写操作时可为任意值;D7在读操作时总为0,在写操作时可为任意值;D5和D6用于设置温度测量分辨率,见表7.3。

字节5、6、7保留未使用。

字节8用于存放前8个字节的CRC校验值。

表7.3　温度分辨率配置表

R1	R0	分辨率/位	最长转换时间/ms
0	0	9	93.75
0	1	10	187.5
1	0	11	375
1	1	12	750

EEPROM中的值在掉电后仍然保留,SRAM中的值在掉电后会丢失。在器件上电时,将EEPROM中的数据复制到SRAM中,SRAM恢复默认值。所以SRAM的字节2、3、4、8中的值取决于EEPROM中的值。

用户可通过"回读EEPROM"命令后,通过一个读时隙来判断回读操作是否完成:如果回读操作正在执行,则DS18B20会向总线上发送一个0;如果回读操作已经完成,则DS18B20会向总线上发送一个1。"回读EEPROM"命令会在DS18B20上电时自动完成一次,保证芯片在上电后可以使用有效数据。

3. DS18B20的功能命令

DS18B20的功能命令包括两类:温度转换和存储命令,见表7.4。

表 7.4　DS18B20 的功能命令

	命令	描述	代码	功能说明
温度转换命令	温度转换	启动温度转换	44H	主机在发出该命令后，如果在紧接着的读时隙中读到的是 0，说明温度正在转换；如果读到 1，说明转换结束
存储器命令	读 SRAM	从 SRAM 中读取包括 CRC 在内的全部字节	BEH	DS18B20 会从字节 0 开始输出包括 CRC 在内的全部 9 个字节。如果不需要读取全部 9 个字节，主机可以在读取需要的字节后发出复位脉冲，以终止当前的读操作
	写 SRAM	向 SRAM 中的字节 2、3、4(TH、TL 和配置寄存器）写入数据	4EH	将需要的数据写入 SRAM 的温度报警上限值、下限值和配置寄存器
	复制 SRAM	复制 SRAM 中的 TH、TL 和配置寄存器的值到 EEPROM	48H	复制 SRAM 中的 TH、TL 和配置寄存器的值到 EEPROM 中。主机在发出该命令之后，如果在紧接着的读时隙中读到的是 0，说明复制正在进行；如果读到 1，说明复制结束
	回读 EEPROM	从 EEPROM 中将 TH、TL 和配置寄存器的值回读到 SRAM 中	B8H	从 EEPROM 中将 TH、TL 和配置寄存器的值回读到 SRAM 中。主机在发出该命令之后，如果在紧接着的读时隙中读到的是 0，说明回读正在进行；如果读到 1，说明回读结束
	读电源	读取 DS18B20 的供电方式	B4H	主机在发出该命令之后，如果在紧接着的读时隙中读到的是 0，说明当前使用的是寄生电源；如果读到 1，说明使用的是外部供电

需要注意的是，当系统中 DS18B20 使用寄生电源供电时，由于“温度转换”和“复制 SRAM”的操作都是发生在主机发命令之后，由 DS18B20 自主完成的，同时又需要较长的时间（“温度转换”的时间最长），所以通常在主机发出这些命令后，通过 MOSFET 将总线电压强拉至高电平，以保证这些操作的顺利完成，如图 7.13 所示。

一般的，在“温度转换”时，需要根据温度测量的分辨率选择保持强上拉的时间；在“复制 SRAM”时，需要至少保持 10 ms 的强上拉，而且必须在主机发出命令的 10 μs 的时间内使用 MOSFET 进行上拉。

7.1.3　基于 1 - wire 总线的温度测量系统

温度测量在粮食仓储、食品加工、药品制造等领域有着广泛应用。在传统的温度测量系统设计中，往往采用热敏电阻或 PN 结作为温度传感器，这样就不可避免地遇到诸如引线误差补偿、信号调理电路的误差等问题，并且随着测温点数量的增加，信号传输线数量也随之

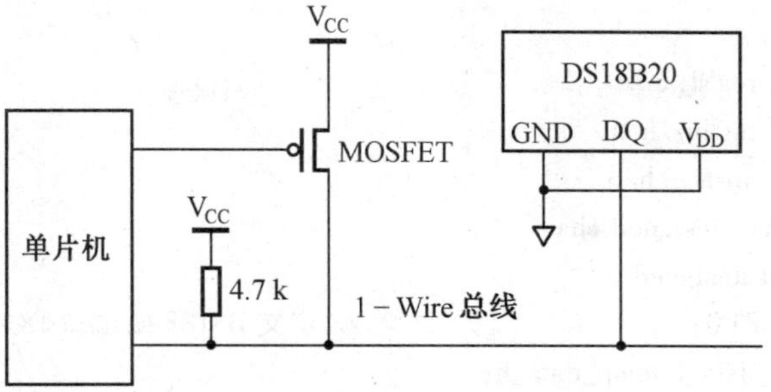

图 7.13　DS18B20 使用 MOSFET 进行强上拉电路原理图

增加,这样带来系统安装、维护、可靠性以及成本的一系列问题。由于 DS18B20 具有体积小、结构简单、现场温度直接以 1 - wire 总线的数字方式输出的特点,被广泛应用在环境温度测量系统中。下面,我们通过一个案例介绍集成温度传感器 DS18B20 在温度测量中的应用技术。

< 任务 1 >　基于 DS18B20 的数字温度计设计

任务描述:

设计一个简易数字温度计,测温范围 - 25 ~ + 110℃,用6位LED数码管显示测量值,测量误差为 ±0.5℃。

要求:

(1) 在 Keil IDE(μVision2) 中完成应用程序设计,并编译。

(2) 在 ISIS 7 Professional 中完成电路设计、调试与仿真。

1. 设计分析

由于 DS18B20 的温度测量范围是 - 55 ~ + 125 ℃,测量精度为 ±0.5 ℃,可以满足系统的要求,所以温度传感器选用 DS18B20。6 位数码管采用动态扫描方式显示测量温度值。

2. 电路设计

单片机 P1 口接6 位一体共阳极数码管,输出段码,P2 口控制数码管的位选,P3.0 接 DS18B20 的信号线 DQ,按设计要求选取元器件,见表 7.5。在 Proteus 中设计简易数字电压表电路,如图 7.14 所示。

表 7.5　简易数字温度计元器件列表

元器件名称	参数	数量	元器件名称	参数	数量
单片机	AT89C51	1	6 位一体数码管	7SEGMPX6CA	1
晶体振荡器	12 MHz	1	DS18B20		1
瓷片电容 CAP	30 pF	2	按钮 BUTTON		1
电解电容 CAP - ELEC	20 μF	1	电阻 RES	10 kΩ	1
电阻 RES	4.7 kΩ	1			

3. 程序设计

```
#include < reg51.h >
#include < intrins.h >
#include < absacc.h >
#define uchar unsigned char
#define uint unsigned int
sbit DQ = P3^0;                              // 定义 DS18B20 端口 DQ
uchar temp_data_l,temp_data_h;
uchar code dis[ ] = {0xc0,0xf9,0xa4,0xb0,0x99,0x92,0x82,0xf8,0x80,0x90} ;//0 - 9
uchar code dis_dot[ ] = {0x40,0x79,0x24,0x30,0x19,0x12,0x02,0x78,0x00,0x10} ;
                                             // 带小数点 0 - 9
   uchar codeledtab[ ] = {0xc0,0xf9,0xf9,0xa4,0xb0,0xb0,0x99,0x99,0x92,
                          0x82,0x82,0xf8,0x80,0x80,0x90,0x90} ;
   uchar leddis[6] ;
//* * * * * * * * * * * * * * * * 短延时函数 * * * * * * * * * * * * * * * *//
void delayms( unsigned char ms)
{
   unsigned char i;
   while( ms - - )
   {
      for( i = 0; i < 120;i + + ) ;
   }
}
//* * * * * * * * * * * * * * * * 延时函数 * * * * * * * * * * * * * * * *//
void delay( uint ms)
{
   uint i;
   for( i = 0;i < ms;i + + ) ;
}
//* * * * * * * * * * * * * * * * 复位 DS18B20 * * * * * * * * * * * * * * * *//
bit resetpulse( void)
{
   DQ = 0;
   delay(40) ;                           // 延时 500 us
   DQ = 1;
   delay(4) ;                            // 延时 60us
   return( DQ) ;
}
//* * * * * * * * * * * * * * * DS18b20 初始化函数 * * * * * * * * * * * * * *//
void ds18b20_init( void)
{
while(1)
   {
      if( ! resetpulse( ))               // 收到 DS18b20 的应答信号
```

```
                {
                    DQ = 1;
                    delay(40);          // 延时 240 us
                    break;
                }
            else
                resetpulse( );          // 否则再发复位信号
        }
}
//* * * * * * * * * * * * * * * * 读一位函数 * * * * * * * * * * * * * * * *//
uchar read_bit(void)
{
    DQ = 0;
    _nop_( );
    _nop_( );
    DQ = 1;
    delay(2);
    return(DQ);
}
//* * * * * * * * * * * * * * * * 读一个字节函数 * * * * * * * * * * * * * * * *//
uchar read_byte(void)
{
    uchar i,shift,temp;
    shift = 1;
    temp = 0;
    for(i = 0;i < 8;i ++)
    {
    if(read_bit( ))
    {
    temp = temp + (shift << i);
    }
    delay(7);
    }
    return(temp);
}
//* * * * * * * * * * * * * * * * 写一位函数 * * * * * * * * * * * * * * * *//
void write_bit(uchar temp)
{
    DQ = 0;
    if(temp = = 1)
    DQ = 1;
    delay(5);
    DQ = 1;
}
//* * * * * * * * * * * 向 DS18B20 写一个字节命令函数 * * * * * * * * * * *//
```

```
void write_byte(uchar val)
{
    uchar i,temp;
    for(i = 0;i < 8;i ++)
    {
    temp = val >> i;
    temp = temp&0x01;
    write_bit(temp);
    delay(5);
    }
}
//* * * * * * * * * * * * * 启动温度转换及读出温度值 * * * * * * * * * * * * *//
void read_T(void)
{
    ds18b20_init( );
    write_byte(0xCC);                  // 跳过读序号列号的操作
    write_byte(0x44);                  // 启动温度转换
delay(500);
    ds18b20_init( );
    write_byte(0xCC);                  // 跳过读序号列号的操作
    write_byte(0xBE);                  // 读取温度寄存器
    temp_data_l = read_byte( );        // 温度低 8 位
    temp_data_h = read_byte( );        // 温度高 8 位
}
//* * * * * * * * * * * * * * * * 显示函数 * * * * * * * * * * * * * * * *//
void display(void)
{
uchar i;
for(i = 0;i < 5;i ++)
{
    P1 = leddis[0];
    P2 = 0x01;
    delayms(1);
    P2 = 0x00;
    P1 = leddis[1];
    P2 = 0x02;
    delayms(1);
    P2 = 0x00;
    P1 = leddis[2];
    P2 = 0x04;
    delayms(1);
    P2 = 0x00;
    P1 = leddis[3];
    P2 = 0x08;
    delayms(1);
```

```
        P2 = 0x00;
        P1 = leddis[4];
        P2 = 0x10;
        delayms(1);
        P2 = 0x00;
        P1 = leddis[5];
        P2 = 0x20;
        delayms(1);
        P2 = 0x00;
        }
}
//* * * * * * * * * * * * * * 温度处理及显示函数 * * * * * * * * * * * * * *//
void convert_T( )
{
        uchar temp;
            if((temp_data_h&0xf0) = = 0xf0)
        {
            temp_data_l = ~ temp_data_l; // 温度为负处理部分
            if(temp_data_l = = 0xff)
                {
                temp_data_l = temp_data_l + 0x01;
                temp_data_h = ~ temp_data_h;
                temp_data_h = temp_data_h + 0x01;
            }
        else
            {
                temp_data_l = temp_data_l + 0x01;
                temp_data_h = ~ temp_data_h;
            }
                leddis[4] = ledtab[temp_data_l&0x0f];          // 查表得小数位的值
                temp = ((temp_data_l&0xf0) >> 4) | ((temp_data_h&0x0f) << 4);
                leddis[0] = 0xbf;                              // 最高位送"-"号
                leddis[5] = 0xc6;                              // 温度符号 C
                leddis[1] = 0xff;
                leddis[2] = dis[(temp%100)/10];
                leddis[3] = dis_dot[(temp%100)%10];
}
else
        {
            leddis[0] = 0xff;                                  // 最高位不显示
                leddis[4] = ledtab[temp_data_l&0x0f];          // 查表得小数位的值
                    temp = ((temp_data_l&0xf0) >> 4) | ((temp_data_h&0x0f) << 4);
                    leddis[1] = dis[temp/100];
                    leddis[2] = dis[(temp%100)/10];
                leddis[3] = dis_dot[(temp%100)%10];
```

```
            leddis[5] = 0xc6;                              //温度符号 C
        }
    }
//**************** 主函数 ****************//
void main(void)
{
    while(1)
        {
        read_T( );
        convert_T( );
        display( );
    }
    }
```

4. 电路仿真

将在keil中编译形成的“简易数字电压表. hex”文件，加载到AT89C51单片机中，运行程序，仿真结果如图7.14所示。

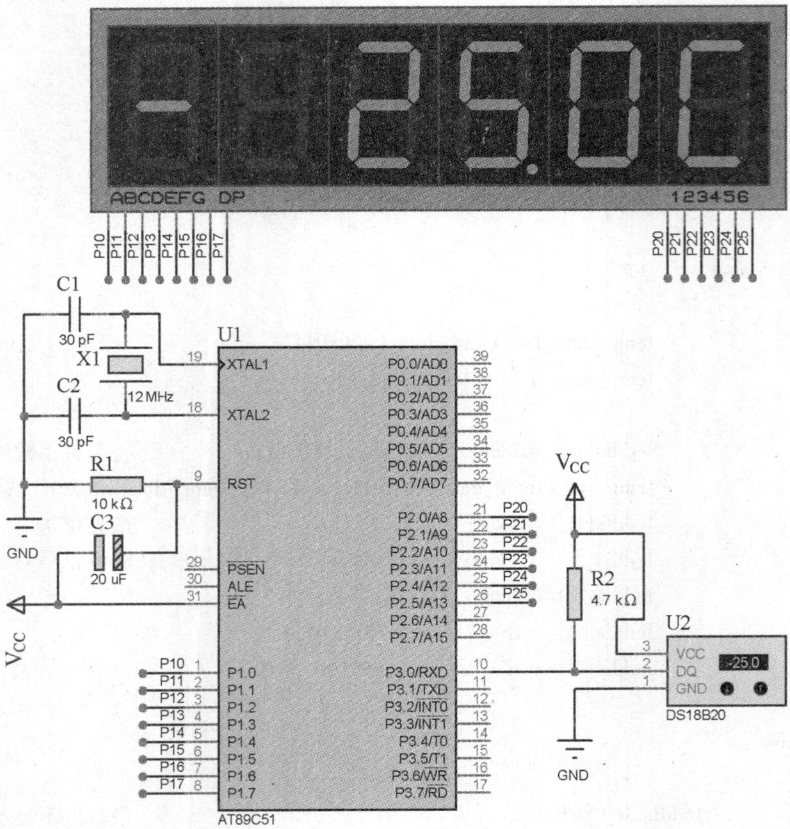

图 7.14　简易数字温度计仿真图

7.2　基于 SPI 总线的数字时钟

在一些工业生产过程控制系统、智能仪器仪表中，往往需要采集带有时标的数据，或进行一些与时间有关的控制，它们对时钟有着严格的要求，例如要求时钟走时精确，即使系统断电、再次上电后时间不停等功能。如果用单片机的定时／计数器来设计时钟，偶然的掉电或晶振的误差都会造成时间的错乱。为此，许多芯片制造商都设计出了各种各样的实时时钟芯片。在这一节里，我们将首先简述 SPI 总线技术，然后再介绍使用广泛的实时时钟芯片 DS1302 及其用法。

7.2.1　基于 SPI 总线的时钟／日历 DS1302

1. SPI 总线概述

SPI(Serial Peripheral Interface) 总线又称为同步串行外设接口，是一种符合工业标准、全双工、三线或四线通信方式的总线系统。它允许 MCU 与各种外围设备以串行方式进行通信。在 SPI 接口中，数据的传输需要一条时钟线、一条数据线和一条或两条控制线。SPI 可以工作在主模式下或从模式下。在主模式下每位数据的发送／接收需要一个时钟周期。

2. 实时时钟芯片 DS1302

DS1302 是美国 Dallas 公司推出的高性能、低功耗、涓流充电的实时时钟芯片。DS1302 芯片内部含有一个实时时钟／日历，可以对年、月、日、星期、时、分、秒进行计时，可以自动调整每月的天数，同时具有闰年补偿功能，工作电压为 2.5 ~ 5.5 V。用户可通过对 DS1302 的设置实现24 小时制或带有 AM/PM 指示的 12 小时制。芯片内部有一个 31 字节的用于临时存放数据的 RAM。DS1302 采用三线串行通信接口与 CPU 进行同步通信，并可采用突发方式一次传送多个字节的时钟数据或 RAM 数据。DS1302 的引脚分布及封装形式如图 7.15 所示，其引脚定义见表 7.6。

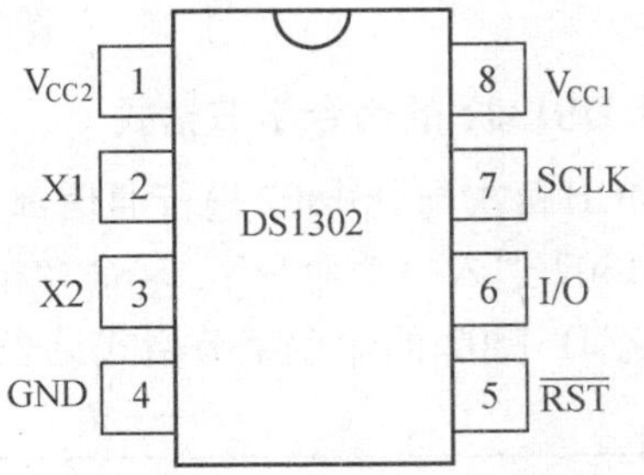

图 7.15　DS1302(8-Pin DIP) 引脚图

表 7.6　DS1302 引脚定义及功能

引脚	名称	功　能
1	V_{CC2}	主电源输入引脚，连接系统电源 V_{CC}
2 ~ 3	X1、X2	外接晶振引脚，通常连接 32.768 kHz 晶振
4	GND	电源地
5	$\overline{RST}$	芯片复位引脚，当 $\overline{RST}$ = 1 时，芯片使能，可以进行数据的读／写操作；当 $\overline{RST}$ = 0 时，芯片被禁止读／写操作
6	I/O	数据输入／输出引脚

续表 7.6

引脚	名称	功　能
7	SCLK	同步串行时钟输入引脚
8	V_{CC1}	备用电源输入端，通常连接 2.7 ~ 3.5 V 电源，当 $V_{CC2} > V_{CC1} + 0.2$ V 时，DS1302 由 V_{CC2} 供电；当 $V_{CC2} < V_{CC1}$ 时，DS1302 由 V_{CC1} 供电

DS1302 由电源控制、输入移位寄存器、命令控制逻辑、振荡器、实时时钟以及 RAM 组成，其内部结构如图 7.16 所示。

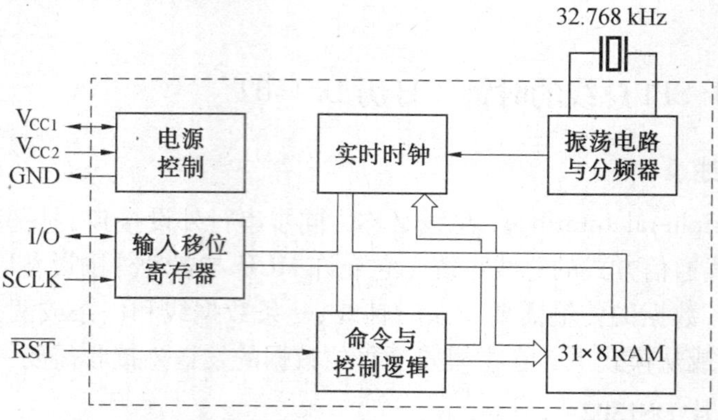

图 7.16　DS1302 内部结构

3. DS1302 的命令字节格式

MCU 每次与 DS1302 进行通信都必须由 MCU 发起，无论是读还是写操作，MCU 都必须先向 DS1302 送入一个命令字节（命令帧），即对 DS1302 进行读/写操作，必须由命令字节进行初始化，DS1302 的命令字节格式见表 7.7。

表 7.7　DS1302 的命令字节格式

D7(MSB)	D6	D5	D4	D3	D2	D1	D0(LSB)
1	RAM/$\overline{CLK}$	A4	A3	A2	A1	A0	R/$\overline{W}$

命令字节的最高位 MSB(D7) 必须为逻辑 1，如果为逻辑 0，则禁止写入 DS1302。D6 位为逻辑 0，指定读/写操作为时钟/日历数据；D6 位为逻辑 1，指定读/写操作为 RAM 数据。D5 ~ D1(A4 ~ A1) 为 DS1302 中当前读/写单元的地址。LSB(D0) 指定读/写操作，D0 为逻辑 0，指定进行写操作；D0 为逻辑 1，指定进行读操作。命令字节总是从最低有效位 LSB(D0) 开始输入，命令字节中的每一位都是在 SCLK 的上升沿送出的。

4. DS1302 的读/写操作

DS1302 采用三线串行通信接口与 CPU 进行同步通信。DS1302 的读/写操作时序如图 7.17 所示。

(1) 写操作

继输入写命令字节的 8 个 SCLK 周期后，MCU 在接下来的 8 个 SCLK 周期的上升沿输入数据字节（DS1302 则会在 SCLK 周期的上升沿读入数据字节），如果有更多的 SCLK 周期，多余的部分将被忽略。

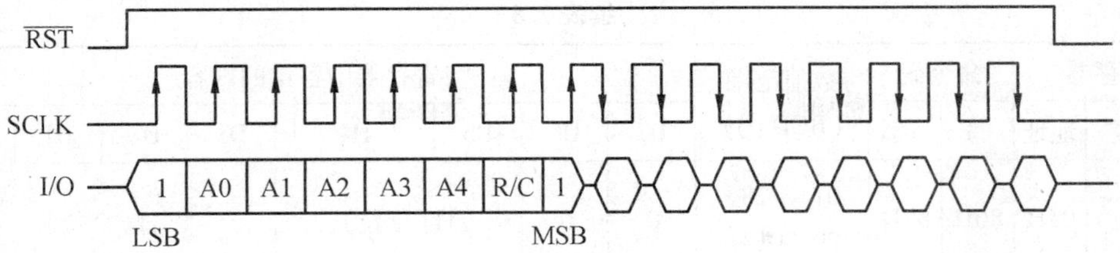

(a) 字节读时序

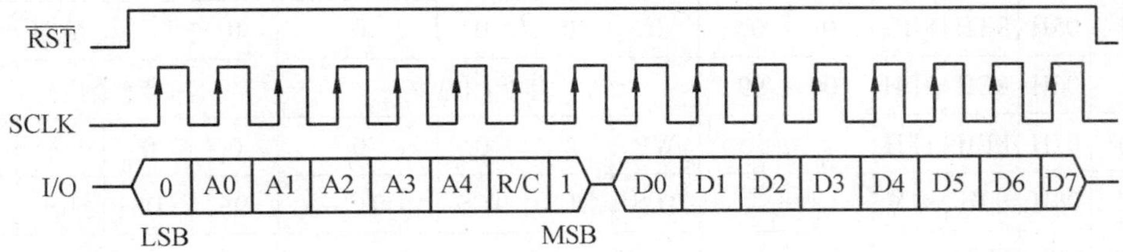

(b) 字节写时序

图 7.17　DS1302 的字节数据读/写操作时序

(2) 读操作

继输入读命令字节的 8 个 SCLK 周期后，DS1302 在接下来的 8 个 SCLK 周期的下降沿输出数据字节（MCU 需在 SCLK 周期的下降沿读入数据字节）。需要注意的是，将被传输的第一个数据位出现在命令字节最后一位被写入后的第一个下降沿处，而且在读操作过程中，只要保持 $\overline{RST}$ 为高电平，如果有附加的 SCLK 周期，DS1302 重新发送数据字节，这一输出特性使得 DS1302 具有多字节连续输出能力。

5. DS1302 的突发方式多字节连续读/写

对 DS1302 除了采用单字节数据读/写外，还可采用突发方式多字节连续读/写。在突发方式多字节连续读/写中，只要对地址 3EH 进行读/写操作，即可将时钟/日历或 RAM 寄存器规定为多字节方式。在多字节方式中，读或写都开始于地址 0 的 D0 位。当以多字节方式写时钟/日历时，必须按照数据传送的次序写入最先的 8 个寄存器；但是以多字节方式写 RAM 时，没有必要写入所有的 31 个字节，每个被写入的字节都被传输到 RAM，无论 31 个字节是否都被写入。

6. DS1302 内部寄存器

DS1302 内部寄存器地址及数据分配情况见表 7.8。

表 7.8　DS1302 时钟/日历寄存器及控制字

<table>
<tr><th colspan="2">寄存器</th><th colspan="2">命令码</th><th rowspan="2">数值范围
(BCD 码)</th><th colspan="8">寄存器中各位的内容</th></tr>
<tr><th>名称</th><th>地址</th><th>写</th><th>读</th><th>D7</th><th>D6</th><th>D5</th><th>D4</th><th>D3</th><th>D2</th><th>D1</th><th>D0</th></tr>
<tr><td>秒</td><td>00H</td><td>80H</td><td>81H</td><td>00 ~ 59</td><td>CH</td><td colspan="3">秒(十位)</td><td colspan="4">秒(个位)</td></tr>
<tr><td>分</td><td>01H</td><td>82H</td><td>83H</td><td>00 ~ 59</td><td>0</td><td colspan="3">分(十位)</td><td colspan="4">分(个位)</td></tr>
<tr><td rowspan="2">时</td><td rowspan="2">02H</td><td rowspan="2">84H</td><td rowspan="2">85H</td><td>01 ~ 12</td><td>0(24)</td><td rowspan="2">0</td><td colspan="2">时(十位)</td><td colspan="4" rowspan="2">时(个位)</td></tr>
<tr><td>00 ~ 23</td><td>1(12)</td><td>A/P</td><td>时(十位)</td></tr>
</table>

续表 7.8

寄存器		命令码		数值范围（BCD 码）	寄存器中各位的内容							
名称	地址	写	读		D7	D6	D5	D4	D3	D2	D1	D0
日	03H	86H	87H	01 ~ 28, 29,30,31	0	0	日（十位）		日（个位）			
月	04H	88H	89H	01 ~ 12	0	0	0	月（十位）	月（个位）			
星期	05H	8AH	8BH	01 ~ 07	0	0	0	0	0	星期		
年	06H	8CH	8DH	00 ~ 99	年（十位）				年（个位）			
写保护	07H	8EH	8FH	—	WP	0	0	0	0	0	0	0
涓流	08H	90H	91H	—	TCS	TCS	TCS	TCS	DS	DS	RS	RS
多字节	3EH	BEH	BFH	—	—							

秒寄存器的最高位 CH 为时钟暂停位，当 CH = 0 时时钟运行；当 CH = 1 时时钟暂停。

时寄存器的最高位为 12/24 标志，当该标志位为 0 时，时钟为 24 小时模式，D5D4 位为“时”数据的十位，D3 ~ D0 为“时”数据的个位；当该标志位为 1 时，时钟为 12 小时模式，D5 位表示上、下午，D4 位为“时”数据的十位，D3 ~ D0 为“时”数据的个位。

写保护寄存器的 D7 位是写保护位，其余 7 位置为 0。在对时钟 / 日历单元和 RAM 单元进行写操作前，D7 必须为 0；当 D7 = 1 时，写保护位防止对其他寄存器进行写操作。

涓流充电寄存器用于管理 DS1302 对备用电源的充电。D7 ~ D4（TCS）控制涓流充电器的选择，只有 D7 ~ D4 处于 1010 状态时才允许使用涓流充电器，其他任何状态都将禁止使用涓流充电器。D3D2（DS）用于选择连接于 V_{CC2} 与 V_{CC1} 之间的二极管数目，当 DS 为 01 时，选择一个二极管；当 DS 为 10 时，选择两个二极管，当 DS 为 00 或 01 时，涓流充电器被禁止。D1D0（RS）用于选择连接在 V_{CC2} 与 V_{CC1} 之间的电阻，当 RS 为 01 时，选择 R1（2 kΩ）；当 RS 为 10 时，选择 R2（4 kΩ）；当 RS 为 11 时，选择 R3（8 kΩ）；当 RS 为 00 时，不选择任何电阻，涓流充电器被禁止。涓流充电器的内部结构如图 7.18 所示。

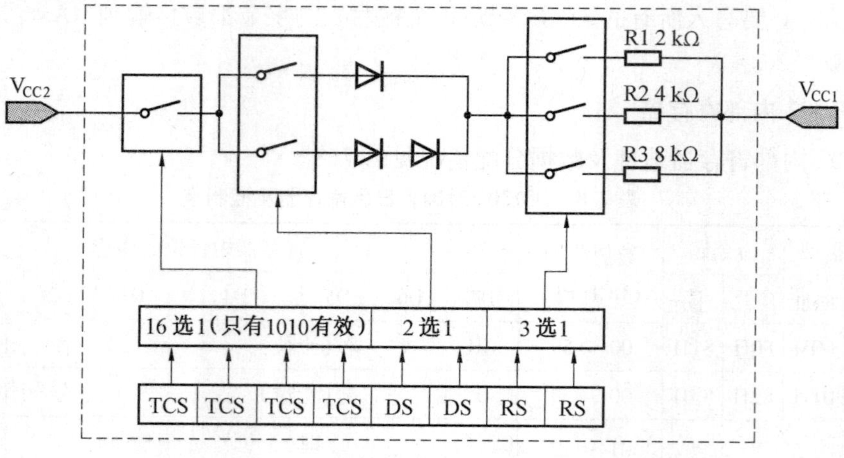

图 7.18　DS1302 涓流充电器的内部结构

用户可以根据备用电源的类型（如锂电池）和所允许的最大充电电流来设置涓流充电器的输出电流。充电电流的计算方法为：

假设 V_{CC2} 为 +5 V，通过编程使用两个二极管和 4 kΩ 电阻，则可以得到的最大充电电流为

$$I_{max}/\text{mA} = \frac{5.0\ \text{V} - 0.7\ \text{V} - 0.7\ \text{V}}{4\ \text{k}\Omega} = 0.9$$

7.2.2　数字时钟设计

< 任务 2 >　基于 DS1302 的数字时钟设计

任务描述：

设计一个可显示年、月、日、星期、时、分、秒的数字时钟，并且可以对时间 / 日期进行校准。

要求：

（1）在 Keil IDE（μVision2）中完成应用程序设计，并编译。

（2）在 ISIS 7 Professional 中完成电路设计、调试与仿真。

1. 设计分析

DS1302 是一个实时时钟 / 日历芯片，可以对年、月、日、星期、时、分、秒进行计时，因此可以利用对 DS1302 的读操作，读取日期和时间并进行显示，由此构建一个数字时钟。关于时间 / 日期的校准，可在系统中设置一个功能键、加 1 和减 1 键，用以对时间 / 日期进行调整。由于显示的信息较多，可用 LCD1602 对时间 / 日期进行显示。

2. 电路设计

单片机 P1、P3 口接 LCD1602，P2.0 ~ P2.2 接 DS1302 的 $\overline{\text{RST}}$、SCLK 和 I/O 引脚，P2.0 ~ P2.2 接功能键、加 1 和减 1 键，按设计要求选取元器件，见表 7.9。在 Proteus 中设计数字时钟电路，如图 7.19 所示。

表 7.9　数字时钟元器件列表

元器件名称	参数	数量	元器件名称	参数	数量
单片机	AT89C51	1	6 位一体数码管	7SEGMPX6CA	1
晶体振荡器	12 MHz	1	DS1302		1
瓷片电容 CAP	30 pF	2	按钮 BUTTON		4
电解电容 CAP - ELEC	20 μF	1	瓷片电容 CAP	6 pF	2
电阻 RES	10 kΩ	1	晶体振荡器	32.768 kHz	1

3. 程序设计

```
#include < reg51.h >
#include < intrins.h >
```

```
#define uchar unsigned char
#define uint unsigned int
uchar year,month,week,day,hour,mintue,second;
uchar time = 0;
uchar  lcddate[16] = {0x32,0x30,0x30,0x30,0x3a,
                      0x30,0x30,0x3a,0x30,0x30};//2000:00:00 日期
uchar  lcdtime[16] = {0x00,0x00,0x30,0x30,0x3a,
                      0x30,0x30,0x3a,0x30,0x30};//00:00:00 时间
uchar  week_dis[] = {0x37,0x36,0x35,0x34,0x33,0x32,0x31};
sbit rs = P3^5;
sbit rw = P3^6;
sbit e = P3^7;
sbit RST = P2^0;
sbit CLK = P2^1;
sbit IO = P2^2;
sbit menu = P2^5;
sbit add = P2^6;
sbit dec = P2^7;
uchar bdata DSdat;
sbit DSdatH = DSdat^7;
sbit DSdatL = DSdat^0;
uchar bdata DSadr;
sbit DSadrB = DSadr^0;
//**************** 延时函数 ****************//
void delay(uchar time)
{
   uchar i,j;
   for(i = 0;i < time;i ++)
      for(j = 0;j < time;j ++);
}
//**************** 写 DS1302 ****************//
void WireDS(uchar Adr,uchar num)
{
   uchar i;
   CLK = 0;
   delay(1);
   RST = 1;
   delay(1);
   DSadr = Adr;
   for(i = 0;i < 8;i ++)
```

```
        {
            CLK = 0;
            IO = DSadrB;
            delay(1);
            CLK = 1;
            DSadr >> = 1;
        }
            DSdat = num;
            for(i = 0;i < 8;i ++)
            {
                CLK = 0;
                IO = DSdatL;
                delay(1);
                CLK = 1;
                DSdat >> = 1;
            }
        RST = 0;
        delay(1);
        CLK = 0;
    }
//* * * * * * * * * * * * * * * * * 读 DS1302 * * * * * * * * * * * * * * * * *//
ReadDS(uchar addr)
{
        uchar i;
        DSdat = 0;
        DSadr = addr;
        CLK = 0;
        delay(1);
        RST = 1;
        for(i = 0;i < 8;i ++)
        {
            CLK = 0;
            IO = DSadrB;
            delay(1);
            CLK = 1;
            DSadr >> = 1;
        }
for(i = 0;i < 8;i ++)
        {
            CLK = 0;
```

```
            delay(1);
            DSdat >>= 1;
            DSdatH = IO;
            delay(1);
                CLK = 1;
                delay(1);
            }
            RST = 0;
            return DSdat;
    }
    //* * * * * * * * * * * * * * 时间/日期显示码计算 * * * * * * * * * * * * * *//
    void readDS1302( )
    {
        year = ReadDS(0x8d);
        lcddate[2] = (year >> 4) + 0x30;            //年
        lcddate[3] = (year&0x0f) + 0x30;
        month = ReadDS(0x89);
        lcddate[5] = (month >> 4) + 0x30;           //月
        lcddate[6] = (month&0x0f) + 0x30;
        day = ReadDS(0x87);
        lcddate[8] = (day >> 4) + 0x30;             //日
        lcddate[9] = (day&0x0f) + 0x30;
        week = ReadDS(0x8b);
        lcddate[14] = (week&0x0f) + 0x30;           //星期
        hour = ReadDS(0x85);
        lcdtime[2] = (hour >> 4) + 0x30;            //时
        lcdtime[3] = (hour&0x0f) + 0x30;
        mintue = ReadDS(0x83);
        lcdtime[5] = (mintue >> 4) + 0x30;          //分
        lcdtime[6] = (mintue&0x0f) + 0x30;
        second = ReadDS(0x81);
        lcdtime[8] = (second >> 4) + 0x30;          //秒
        lcdtime[9] = (second&0x0f) + 0x30;
    }
    //* * * * * * * * * * * * * * * * * 测试LCD1602忙 * * * * * * * * * * * * * * * *//
    void check_busy( )
    {
        while(1)
        {
            P1 = 0xff;
```

```
        e = 0;
        _nop_( );
        rs = 0;
        _nop_( );
        _nop_( );
        rw = 1;
        _nop_( );
        _nop_( );
        e = 1;
        _nop_( );
        _nop_( );
        _nop_( );
        _nop_( );
        if((P1&0x80) = = 0)
        {
            break;
        }
        e = 0;
    }
}
//* * * * * * * * * * * * * * 写LCD1602命令函数 * * * * * * * * * * * * * * *//
void WR_Com(uchar temp)
{
    e = 0;
    _nop_( );
    _nop_( );
    rs = 0;
    _nop_( );
    _nop_( );
    rw = 0;
    P1 = temp;
    _nop_( );
    _nop_( );
    e = 1;
    _nop_( );
    _nop_( );
    e = 0;
    _nop_( );
    check_busy( );
}
```

```
//**************写LCD1602数据函数**************//
void WR_data(uchar num)
{
    e = 0;
    _nop_( );
    _nop_( );
    rs = 1;
    _nop_( );
    _nop_( );
    rw = 0;
    P1 = num;
    _nop_( );
    _nop_( );
    e = 1;
    _nop_( );
    _nop_( );
    e = 0;
    _nop_( );
    check_busy( );
}
//****************LCD1602显示****************//
void disp_lcd( )
{
    uchar i;
    WR_Com(0x80);
    for(i = 0;i < 16;i ++)
    {
    WR_Data(lcddate[i]);
    }
    WR_Com(0xc0);
    for(i = 0;i < 16;i ++)
        {
            WR_Data(lcdtime[i]);
        }
    }
//****************LCD1602初始化****************//
void lcd_ini( )
{
    WR_Com(0x38);
    delay(5);
```

```
    WR_Com(0x0c);
    delay(5);
    WR_Com(0x06);
    delay(5);
    WR_Com(0x01);
    delay(5);
}
//****************加 1 函数****************//
uint add_1(uchar receive)
{
    uchar  temp;
    receive = receive + 0x01;
    temp = receive&0x0f;
    if(temp > 0x09)
    receive = receive + 0x06;
    temp = receive&0x0f0;
        if(temp > 0x90)
        receive = receive + 0x60;
        return(receive);
}
//****************减 1 函数****************//
uint dec_1(uchar receive,uchar basic)
{
    uchar temp;
    if(receive = = 0x00)
        return basic - 1;
    else
    {
    receive = receive - 0x01;
    temp = receive&0x0f;
    if(temp > 0x09)
    receive = receive - 0x06;
    temp = receive&0x0f0;
    if(temp > 0x90)
    receive = receive - 0x60;
    return(receive);
    }
}
//****************键盘扫描函数****************//
void key_scan(void)
```

```
{
    if(menu = = 0)
    {
        delay(3);
        if(menu = = 0)
        {
            TR0 = 1;                                      // 启动定时器,调时闪烁
            while(menu = = 0)
            disp_lcd( );
//* * * * * * * * * * * * * * * * 调年函数 * * * * * * * * * * * * * * * *//
            while(1)
            {
                if(add = = 0)
                {
                    delay(3);
                    if(add = = 0)
                    {
                        year = add_1(year);
                        if(year = = 0x99)
                            year = 0x00;
                            WireDS(0x8c,year); // 写入年寄存器
                                while(add = = 0)
                            disp_lcd( );
                    }
                }
                if(dec = = 0)
                {
                    delay(3);
                    if(dec = = 0)
                    {
                        year = dec_1(year,0x51);
                    WireDS(0x8c,year); // 写入年寄存器
                        while(dec = = 0)
                    disp_lcd( );
                }
            }
        if(menu = = 0)
            {
                delay(3);
                if(menu = = 0)
```

```
                break;
            }
        if(time >= 10)                              // 大于500 ms,则闪烁
        {
            lcddate[2] = ' ';
            lcddate[3] = ' ';
            disp_lcd( );
        }
        else
        {
        readDS1302( );
            disp_lcd( );
        }
    }
//****************调月函数****************//
    while(menu == 0)
        disp_lcd( );
    while(1)
    {
        if(add == 0)
        {
            delay(3);
            if(add == 0)
                {
                    month = add_1(month);
                if(month == 0x13)
                    month = 0x01;
                WireDS(0x88,month);                 // 写入月寄存器
                    while(add == 0)
                    disp_lcd( );
                }
        }
        if(dec == 0)
        {
            delay(3);
            if(dec == 0)
                {
                month = dec_1(month,0x13);
                    if(month == 0x00)
                        month = 0x12;
```

```
                    WireDS(0x88,month);           //写入月寄存器
                    while(dec == 0)
                    disp_lcd( );
                }
            }
            if(menu == 0)
            {
                delay(3);
                if(menu == 0)
                    break;
            }
        if(time >= 10)
            {
                lcddate[5] = ' ';
                lcddate[6] = ' ';
                disp_lcd( );
            }
            else
            {
            readDS1302( );
                disp_lcd( );
            }
        }
//****************调日函数****************//
        while(menu == 0)
            disp_lcd( );
        while(1)
        {
            if(add == 0)
            {
                delay(3);
                if(add == 0)
                    {
                        day = add_1(day);
                        if(day == 0x32)
                            day = 0x01;
                        WireDS(0x86,day);         //写入日寄存器
                        while(add == 0)
                        disp_lcd( );
                    }
```

```
                }
                if(dec = = 0)
                {
                    delay(3);
                    if(dec = = 0)
                    {
                        day = dec_1(day,0x32);
                        if(day = = 0x00)
                            day = 0x31;
                        WireDS(0x86,day);        //写入日寄存器
                        while(dec = = 0)
                        disp_lcd( );
                    }
                }
            if(menu = = 0)
            {
                delay(3);
                if(menu = = 0)
                    break;
            }
        if(time > = 10)
            {
                lcddate[8] = ' ';
                lcddate[9] = ' ';
                disp_lcd( );
            }
        else
            {
            readDS1302( );
            disp_lcd( );
            }
    }
//* * * * * * * * * * * * * * * * 调星期函数 * * * * * * * * * * * * * * * *//
    while(menu = = 0)
        disp_lcd( );
    while(1)
    {
        if(add = = 0)
        {
            delay(3);
```

```
                if(add = = 0)
                {
                    week = add_1(week);
                    if(week = = 0x07)
                        week = 0x00;
                    WireDS(0x8a,week);              //写入星期寄存器
                    while(add = = 0)
                    disp_lcd( );
                }
            }
            if(dec = = 0)
            {
                delay(3);
                if(dec = = 0)
                {
                    week = dec_1(week,0x07);
                    WireDS(0x8a,week);              //写入星期寄存器
                    while(dec = = 0)
                    disp_lcd( );
                }
            }
        }
        if(menu = = 0)
        {
            delay(3);
            if(menu = = 0)
                break;
        }
    if(time > = 10)
        {
            lcddate[14] = ' ';
            disp_lcd( );
        }
        else
        {
        readDS1302( );
            disp_lcd( );
        }
    }
    //* * * * * * * * * * * * * * * * 调时函数 * * * * * * * * * * * * * * * * *//
        while(menu = = 0)
```

```
        disp_lcd( );
    while(1)
    {
        if(add == 0)
        {
            delay(3);
            if(add == 0)
                {
                    hour = add_1(hour);
                    if(hour == 0x24)
                    hour = 0x00;
                    WireDS(0x84,hour);          //写入时寄存器
                    while(add == 0)
                    disp_lcd( );
                }
            }
            if(dec == 0)
            {
                delay(3);
                if(dec == 0)
                {
                    hour = dec_1(hour,0x24);
                    WireDS(0x84,hour);          //写入时寄存器
                    while(dec == 0)
                    disp_lcd( );
                }
            }
            if(menu == 0)
            {
                delay(3);
                if(menu == 0)
                    break;
            }
        if(time >= 10)
            {
                lcdtime[2] = ' ';
                lcdtime[3] = ' ';
                disp_lcd( );
            }
            else
```

```
        {
        readDS1302( );
            disp_lcd( );
        }
    }
//**************** 调分函数 ****************//
    while(menu = = 0)
        disp_lcd( );
    while(1)
    {
        if(add = = 0)
        {
            delay(3);
            if(add = = 0)
            {
                mintue = add_1(mintue);
                if(mintue = = 0x60)
                    mintue = 0x00;
                WireDS(0x82,mintue);        //写入分寄存器
                while(add = = 0)
            disp_lcd( );
            }
    }
    if(dec = = 0)
    {
        delay(3);
        if(dec = = 0)
        {
            mintue = dec_1(mintue,0x60);
            WireDS(0x82,mintue);            //写入分寄存器
            while(dec = = 0)
            disp_lcd( );
        }
    }
    if(menu = = 0)
    {
        delay(3);
        if(menu = = 0)
            break;
        }
```

```
        if(time >= 10)
           {
               lcdtime[5] = ' ';
               lcdtime[6] = ' ';
               disp_lcd( );
           }
           else
           {
               readDS1302( );
               disp_lcd( );
           }
        }
      TR0 = 0;                                          // 调时结束,关闭定时器
        while(menu == 0)
        disp_lcd( );
        }
        }
    }
//* * * * * * * * * * * * * * * * 主函数 * * * * * * * * * * * * * * * *//
void main( )
{
    TMOD = 0x01;                // 定时器初始化
    TH0 = 0x3c;
    TL0 = 0xb0;
    IE = 0x82;
    lcd_ini( );
    WireDS(0x8e,0x00);          // 允许写 DS1302
    WireDS(0x90,0xaa);          // 允许 DS1302 充电
        while(1)
        {
        readDS1302( );
        disp_lcd( );
        key_scan( );
        }
}
//* * * * * * * * * * * * * * 定时器 T0 中断函数 * * * * * * * * * * * * *//
void t0_time( ) interrupt 1
{
    TH0 = 0x3c;
    TL0 = 0xb0;
```

```
        time ++;
        if(time == 15)
        time = 0;
    }
```

4. 电路仿真

将在 keil 中编译形成的“基于 DS1302 的数字时钟. hex”文件,加载到 AT89C51 单片机中,运行程序,仿真结果如图 7.19 所示。

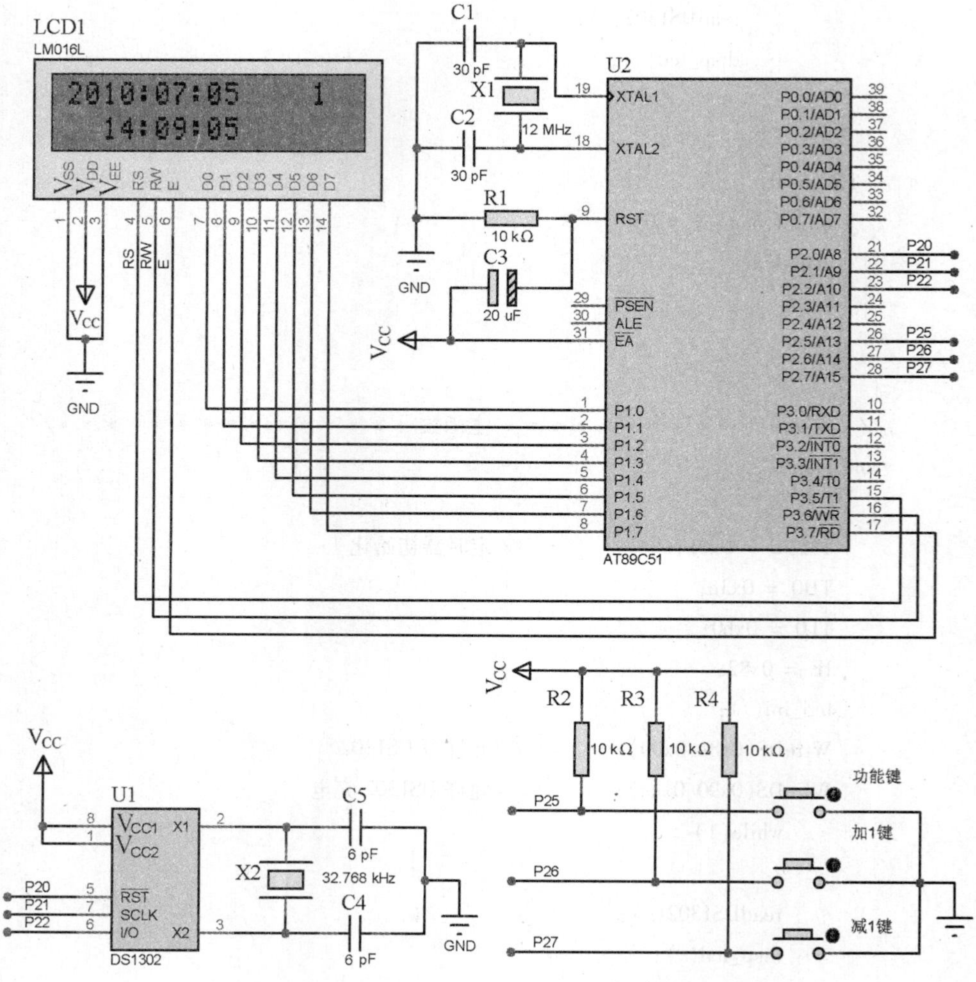

图 7.19 基于 DS1302 的数字时钟仿真图

7.3 I²C 总线与数据存储技术

随着电子技术的发展,出现了很多新型串行通信总线和支持这些总线接口的新型外围器件。本节从应用的角度出发,首先简介 I²C 总线,然后重点介绍如何通过软件实现 I²C 总线通信,最后讨论单片机与具有 I²C 总线接口的 EEPROM 存储器之间的通信技术。

7.3.1　I^2C 总线

1. I^2C 总线简介

I^2C 总线(Inter Integrated Circuit Bus,即内部集成电路总线)由 PHILIPS 公司推出的一种双向二线制总线,是近年来微电子通信控制领域广泛采用的一种新型总线标准,它是同步通信的一种特殊形式。在主从通信方式中,可以有多个 I^2C 总线器件同时接到 I^2C 总线上,通过地址来识别通信对象,使其互相进行直接通信。

I^2C 总线接口的电气结构如图 7.20 所示,其中,SCL 是时钟线,SDA 是数据线,总线上各器件都采用漏极开路结构与总线相连,因此 SCL 和 SDA 都需通过上拉电阻(通常情况下为 4.7 kΩ)连接到电源上。总线在空闲状态下均保持高电平,连到总线上的任一器件输出的低电平,都将使总线的信号变低,即各器件的 SCL 和 SDA 都是线"与"关系。

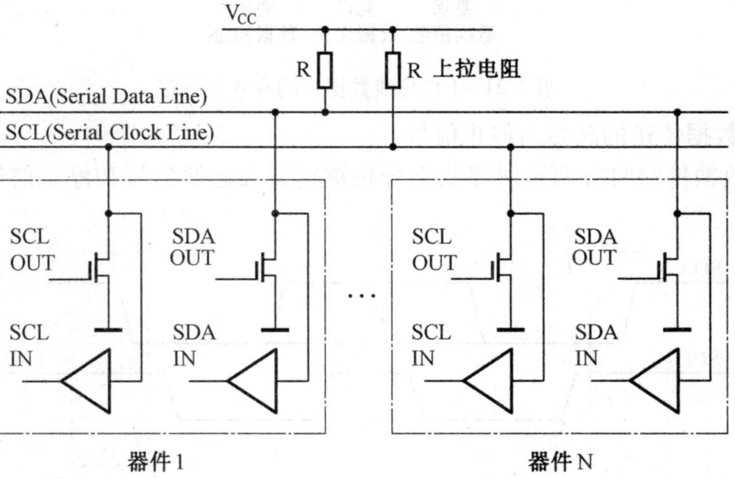

图 7.20　I^2C 总线接口的电气结构

I^2C 总线主要有以下几个特征:

(1)I^2C 总线由串行数据线 SDA 和时钟线 SCL 构成,可发送和接收数据。

(2)在 CPU 与被控 IC 之间、IC 与 IC 之间进行双向传输,标准方式下数据传输速率为 100 kbps,最高传输速率为 400 kbps。

(3)总线上允许连接的器件的数量只受到总线上的最大电容 400 pF 的限制。

(4)每个连接到总线上的器件地址由芯片内部硬件电路和外部地址引脚同时决定(即连接在 I^2C 总线上每个器件都有唯一的地址),并建立简单的主从关系。I^2C 总线上每个器件既是主控器(或被控器),又是发送器(或接收器)。I^2C 总线是一个真正的多主机总线,带有竞争监测和总线仲裁电路,多个主机任意发送而不破坏总线的数据。当系统中有多个主器件时,这些器件都可以作为总线的主控制器,I^2C 总线工作时任何一个器件都可能成为主控器。多机竞争时时钟同步与总线仲裁都由硬件与标准软件自动完成。

(5)为了避免总线信号的混乱,要求连接到总线的各器件的输出级必须为漏极开路或集电极开路的形式,以便完成线"与"的功能。

I^2C 总线支持多主和主从两种工作方式,通常为主从工作方式。在主从工作方式中,系统只有一个主器件(MCU),其他器件都是具有 I^2C 总线接口的外围从器件,主器件启动数据的发送(发出启动信号),产生时钟信号,发出停止信号。

2. I^2C 总线的信号定义

在 I^2C 总线上每传输一位数据都有一个时钟脉冲与之相对应。

(1) 总线上数据的有效性

I^2C 总线数据传输时,在时钟线高电平期间,数据线上的数据必须保持稳定,只有在时钟信号线为低电平期间,才允许数据线上的电平状态发生变化,如图 7.21 所示。

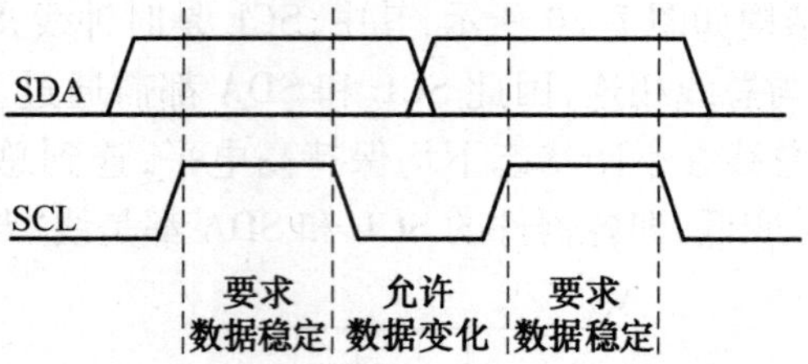

图 7.21 I^2C 总线数据位的有效性规定

(2) 总线数据传送的起始与停止信号

I^2C 总线数据传输时有两种时序状态分别被定义为起始信号和停止信号,如图 7.22 所示。

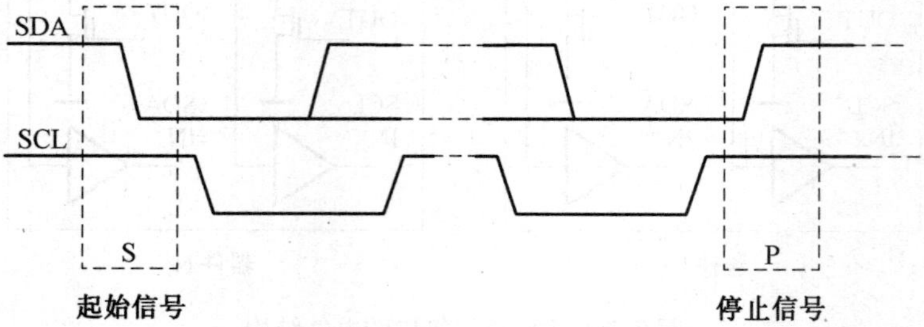

图 7.22 I^2C 总线的起始信号和停止信号

起始信号:在时钟线保持高电平期间,数据线出现由高到低电平变化时启动 I^2C 总线,为 I^2C 总线的起始信号。

停止信号:在时钟线保持高电平期间,数据线出现由低到高电平变化时将停止 I^2C 总线的数据传送,为 I^2C 总线的停止信号。

起始信号与停止信号都是由主控器产生。总线上带有 I^2C 总线接口的器件很容易检测到这些信号,但是对于不具备 I^2C 总线接口的单片机来说,为了能准确地检测到这些信号,必须保证在总线的一个时钟周期内对数据线至少进行两次采样。

3. I^2C 总线上的数据传送

在 I^2C 总线上进行数据传送,如图 7.23 所示。发送到 SDA 线上的每个字节必须为 8 位。每次传送可以发送的字节数量不受限制,每个字节后必须跟随一个响应位。SDA 线上首先传送的是字节数据的最高位 MSB,最后传送的是最低位 LSB。

如果从机要完成一些其他功能(例如一个内部中断服务程序)后才能接收或发送下一个完整的数据字节,可以使时钟线 SCL 保持低电平,从而迫使主机进入等待状态;当从机准

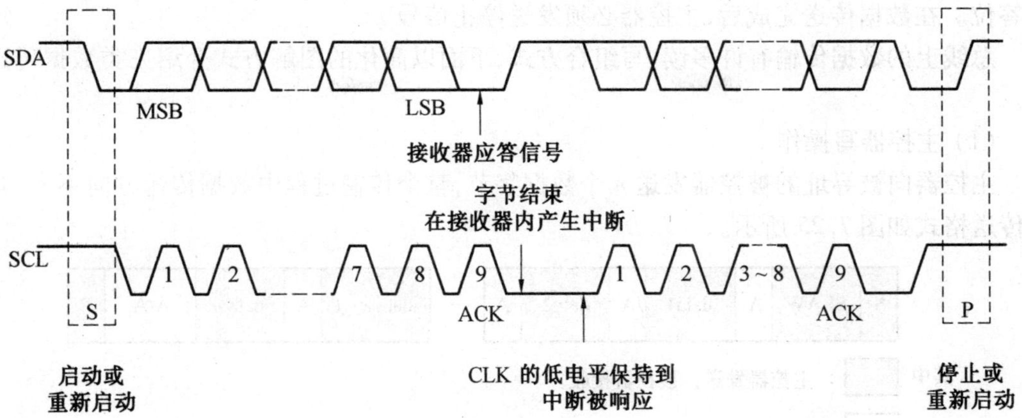

图 7.23　I^2C 总线的数据传送

备好接收下一个数据字节并释放时钟线 SCL 后，数据的传送继续。

4. 应答信号

I^2C 总线协议规定，每传送一个字节数据（含地址及命令字）后，都要有一个应答信号，以确定数据传送是否被对方收到。应答信号由接收设备产生，在 SCL 信号为高电平期间，接收设备将 SDA 拉为低电平，表示数据传输正确，产生应答信号。应答信号在第 9 个时钟位上出现，接收器输出低电平为应答信号，输出高电平则为非应答信号。应答时序图如图 7.24 所示。

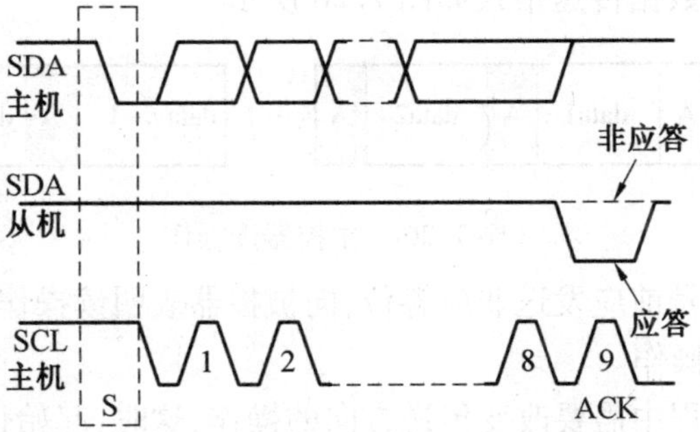

图 7.24　I^2C 总线的应答时序图

由于某种原因，被控器不产生应答时，如被控器正在进行其他处理而无法接收总线上的数据时，必须释放总线，将数据线置高电平，然后主控器可通过产生一个停止信号来终止总线数据传输。

当主控器接收数据时，接收到最后一个数据字节后，必须给被控发送器发送一个非应答位，使被控发送器释放数据线，以便主控器发送停止信号，从而终止数据传送。

5. I^2C 总线的数据传送格式

I^2C 总线数据传送时，必须遵循规定的数据传送格式。按照总线规约，起始信号表明一次数据传输的开始，其后为寻址字节，寻址字节由高 7 位地址和最低 1 位方向位组成。方向位表明主控器与被控器数据传输方向，方向位为“0”时表明主控器对被控器的写操作；方向位为“1”时表明主控器对被控器的读操作。在寻址字节后是指定读、写操作的数据字节与应答位。在数据传送完成后，主控器必须发送停止信号。

总线上的数据传输有许多读、写组合方式，下面以简化的图解方式介绍三类数据传送格式。

（1）主控器写操作

主控器向被寻址的被控器发送 n 个数据字节，整个传输过程中数据传送方向不变，其数据传送格式如图 7.25 所示。

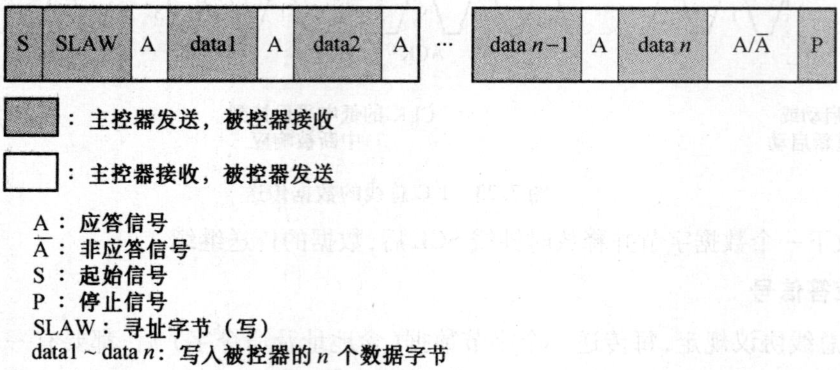

图 7.25　主控器写操作

（2）主控器读操作

主控器从被控器中读出 n 个字节的操作，整个传输过程中除寻址字节外，都是被控器发送，主控器接收的过程、数据传送格式如图 7.26 所示。

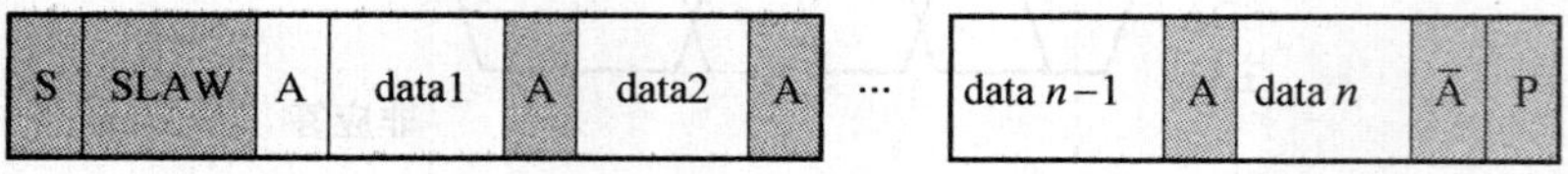

图 7.26　主控器读操作

主控器发送停止信号前应发送非应答位，向被控器表明读操作结束。

（3）主控器的读写操作

在一次数据传输过程中需要改变传送方向的操作，这时，起始信号和寻址字节都会重复一次，但两次读、写方向正好相反。数据传送格式如图 7.27 所示。

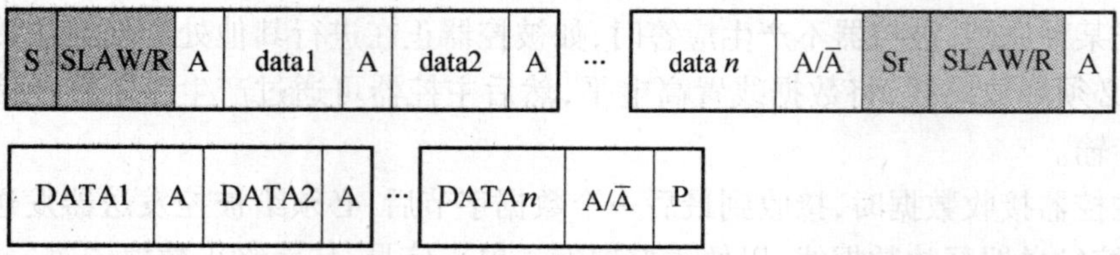

图 7.27　主控器读写操作

图 7.27 中未标注数据字节的传送方向，其方向决定于寻址字节的方向位。

◈ 数据传送格式归纳

(1) 无论何种方式，起始、停止和寻址字节都是由主控器发送，数据字节的传送方向则遵循寻址字节中方向位的规定。

(2) 寻址字节只表明器件地址及传送方向，器件内部的 n 个数据地址由器件设计者在该器件的 I^2C 总线数据格式中指定第一个数据字节作为器件内的单元地址数据，并且设置地址自动加减功能，以减少单元地址寻址操作。

(3) 每个字节传送都必须有应答信号相随。

(4) I^2C 总线被控器在接收到起始信号后，都必须复位它们的总线逻辑，以便对将要开始的被控器地址的传送进行预处理。

6. I^2C 总线的寻址约定

为了消除 I^2C 总线中主控器与被控器的地址选择线，最大限度地简化总线连接线，I^2C 总线采用了独特的寻址约定，规定了起始信号后的第一个字节为寻址字节，用来寻址被控器件，并规定数据的传送方向。

在 I^2C 总线标准规定中，寻址字节由被控器的七位地址位（它占据了 D7 ~ D1 位）和一位方向位（D0）组成。方向位为 0 时表示主控器将数据写入被控器；为 1 时则表示主控器从被控器读取数据。

主控器发送起始信号后，立即发送寻址字节，这时，总线上的所有器件都将寻址字节中的 7 位地址与自己器件地址比较，如果相同，则该器件认为被主控器寻址，并根据读、写位确定是被控发送器或被控接收器。

I^2C 总线系统中，主器件（单片机）作为被控器时，其7位从地址在 I^2C 总线地址寄存器中给定，为纯软件地址。而其他类型的外围器件地址完全由器件类型与引脚电平给定，即器件的 7 位地址由器件编号地址（高 4 位 D7 ~ D4）和引脚地址（低 3 位 D3 ~ D1）组成。I^2C 总线上同一编号地址器件最大允许接入数量取决于可利用的地址引脚数。

7.3.2　单片机模拟 I^2C 总线通信

目前，市场上很多类型单片机都已经具有硬件 I^2C 总线控制单元，这类单片机在工作时，总线状态由硬件监测，无须用户介入，操作非常方便。但是还有许多单片机并不具有 I^2C 总线接口，如 AT89C51 单片机，是否这类单片机就和 I^2C 总线以及 I^2C 总线器件无缘了哪？办法总是有的，我们可利用单片机的任意两条 I/O 线来模拟 I^2C 总线接口，其中一条 I/O 口线用于模拟时钟信号 SCL，另一条 I/O 口线用于模拟数据信号 SDA，再配合上我们用 C51 编写的与 I^2C 总线相关的函数，就能方便地扩展 I^2C 总线接口器件。

为了保证数据传送的可靠性，标准 I^2C 总线的数据传送有严格的时序要求。I^2C 总线的起始信号、停止信号、应答或发送“0”、非应答或发送“1”的模拟时序如图 7.28 所示。

单片机在模拟 I^2C 总线通信时，需编写如下几个关键部分函数：总线初始化、启动信号、应答信号、停止信号、写一个字节、读一个字节。下面分别给出具体函数的写法供大家参考，在阅读代码时请参考前面相关部分的文章描述及时序图。

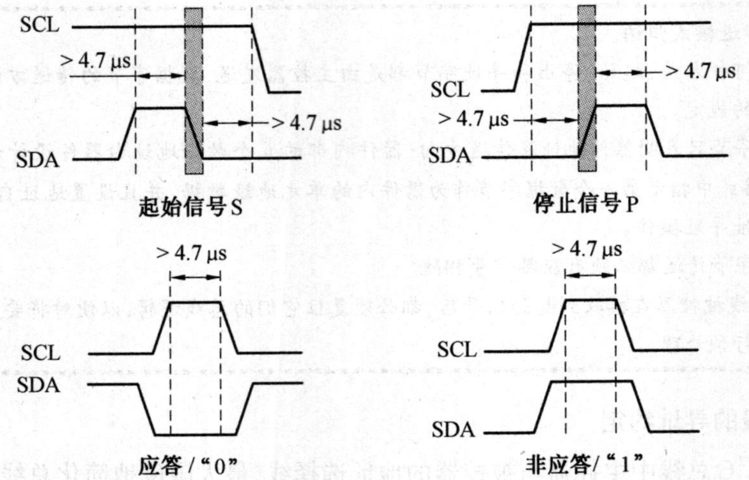

图 7.28　I^2C 总线模拟时序图

1. 总线初始化

```
void init( )
{
    SCL = 1;
    delay( );
    SDA = 1;
    delay( );
}
```

将总线拉高以释放总线。

2. 启动信号

```
void start( )
{
    SDA = 1;
    delay( );
    SCL = 1;
    delay( );
    SDA = 0;
    delay( );
}
```

SCL 在高电平期间，SDA 一个下降沿产生启动信号。

3. 应答信号

```
void respons( )
{
    uchar i = 0;
    SCL = 1;
    delay( );
```

```
        while((SDA = = 1)&&(i < 255))i ++;
        SCL = 0;
        delay( );
    }
```

SCL在高电平期间,SDA被从设备拉为低电平表示应答。上面代码中有一个(SDA = = 1)和(i < 255)相与的关系,表示若在这一段时间内没有收到从器件的应答则主控器默认从器件已经收到数据而不再等待应答信号,因为如果不加这个延时退出,一旦从器件没有发应答信号,程序将永远停在这里,而真正的程序中是不允许这样的情况发生的。

4. 停止信号

```
void stop( )
    {
        SDA = 0;
        delay( );
        SCL = 1;
        delay( );
        SDA = 1;
        delay( );
    }
```

SCL在高电平期间,SDA一个上升沿产生停止信号。

5. 写一个字节

```
void writebyte(uchar data)
    {
        uchar i,temp;
        temp = data;
        for(i = 0;i < 8;i ++)
        {
            temp = temp << 1;
            SCL = 0;
            delay( );
            SDA = CY;
            delay( );
            SCL = 1;
            delay( );
        }
        SCL = 0;
        delay( );
        SDA = 1;
        delay( );
    }
```

串行发送一个字节时,需要把这个字节中的8位一位一位地发出去,"temp = temp ≪ 1;"表示将temp左移一位,最高位将移入特殊功能寄存器PSW的CY位中,然后将CY赋给

SDA,进而在 SCL 的控制下发送出去。

6. 读一个字节

```
void readbyte( )
    {
        uchar i,temp;
        SCL = 0;
        delay( );
        SDA = 1;
        for(i = 0;i < 8;i ++)
        {
            SCL = 1;
            delay( );
            temp = ( temp << 1) | SDA;
            SCL = 0;
            delay( );
        }
        delay( );
        return temp;
    }
```

同样,串行接收一个字节时,需将 8 位一位一位地接收,然后再组合成一个字节。上面代码中定义一个局部变量 temp,将 temp 左移一位后和 SDA 进行“或”运算,依次把 8 个位数据组合成一个字节来完成接收。

7.3.3　I²C 总线接口器件 AT24CXX 与数据存储

AT24CXX 是具有 I²C 总线接口的串行 EEPROM 存储器,是 ATMEL 公司生产的,该系列有 AT24C01/02/04/08/16 等型号,它们的封装形式、引脚功能及内部结构类似,只是容量不同,其对应的存储容量分别为 128 B/256 B/512 B/1 KB/2 KB。

采用 AT24CXX 系列芯片可以解决掉电数据保存问题,可对所存数据保存 100 年,并可多次擦写,擦写次数可达 10 万次以上。

在一些应用系统中,有时需要对工作数据进行掉电保护,如电子式电能表、IC 卡等智能化产品。若采样普通存储器,在掉电时需要备用电池供电,并且需要在硬件上增加掉电检测电路,存在电池不可靠以及扩展存储器芯片占用单片机口线等缺点。采用具有 I²C 总线接口的串行 EEPROM 存储器可很好地解决掉电数据保存问题,而且硬件电路简单。下面以 AT24C02 芯片为例,介绍具有 I²C 总线接口的 EEPROM 的具体应用。

1. AT24C02 的封装及引脚功能

AT24C02 芯片的封装形式有直插(DIP8)式和贴片(SO - 8)式两种,无论是直插式还是贴片式,其引脚功能与序号都一样。AT24C02 芯片(直插式)的引脚分布及封装形式如图 7.29 所示,其引脚定义见表 7.10。

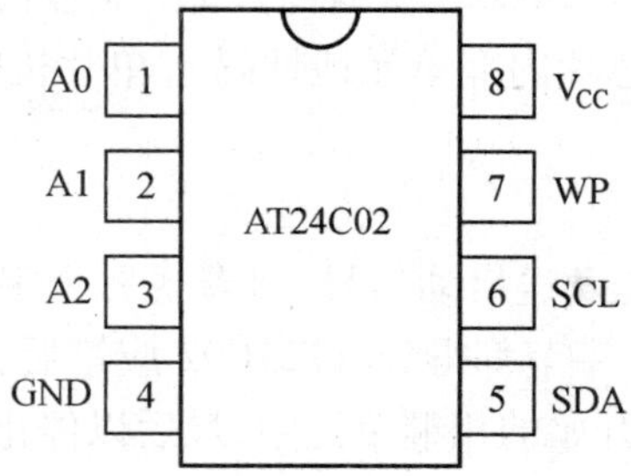

图7.29　AT24C02(8 - Pin DIP) 引脚图

表7.10　AT24C02 引脚定义及功能

引脚	名称	功　能
1 ~ 3	A0、A1、A2	可编程地址输入端
4	GND	电源地
5	SDA	串行数据输入/输出端
6	SCL	串行时钟输入端
7	WP	写保护输入端,用于硬件数据保护。当WP为低电平时,可以对整个存储器进行正常的读/写操作;当WP为高电平时,存储器具有写保护功能,但读操作不受影响
8	V_{CC}	电源输入引脚,接 +5 V

2. AT24C02 的存储结构与寻址

AT24C02 的存储容量为256 B,内部分成32页,每页8 B,操作时有两种寻址方式:芯片寻址和片内子地址寻址。

(1) 芯片寻址

AT24C02 的芯片地址固定为1010,是 I^2C 总线器件特征编码,其地址控制字格式为 1010A2A1A0R/$\overline{W}$。其中,A2、A1、A0为可编程地址选择位。A2、A1、A0引脚接高、低电平后得到确定的三位编码,与1010形成7位编码,即为该器件的地址码。由于A2、A1、A0或接高电平,或接低电平,共有8种组合,故系统最多可接8片AT24C02,对应的存储容量为2 KB。R/$\overline{W}$ 为芯片读/写控制位,R/$\overline{W}$ = 0,表示对芯片进行写操作;R/$\overline{W}$ = 1,表示对芯片进行读操作。

(2) 片内子地址寻址

在确定了AT24C02芯片的7位地址码后,片内的存储空间可用一个字节作为地址码进行寻址,寻址范围为00 ~ FFH,可对其内部的256个单元进行读/写操作。

3. AT24C02 的读/写操作

AT24C02 有两种写入方式,一种是字节写入方式,另一种是页写入方式。

(1) 字节写入方式

在字节写入方式下,单片机(主控器)先发送启动信号和一个字节的控制字(AT24C02

的芯片地址和读／写控制位），AT24C02（从器件）发出应答信号后，单片机再发送一个字节的存储单元子地址（AT24C02 芯片内部单元地址码），单片机收到 AT24C02 的响应后，再发送 8 位数据和 1 位停止信号。

（2）页写入方式

在页写入方式下，单片机先发送启动信号，接着送一个字节的控制字，再送 1 个字节的存储器起始单元地址，上述几个字节都得到 AT24C02 应答后，就可以发送最多 1 页的数据，并顺序存放在以指定起始地址开始的相继单元中，最后以停止信号结束。

AT24C02 的读操作也有两种方式，一种是指定地址读方式，另一种指定地址连续读方式。

① 指定地址读方式

在指定地址读方式下，单片机在启动信号后先发送含有片选地址的写操作控制字，AT24C02 应答后，再发送 1 个字节的指定单元的地址，AT24C02 应答后再发送 1 个含有片选地址的读操作控制字，此时如果 AT24C02 做出应答，被访问单元的数据就会按 SCL 信号同步出现在 SDA 线上，供单片机读取。

② 指定地址连续读方式

指定地址连续读方式的读地址控制与指定读地址方式相同。单片机在收到每个字节数据后要做出应答，只要 AT24C02 检测到应答信号后，其内部的地址寄存器就自动加 1 指向下一个单元，并顺序将指向的单元的数据送到 SDA 线上。当需要结束读操作时，单片机接收到数据后，在需要应答的时刻发送一个非应答信号，接着再发送一个停止信号即可。

< 任务 3 > 设计一个具有记忆功能的秒表

任务描述：

应用单片机的定时器制作一个 0 ～ 99 变化范围的秒表，并且在数码管上显示，每隔 1 秒钟便将秒表所显示的数值记录到 AT24C02 中（即不断地刷新数据，间隔为 1 s）。当系统断电后，再次上电时，秒表将在断电瞬间的数值基础上继续计时。

要求：

（1）在 Keil IDE（μVision2）中完成应用程序设计，并编译。

（2）在 ISIS 7 Professional 中完成电路设计、调试与仿真。

1. 设计分析

秒表的设计与制作在本书的第 4 章中已经做过介绍，这里就不再讨论，读者可参考第 4 章中的案例自行解决。本次任务的关键是如何实现对 AT24C02 进行写入数据，读出所保存的数据。由于 AT89C51 单片机没有 I^2C 总线接口，所以我们可用软件模拟 I^2C 总线通信时序，用单片机的 I/O 线来代替 I^2C 总线中的 SDA 线和 SCL 线，通过对 AT24C02 的写操作实现存储数据，对 AT24C02 的读操作取出所保存的数据，这样秒表就具有记忆的功能了。

2. 电路设计

单片机 P2 接两位一体共阳数码管，P3.0、P3.1 作为数码管的位选，P3.6、P3.7 分别接 AT24C02 的 SCL 线和 SDA 线，同时为了使读者便于观察 AT24C02 和单片机之间的数据传送，在电路中使用了 ISIS 7 Professional 提供的 I^2C 调试器。按设计要求选取元器件，见表7.11。在 Proteus 中设计具有记忆功能的秒表电路，如图 7.30 所示。

表 7.11　具有记忆功能的秒表电路元器件列表

元器件名称	参数	数量	元器件名称	参数	数量
单片机	AT89C51	1	2 位一体数码管	7SEGMPX2CA	1
晶体振荡器	12 MHz	1	AT24C02C		1
瓷片电容 CAP	30 pF	2	电阻 RES	10 kΩ	1
电解电容 CAP - ELEC	20 μF	1			

3. 程序设计

```
#include < reg51. h >
#include < intrins. h >
#define uint unsigned int
#define uchar unsigned char
bit flag = 0;  //写 24C02 的标志
sbit SDA = P3^7;
sbit SCL = P3^6;
sbit shi = P3^0;
sbit ge = P3^1;
uchar sec,tcnt;
uchar code table[ ] = {0xc0,0xf9,0xa4,0xb0,0x99,0x92,0x82,0xf8,0x80,0x90};
//* * * * * * * * * * * * * * * * 延时函数 * * * * * * * * * * * * * * * *//
void delayms( uint ms)
{
    uchar i;
    while( ms --)
    {
        for( i = 0;i < 120;i ++);
    }
}
//* * * * * * * * * * * * * * * * 起始信号 * * * * * * * * * * * * * * * *//
void start( )
{
    SDA = 1;
    SCL = 1;
    _nop_( );
    _nop_( );
    SDA = 0;
    _nop_( );
    _nop_( );
    _nop_( );
```

```
        _nop_( );
        SCL = 0;
    }
//*************** 停止信号 ***************//
void stop( )
{
        SDA = 0;
        _nop_( );
        _nop_( );
        SCL = 1;
        _nop_( );
        _nop_( );
        _nop_( );
        _nop_( );
        SDA = 1;
}
//************** 从 AT24CXX 读取数据 **************//
uchar read_byte( )
{
        uchar i,da;
        for(i = 0; i < 8;i ++)
        {
            SCL = 1;
            da = da << 1;
            da = da | (uchar)SDA;
            SCL = 0;
        }
        return(da);
}
//************** 向 AT24CXX 写入数据 **************//
bit write_byte(uchar write_data)
{
        uchar i;
        bit ack_bit;                        // 定义应答信号
        for(i = 0;i < 8;i ++)               // 循环移入 8 个位
        {
            SDA = (bit)(write_data & 0x80);
            _nop_( );
            SCL = 1;
            _nop_( );
            _nop_( );
            SCL = 0;
```

```
        write_data = write_data << 1;
    }
    SDA = 1;                          // 读取应答
    _nop_( );
    _nop_( );
    SCL = 1;
    _nop_( );
    _nop_( );
    _nop_( );
    _nop_( );
    ack_bit = SDA;
    SCL = 0;
    return ack_bit;                   // 返回 AT24CXX 应答位
}
//* * * * * * * * * * * * 向 AT24CXX 指定地址写入数据 * * * * * * * * * * * *//
void write_byte_add(uchar addr,uchar write_data)
{
    start( );
    write_byte(0xa0);
    write_byte(addr);
    write_byte(write_data);
    stop( );
    delayms(10);
}
//* * * * * * * * * * * * 从 AT24CXX 当前地址读取数据 * * * * * * * * * * * *//
unsigned char read_current( )
{
    uchar read_data;
    start( );
    write_byte(0xa1);
    read_data = read_byte( );
    stop( );
    return read_data;
}
//* * * * * * * * * * * * 从 AT24CXX 指定地址读取数据 * * * * * * * * * * * *//
unsigned char read_random(uchar random_addr)
{
    start( );
    write_byte(0xa0);
    write_byte(random_addr);
    return(read_current( ));
}
```

```
//* * * * * * * * * * * * * * * * 显示函数 * * * * * * * * * * * * * * * *//
void display(uchar bai_c,uchar sh_c)
{
    shi = 1;
    P2 = table[bai_c];              // 显示第一位
    delayms(5);
    shi = 0;
    P2 = table[sh_c];               // 显示第二位
    ge = 1;
    delayms(5);
    ge = 0;
}
//* * * * * * * * * * * * * * * * 主函数 * * * * * * * * * * * * * * * *//
void main( )
{
    SDA = 1;
    SCL = 1;
    sec = read_random(0x02);        // 读出保存的数据赋予 sec
    if(sec > 100)                   // 防止首次读出错误数据
    sec = 0;
    TMOD = 0x01;                    // 定时器 T0 工作在定时方式 1
    ET0 = 1;                        //T0 中断允许
    EA = 1;                         //CPU 中断允许
    TH0 = (65536 - 50000)/256;
    TL0 = (65536 - 50000)%256;      //TH0、TL0 送初值
    TR0 = 1;                        // 启动 T0
    while(1)
    {
        display(sec/10,sec%10);
        if(flag = = 1)              // 判断计时器是否计时 1 s
        {
            flag = 0;               // 清 0
            write_byte_add(2,sec);  // 在 24C02 的地址 02 中写入数据 sec
        }
    }
}
//* * * * * * * * * * * * * * 定时器 T0 中断函数 * * * * * * * * * * * * * *//
void t0( ) interrupt 1
{
    TH0 = (65536 - 50000)/256;
    TL0 = (65536 - 50000)%256;      // 重装 TH0、TL0 送初值
    tcnt + +;   //50ms tcnt 加 1
```

```
if(tcnt == 20)
{
    tcnt = 0;
    sec ++;
    flag = 1;                        //1 s写一次24C02
    if(sec == 100)
    {
        sec = 0;
    }
}
}
```

4. 电路仿真

将在keil中编译形成的"具有记忆功能的秒表电路.hex"文件,加载到AT89C51单片机中,运行程序,仿真结果如图7.30所示。

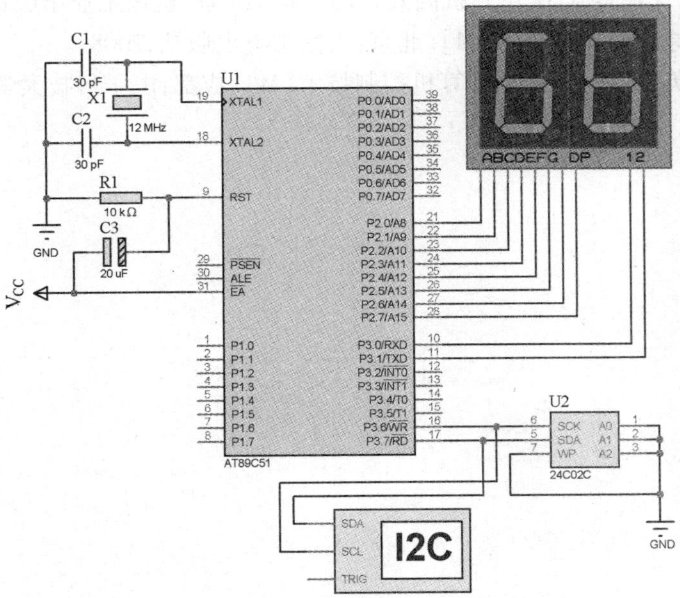

图7.30　具有记忆功能的秒表仿真图

参考文献

[1] 郭天祥. 新概念 51 单片机 C 语言教程[M]. 北京:电子工业出版社,2009.
[2] 汪世明. 基于 Proteus 的单片机应用技术[M]. 北京:电子工业出版社,2009.
[3] 侯玉宝,陈忠平,李承群. 基于 Proteus 的 51 系列单片机设计与仿真[M]. 北京:电子工业出版社,2009.
[4] 蒋辉平,周国雄. 基于 Proteus 的单片机系统设计与仿真实例 [M]. 北京:机械工业出版社,2009.
[5] 蓝和慧,宁武,闫晓金. 全国大学生电子设计竞赛单片机应用技能精解[M]. 北京:电子工业出版社,2009.
[6] 徐玮,徐富军,沈建良. C51 单片机高效入门 [M]. 北京:机械工业出版社,2009.
[7] 于斌. 单片机原理与接口技术[M]. 北京:人民邮电出版社,2008.
[8] 曾庆波,左晓英,陈秀芳. 微型计算机控制技术[M]. 成都:电子科技大学出版社,2007.